灌区混凝土结构盐冻损伤机理与修复技术

徐存东　连海东　王燕　著

中国水利水电出版社
www.waterpub.com.cn
·北京·

内 容 提 要

本书在吸收学界研究成果的基础上，以典型寒旱区内的水工混凝土结构为研究对象，通过现场取样分析，探明了服役结构的环境特征与主要侵蚀介质，通过室内混凝土加速试验，探究了混凝土结构在盐类侵蚀、冻融循环等复合作用下的耐久性劣化过程和机理；基于混凝土耐久性试验，开展了混凝土抗盐冻耐久性评估，对灌区渡槽、出水塔结构服役过程结构损伤特征进行了模拟，并对盐冻环境下的结构寿命进行了预测，可为灌区水工混凝土结构的耐久性设计和修复提供理论支撑。

本书可供高等院校水利工程、土木工程等学科专业的教师和研究生参考阅读，同时也可作为水利工程管理部门工程技术人员的参考用书。

图书在版编目（CIP）数据

灌区混凝土结构盐冻损伤机理与修复技术 / 徐存东，连海东，王燕著. -- 北京 : 中国水利水电出版社，2022.5
ISBN 978-7-5226-0545-6

Ⅰ. ①灌… Ⅱ. ①徐… ②连… ③王… Ⅲ. ①灌溉渠道—混凝土结构—防冻—研究 Ⅳ. ①S274

中国版本图书馆CIP数据核字(2022)第039915号

书　　名	**灌区混凝土结构盐冻损伤机理与修复技术** GUANQU HUNNINGTU JIEGOU YANDONG SUNSHANG JILI YU XIUFU JISHU
作　　者	徐存东　连海东　王燕　著
出版发行	中国水利水电出版社 （北京市海淀区玉渊潭南路1号D座　100038） 网址：www.waterpub.com.cn E-mail：sales@mwr.gov.cn 电话：（010）68545888（营销中心）
经　　售	北京科水图书销售有限公司 电话：（010）68545874、63202643 全国各地新华书店和相关出版物销售网点
排　　版	中国水利水电出版社微机排版中心
印　　刷	清淞永业（天津）印刷有限公司
规　　格	170mm×240mm　16开本　12.75印张　251千字
版　　次	2022年5月第1版　2022年5月第1次印刷
定　　价	**66.00**元

前言

混凝土材料自问世100多年以来，因其具有性能稳定、工艺简单、价格低廉等特点，在工程领域被广泛应用。实际应用表明，与其他材料相比，混凝土确实具有良好的耐久性能，但受结构物复杂服役环境的影响，在环境介质的影响和多场耦合作用下，仍然存在结构耐久性劣化和过早破坏的现象。特别是地处北方严寒地区的水工混凝土建筑物，因长期遭受高矿化度地下水的侵蚀和反复冻融循环作用，混凝土建筑物在服役期内过早破坏，调查表明，盐冻复合作用成为引起该类结构破坏的主要诱因。

以我国西北地区的大型灌区混凝土建筑物为例，因其服役环境昼夜温差和年季温差较大，在冻融循环、干湿循环、碳化、复合盐溶液侵蚀破坏等多因素的叠加作用下，许多建筑物在服役期内过早地出现了表面开裂、钢筋锈蚀、结构耐久性劣化甚至结构失稳破坏等问题，对灌区工程的安全运行构成了严重的威胁，在一定程度上制约着灌区社会经济和生态环境的健康发展。

近年来，关于混凝土结构耐久性的影响机理和结构修复技术研究一直是本领域的热点。针对灌区混凝土结构受环境介质和多场耦合作用造成的耐久性劣化问题，国内外学者开展了大量的有益研究。本书在系统总结前人研究成果的基础上，通过现场调查、实验分析、数值模拟、综合评估等研究方法，系统探究了灌区混凝土建筑物在盐冻作用下的结构损伤机理与耐久性劣化规律，较为客观地评估了环境要素对灌区混凝土结构耐久性的影响程度，模拟分析了典型建筑物在多场耦合作用下的结构损伤过程，提出了提高建筑物耐久性的方法及结构修复的实用技术。

全书主要围绕着盐冻环境下灌区水工结构的耐久性劣化机理研究，以及受损结构的修复关键技术研究两条主线展开。具体内容包括：①探明影响灌区混凝土结构耐久性的环境介质和影响因素；②明晰混凝土在盐侵蚀、冻融循环等多因素复合作用下的耐久性劣化机理与过程；③开展盐冻环境下的混凝土结构耐久性评估和寿命预测；④模拟受盐冻损伤结构的服役行为，为灌区水工建筑物的耐久性设计和结构修复提供理论依据。

全书由浙江水利水电学院徐存东教授负责通稿，并撰写第1章、第5章、第6章；华北水利水电大学连海东撰写第2章、第3章、第4章、第7章；华北水利水电大学王燕撰写第8章、第9章、第10章。甘肃省景泰川电力提灌管理局、宁夏回族自治区盐环定扬水管理处提供了重要参考资料。本书的完成和出版得到了以下项目支持：浙江省基础公益研究计划项目（LZJWD22E090001）、浙江省重大科技计划项目（2021C03019）、中原科技创新领军人才支持计划（204200510048）、河南省高等学校重点科研项目（20A570006）、河南省科技攻关项目（212102310273）。本书出版得到了以下机构的资助：黄河流域水资源高效利用省部共建协同创新中心、浙江省农村水利水电资源配置与调控关键技术重点实验室、河南省水工结构安全工程技术研究中心等。

本书在编写过程中参考和引用了大量国内外学者有关书籍及文献资料的论述，吸收了学界同行的辛勤劳动成果，同时也得到了诸多专家的指导，他们对本书的编写提出了许多宝贵意见和建议，在此一并表示衷心的感谢。由于灌区混凝土结构耐久性的劣化受复合环境因素的影响，并涉及力学、材料学、化学等多个学科知识，研究难度较大，因作者水平有限，书中的缺点和疏误在所难免，恳请读者批评指正，提出改进意见。

作者

2021年8月

目　录

第1章　绪　　论

19世纪20年代，水泥在美国波特兰首次出现。由水泥制作的混凝土因其原材料易采、来源广泛、适应性强、价格低廉等优点，被广泛应用于房屋、大坝、桥梁、公路等土木与水利工程，成为当今工程建设使用最多的材料。随着社会经济快速发展，我国重大基础设施建设投资不断增大，对于混凝土的需求量也是日益增大，全世界每年一半以上的钢材和水泥都是中国消耗的，混凝土将作为重要的工程材料在今后的工程建设中发挥决定性作用，混凝土使用量依然会稳定增长。

混凝土的应用过程经历了低强度、中等强度、高强度乃至超高强度的发展历程，其强度已基本满足各类工程需求。但随着建设项目和施工环境的复杂化，现有的混凝土材料已经不能完全适应当今社会发展的需要，不仅要求混凝土具有良好的力学性能还要求其具有出色的耐久性能，混凝土的耐久性问题受到广泛关注。许多混凝土结构物因为材质劣化造成的过早失效，乃至破坏崩塌的事故在国内外屡见不鲜。大量的工程实践表明，这些破坏的主要原因不在于混凝土强度不足，而是因为混凝土结构在服役过程中，常常受到恶劣环境的影响，导致耐久性不足，造成混凝土结构破坏[1]。

在混凝土应用的初期阶段，人们普遍认为混凝土具有十分优异的耐久性能，但是越来越多的证据表明，混凝土结构的过早劣化正在以极高速度发生，由结构耐久性劣化或失效所引起的经济损失非常严重，世界各国都付出了惨痛的代价。美国标准局的调查显示：美国每年用于维修或重建的费用预计高达3000亿美元[2]；欧洲每年超过50%的建设预算花费在修复和翻新工程[3]；在英格兰中环线的快车道上有11座大型架桥，全长共计21km，总造价为2800万英镑，因冰、盐等有害物质引起的腐蚀破坏，1992年修补费为4500万英镑，到2004年修补费达到1.2亿英镑[4]；日本许多建成后的大坝建筑、港湾建筑和桥梁建筑等，很多相继出现混凝土的表层剥落、开裂，甚至外露，导致其修复和加固耗资巨大。与西方发达国家相比，我国的城市化进程起步较晚，基础设施建设相对滞后，但所面临的工程耐久性问题也同样严重，甚至更为严峻。在我国约23.4亿m^2的房屋建筑存在结构耐久性失效问题；机场道面、公路路面10年之内出现损坏，港口、立交桥、码头等耐久性失效工程数目较多；隧道在我国虽然建设历史不是很长，但因为耐久性问题造成的结构劣化破坏，并致使用性能严重降低的状况却大量存在。2001—2004年，金伟良等[5]对浙江省内37座现役桥梁和11座码头开展了大量而广泛的耐久性调研工作，结果发现钢筋锈蚀及由此引发的保护层开裂现象非常普遍，对结构的安全和正常使用造成了严重危害。我国始建于1937年的丰满水电站，坝体混凝土受水流的不断冲刷以及长时间的冻融破坏，2018年12月终止服役，丰满大坝的修补工作持续时间长达60余年，但仍未达到主体工程服役满80年的目标。混凝土结构的使用寿命一般为50年以上，但在恶劣工作环境下，许多结构在20～30年甚至更短的时间内就开始劣化，最终由于材质劣化造成结构失效、破坏倒塌等事故。混凝土结构的耐久性和使用寿命已经成为关系国计民生的重大科研课题，有着极高的社会经济价值。

我国甘肃、宁夏、内蒙古、新疆等省（自治区）深居大陆内部，全年风力强劲，气候寒冷干燥，昼夜温差较大，土壤积盐情况严重。盐碱化不仅危害农作物生长，同样也会对工程建筑造成不良影响。盐碱土具有吸湿性、膨胀性、溶陷性、腐蚀性等不良工程特性，往往会对混凝土结构造成严重的物理破坏和化学腐蚀。在冻融循环、干湿循环、碳化、多种复合盐类侵蚀破坏等多因素的叠加效应影响下，水工混凝土建筑物出现表面脱落开裂、钢筋锈蚀、结构整体耐久性下降甚至建筑物结构失稳破坏等问题，结构的安全性、耐久性面临着严峻的挑战，存在着巨大的安全隐患。尤其是在西北寒旱地区的大型灌区，寒冷的气候条件和盐类侵蚀破坏对建筑物影响显著，水工建筑物因为盐冻破坏而导致的结构耐久性下降并提前失效，未达到服役年限就已经失稳破坏，严重影响了灌区工程经济效益的正常发挥。尽快解决西北特殊的环境条件下混凝土耐久性问题显得尤为急迫。

1.1 灌区混凝土结构的服役环境

在地处我国北方寒冷区的一些灌区，受特殊的气候环境以及灌区长期粗放的灌溉方式的影响，高矿化度地下水侵蚀、干湿循环、碳化、冻融等长期交替作用于灌区内的水工混凝土建筑物，随着服役年限的增长，灌区内的输水渠道、渡槽排架、泵站管道支墩等水工混凝土建筑物严重受损破坏。灌区内水工混凝土的耐久性劣化问题已经影响到工程的安全运行，制约了灌区的长期稳定发展。

随着国家西部开发、振兴东北老工业基地战略、东部崛起和“一带一路”倡议的实施，众多大型混凝土水利工程建设将迅速开展，同时我国也将逐渐迈入混凝土工程新建与维修并重时期，因此积极开展混凝土耐久性研究，特别是与实际相符的复合因素作用下混凝土损伤劣化过程研究，能够有效预防和控制各侵蚀因素对混凝土结构的侵蚀破坏。

混凝土的结构耐久性是一个复杂的问题，其受环境、材料、构件、结构4个层次的多种因素的影响。混凝土的服役环境是影响结构耐久性能最直接和最重要的一个方面。混凝土在一种或者多种外界环境的耦合作用下，会逐渐出现材料耐久性能的衰退，进而演变成混凝土结构的损伤破坏现象。混凝土结构耐久性的研究通常是在明确具体服役环境的基础上开展的。

针对北方严寒地区混凝土结构的盐冻破坏，本书以甘肃省景泰川电力提灌区的水工混凝土受侵蚀破坏现状调查和研究为依托，分别从盐类侵蚀与冻融循环两个方面对灌区水工混凝土建筑物的服役环境情况进行分析。

1.1.1　盐类侵蚀环境

1. 灌区盐碱地演变过程

甘肃省景泰川电力提灌区位于我国西北寒旱区，是解决该区域人畜饮水、农业灌溉以及生态综合治理的重要工程。景泰川电力提灌工程属于高扬程梯级提水灌溉工程，工程涉及控制灌溉农田约80万hm^2，兴建泵站43座，开挖输水渠道近660km，修建桥涵及渡槽等输水渠系构筑物约2700余座。景电工程自20世纪70年代初上水灌溉以来，在腾格里沙漠南缘构筑起一道长100余km的绿色生态屏障，为该区域带来了显著的经济、社会以及生态效益，有效改善提升了该区域人民群众的生活环境及生产水平。

由于灌区长期采用大水漫灌的灌溉模式，外加特殊的气候条件和水文地质条件影响，大面积的人工灌溉打破了区域内自然的水量平衡，水盐运移造成局部地下水位持续上升，在相对封闭的水文地质单元，高矿化度的灌溉回归水在高蒸发作用下，盐分持续积累盐分离子，进而导致灌区大量土地出现盐碱化、次生盐碱化等问题。灌区内的土地盐碱化和灌溉回归水现状如图1.1所示。

(a) 灌区土地盐碱化

(b) 灌区灌溉回归水

图1.1　景泰川电力提灌区土地盐碱化和灌溉回归水现状

景泰川电力提灌区部分水工混凝土建筑物由于处于高矿化度地下水及盐渍化土壤工作环境中，泵站输水管道镇墩、渡槽排架以及输水闸阀地板等水工混凝土结构长期在高盐侵蚀环境中运行，混凝土结构受高矿化度水侵蚀破坏问题突出，遭受环境侵蚀的水工混凝土结构表面出现侵蚀剥落、崩裂等损伤问题，并严重影响了工程服役寿命和安全可靠运行。

2. 灌区水样和土样检测分析

（1）水样检测。景泰川电力提灌区属于典型的低降水、高蒸发的内陆干旱气候区。通过分析景泰川电力提灌区地下水监测资料可知，灌区大面积的提水灌溉和田间水盐运移，扰动了区域内的地下水供排平衡，造成灌区部分区域地下水位持续抬升。其中，具有高矿化度的溶盐灌溉回归水流在地势低洼的沟槽处出露汇集，其中的 SO_4^{2-} 以及 Cl^- 在高蒸发作用下持续积累，造成土壤次生盐渍化问题的发生，同时对地处这些位置的水工混凝土结构造成侵蚀损伤。

通过对景泰川电力提灌区典型区域地下水和灌溉回归水的抽样检测发现，灌区受侵蚀混凝土结构的主要侵蚀介质为硫酸盐和氯盐，另外还有部分重金属。水样的检测结果见表1.1。

表1.1　典型区水样检测结果

水样取点	HCO_3^- /(mg/L)	Ca^{2+} /(mg/L)	Mg^{2+} /(mg/L)	Cl^- /(mg/L)	SO_4^{2-} /(mg/L)	pH值	矿化度 /(mg/L)
水源泵站所取黄河水	205	50.5	16.9	28.8	517	8.0	292
景电一泵站管槽地下水	175	219	144	1350	3220	8.1	5420
景电四泵站处地下水	186	340	125	1530	3970	7.8	6020
景电五泵站汇总管区地下水	183	400	230	2510	4410	7.8	7100
景电六泵站处灌溉回归水	287	600	412	2740	5670	8.1	11400
五佛沟回归水样	252	221	171	1030	3770	7.9	5010
芦阳沟回归水样	334	402	303	1750	4640	7.7	8560

由表1.1可知，从黄河水源泵站所取灌溉水样本身所含的侵蚀盐离子和矿化度并不高，尚不能对混凝土建筑物构成侵蚀破坏，然而从景泰川电力提灌区各典型区域所取得灌溉回归水和地下水都含有较高的盐离子浓度和矿化度，矿化度为5480～12400mg/L。其中，从各泵站灌溉回归水中检测到的 SO_4^{2-} 大部分超过3000mg/L、Cl^- 的含量均超过1500mg/L，远远高于其他离子的含量，且 SO_4^{2-} 和 Cl^- 的含量远超出《建筑防腐蚀工程施工规范》(GB 50212—2014)中混凝土建筑物抗化学侵蚀标准。据此可以初步推断出，灌溉回归水和地下水中的硫酸盐和氯盐是灌区混凝土材料的主要盐类侵蚀介质。

（2）土样检测。由于灌区在上水灌溉之前，没有河流常年流过，地下水补给条件差，地下水位普遍较低，水质属于 SO_4^{2-}、Cl^-、Mg^{2+}、Na^+ 型水。灌区持续的灌溉运行之后，黄河灌溉水成为灌区地下水新来源，灌溉回归水在入渗运移和地下水位的变化过程中，将土壤中的可溶性盐分溶解，地下水位和矿化度逐年上升，再加上强蒸发作用造成表面积盐，将盐离子带到混凝土建筑物周围并形成有害的侵蚀介质，成为灌区混凝土建筑物破坏的主要原因。检测混凝土建筑物侵蚀较严重区域不同地点土样矿化离子含量，结果见表1.2。

表1.2 典型区土样检测结果

名　　称	pH值	SO_4^{2-} /(mg/kg)	Cl^- /(mg/kg)	HCO_3^- /(mg/kg)	Ca^{2+} /(mg/kg)	Mg^{2+} /(mg/kg)	含盐量 /(mg/kg)
景电二泵站槽管基础土样	8.3	4990	1320	150	1650	230	15780
景电四泵站槽管基础土样	8.1	1752	16510	180	2580	970	58560
景电五泵站槽管基础土样	7.7	3340	330	92.0	980	94.0	5620
景电六泵站槽管基础土样	7.9	5890	2780	150	2140	350	15680
灌区耕地原状土	8.1	6570	3960	130	1990	230	16940
景电扩灌四泵站基础土样	8.0	790	41.0	170	647	51.0	2830

由表1.2可知，景泰川电力提灌区受侵蚀水工混凝土结构周边土样普遍富含大量SO_4^{2-}以及Cl^-。由于工程多布置在第三纪砂砾岩土、第四纪黄土类土以及黏性土盐土壤环境中，这些土质在形成过程中受炎热干旱的气候作用，区域内的地表水分蒸发耗散，从而形成了富含大量可溶盐分的潟湖相及湖滨相黏土和砂砾层。这些土壤富含的可溶盐类主要包括：氯盐类，主要包括KCl、NaCl、$CaCl_2$以及$MgCl_2$等；硫酸盐类，主要包括$MgSO_4$与$CaSO_4$等；部分碳酸盐类与其余盐分。在灌区上水运行之后，灌溉回归水流入渗进入地下水循环系统，并在入渗过程中溶滤大量可溶性盐离子，从而形成高矿化度强侵蚀水流，对水工混凝土材料造成侵蚀损伤。

3. 混凝土侵蚀残渣成分检测

为了探明主要的侵蚀介质和侵蚀机理，对混凝土建筑物侵蚀后剥落的混凝土残渣进行采集取样，进行X衍射分析，X衍射光谱图与分析结果见图1.2。

由图1.2可知，上述混凝土侵蚀残渣样本主要包括$CaCO_3 \cdot CaSO_4 \cdot CaSiO_2 \cdot 15H_2O$、$3CaO \cdot CaCl_2 \cdot 12H_2O$、$3CaO \cdot Al_2O_3 \cdot CaCl_2 \cdot 10H_2O$和$3CaO \cdot Al_2O_3 \cdot 3CaSO_4 \cdot 32H_2O$等化合物，$SO_4^{2-}$和$Cl^-$与混凝土中的物质生成钙矾石、硅钙石和弗里德尔盐等。灌区混凝土建筑物的主要侵蚀介质为硫酸盐、氯盐等化合物。

通过对灌区混凝土侵蚀水样、土样及建筑物剥落的残渣进行检测分析，可以确定灌区混凝土的主要侵蚀介质为硫酸盐类和氯盐类。因此，结合灌区实际情况，在进行灌区混凝土耐久性试验设计的过程中，制备硫酸盐和氯盐开展灌区混凝土材料耐久性试验研究，以揭示水工混凝土材料在冻融循环作用下遭受单一盐类和复合盐类侵蚀破坏规律以及结构受侵蚀破坏对实际工程的影响。

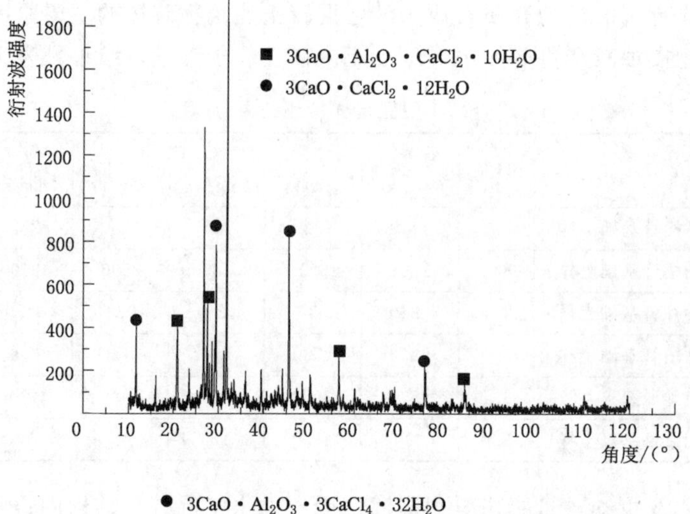

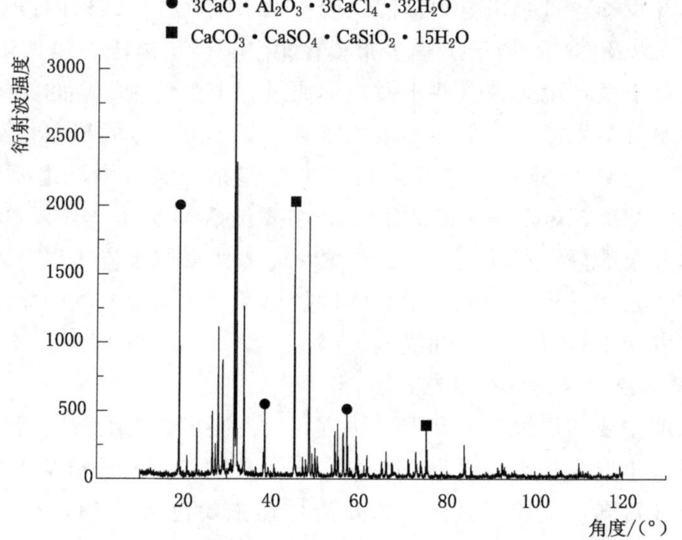

图 1.2　受侵蚀混凝土剥落残渣样本 X 衍射光谱图

1.1.2　冻融环境

景泰川电力提灌区地处甘肃省中部，属于温带干旱型大陆气候。该区域多年平均气温为 8.3℃，极端最高气温为 37.3℃，极端最低气温－27.3℃。由于气候寒冷，该地区最大冻土深度为 0.99m，结冻日期一般开始于 11 月下旬，融冻日期一般结束于翌年 3 月上旬，平均一年 0℃以下气温天气多达 90 余天。这期间灌区内大量水工混凝土建筑物在遭受侵蚀破坏的同时经历着冻融循环作用的影响。通过对灌区内出水塔、渡槽、排架、管道以及支墩等水工建筑物进行调查，发现泵站厂房基础梁、排架柱、镇墩以及管槽护砌等处出现较严重的侵蚀或冻融现象，主要的破坏形式有：混凝土表层剥落、粗骨料裸露、混凝土表面泛白、基础部位混凝土呈膨松状等，如图1.3所示。

(a) 渡槽支墩侵蚀现状（一）

(b) 渡槽支墩侵蚀现状（二）

(c) 渡槽排架侵蚀现状

(d) 输水管道基座侵蚀现状

图1.3　灌区混凝土结构受盐侵蚀和冻融侵蚀破坏现状

1.2　混凝土结构的盐冻破坏问题

混凝土耐久性，是指混凝土在外界环境作用下，在不需要额外的维修加固费用的同时，能够长期保持其良好的安全性和外观完整度，混凝土结构正常使用的能力。

通常所说的混凝土材料的耐久性包含抗冻性、抗渗性、抗侵蚀性、混凝土的碳化及碱骨料反应等。混凝土材料的损伤破坏从机理方面可以分为两大类：化学作用损伤和物理作用损伤。其中混凝土的化学作用损伤主要包括混凝土的碳化作用、碱骨料反应、钢筋锈蚀及盐类侵蚀等；物理作用损伤有混凝土的冻融破坏、冲蚀、磨损等。

早在1991年第二届混凝土耐久性国际会议上，Mehta[6]曾指出，现有混凝土建筑物破坏的主要原因，按其破坏性递减顺序为：钢筋锈蚀、冻融破坏、侵蚀腐蚀作用，其中，混凝土的钢筋锈蚀很大一部分是由所处的侵蚀环境直接造成的。

混凝土发生冻融破坏是由于混凝土凝固硬化后微孔隙中的游离水，在温度变化时，经受冻结（温度低于冰点时）和融化（温度高于冰点时）的交替作用，使混凝土出现表面剥蚀和内部疏松开裂。

混凝土的侵蚀破坏主要是指有害盐离子（主要指氯离子、硫酸根离子）通过混凝土表面微裂缝及内部空隙从外界环境进入混凝土内部，在盐离子的迁移过程中产生一系列复杂的物理化学作用，腐蚀表层泥浆使骨料裸露，破坏钢筋表面钝化膜引起钢筋锈蚀的过程。

我国幅员辽阔，其中有相当一部分水工建筑物处于严寒地区，致使不少水工建筑物都发生冻融破坏。据相关资料统计，在各类型的水工建筑物中约有20%存在冻融破坏现象，其中，西北地区的水工建筑物约有70%的破坏受损与冻融侵蚀破坏有关，而在东北地区，几乎100%的水工建筑物局部或者大面积地遭受不同程度的冻融破坏。积极开展侵蚀与冻融复合作用下的灌区水工混凝土结构耐久性研究具有现实性和迫切性，科学地评价混凝土材料的耐久性能变化对水工结构全寿命周期的优化设计有着重要的意义。

1.3　混凝土盐冻侵蚀的研究与发展

鉴于混凝土结构耐久性劣化所导致的严峻问题，国内外专家学者开始以混凝土结构耐久性为对象开始研究，同时对结构进行优化设计。20世纪90年代初，日本土木工程学会提出了混凝土结构耐久性优化设计方案；1996年通过长期大量的研究，国际材料与结构研究实验联合会（International Union of Laboratories and Experts in Construction Materials，Systems and Structures，RILEM）做了《混凝土结构耐久性设计报告》；21世纪初欧洲国家科研机构编纂了《混凝土结构耐久性设计指南》技术文件；自1998年开始美国认证协会和加拿大的矿物与能源研究中心定期举办混凝土耐久性国际会议。

20世纪80年代初中国专家学者开始针对混凝土耐久性劣化问题进行研究。1992年中国土木工程学会举办了第一届混凝土耐久性专业委员会；21世纪初中国工程院有关专家编制了《混凝土结构耐久性设计与施工指南》，着重针对混凝土耐久性衰减的问题，对现行相关技术规范进行了修订；中国工程院连同相关科研机构连续召开六届“工程科技论坛”，其中混凝土建筑物的结构安全问题、耐久性衰减问题和以设计寿命为目标的耐久性优化问题等成为重要讨论议题，尤其是多重耦合因素作用下混凝土抗侵蚀破坏耐久性方面的研究受到广泛关注。我国通过开展大量的混凝土耐久性学术活动，加强了与国际科研机构相关方面的学术交流与合作，并取得了大量的研究成果。

灌区水工混凝土建筑物的实际运行情况非常复杂，针对多因素复合作用的混凝土结构耐久性的研究仍然处于初期阶段。一方面，受到盐类侵蚀、冻融侵蚀、干湿循环、碳化等多种因素耦合作用影响，随机性较大，多因素复合作用下混凝土的耐久性不仅仅是单因素作用的简单叠加；另一方面，受不同运行工况下承受荷载多样性的影响，混凝土耐久性劣化规律和机理的研究仍是一个难点。特别是在侵蚀与冻融复合作用下水工结构耐久性的衰变规律和破坏机理的研究还不够完善。

1.3.1 混凝土盐类侵蚀耐久性研究

氯盐离子侵入混凝土的方式主要有扩散、渗透、对流、毛细作用、结合及吸附作用、电迁移等。对于特定的环境条件，某一种侵入方式可能是最主要的，但对于复杂环境条件，氯盐离子的侵入方式常常是几种侵入方式的组合，同时还受到混凝土材料与氯离子之间物理及化学作用的影响。其中，扩散、渗透及毛细作用是氯离子主要的 3 种迁移方式，扩散的动力是氯离子的浓度梯度，渗透是氯离子在压力作用下随水同时进入材料内部，毛细作用是氯离子随水一起穿过已经连通的毛细孔向材料内部迁移。尽管混凝土材料内部结构复杂，氯离子在混凝土中的传输机理研究还未成熟，但是研究认为扩散仍然是氯盐离子侵入混凝土的主要传输方式之一。

氯离子向混凝土内部入侵，既是一个长期的物理过程，也是一个化学过程，既能改变混凝土内部的孔结构，又能改变混凝土孔隙水中的自由氯离子的浓度。侵入混凝土内部的氯离子通常以自由态和结合态的形式存在于混凝土结构中，自由态离子存在于混凝土材料的空隙中，以物理作用吸附在混凝土的胶体以及毛细孔上，能破坏钢筋的钝化膜，对混凝土工程中钢筋锈蚀的发展起到了控制作用；结合态离子会与混凝土中的胶凝材料发生化学反应产生稳定化合物，使氯离子固化，氯离子的固化作用使得氯离子浓度不易达到临界浓度，起到延缓钢筋锈蚀的作用。不同氯离子的结合形式对氯离子的扩散方程造成的影响很大，并且直接影响到扩散方程的求解。

但是目前对于混凝土究竟是如何影响混凝土性能，目前还没有一个统一的认识，如郭成举[7-8]认为氯盐主要是通过浓缩性破坏、溶出型腐蚀、隆胀型腐蚀、冻融循环、干湿循环、致裂作用破坏对混凝土耐久性造成破坏的；但 Suryavanshi 等[9]通过试验向无氯普通硅酸盐水泥和抗硫酸盐硅酸盐水泥砂浆中加入一定量的 $CaCl_2$ 和 NaCl 后发现：砂浆中小于 100nm 的孔增加，说明氯离子改变了砂浆硅酸钙水合物的胶凝状态，细化了砂浆孔结构。这些研究都为混凝土材料在氯盐侵蚀作用下的损伤劣化研究奠定了基础，但是对在复盐侵蚀、碳化、冻融循环、干湿循环破坏等复合作用下，混凝土中氯离子的扩散、结合以及混凝土耐久性劣化衰减规律等方面的研究报道较少，是急需进一步研究的重点。

针对硫酸盐侵蚀作用下混凝土结构耐久性问题，国内外学者对混凝土遭受硫酸盐侵蚀的类型和不同侵蚀过程中的侵蚀机理进行了大量的研究，并且制定了相应的研究方法、评价标准、防治措施和抗侵蚀途径，取得了大量的研究成果和宝贵经验。刘曙光等[10]对聚乙烯醇纤维增强水泥基复合材料在长期浸泡作用下抗硫酸盐侵蚀性能进行了研究；耿健[11]对硫酸盐侵蚀环境下再生细骨料砂浆的破坏机理进行了研究；张云清等[12]研究了冻融循环作用下硫酸盐的侵蚀应力特性，结果表明，高强纤维混凝土在中国寒冷地区具有更强的抗硫酸盐侵蚀能力；高润东等[13]研究了混凝土在碳化和硫酸钠溶液侵蚀交替进行、单独硫酸钠溶液侵蚀、亚高温水淬循环和硫酸钠溶液侵蚀交替作用3种工况下的侵蚀劣化规律；梁咏宁等[14]通过大量试验检验了受硫酸盐侵蚀混凝土的超声波速，建立了受侵蚀混凝土强度与超声波速关系，奠定了混凝土抗侵蚀超声波检测法；李伟文等[15]研究了碳纤维增强塑料-混凝土在10%硫酸钠溶液试验中黏结界面的力学性能，发现由于树脂的保护作用，10%硫酸盐溶液对碳纤维增强塑料-混凝土黏结性能基本无影响；叶建雄等[16]通过试验发现改善混凝土抗硫酸盐侵蚀的矿物掺合料效率由高到低依次为：硅粉＞矿渣＞粉煤灰；金祖权等[17]通过研究矿渣混凝土的相对动弹性模量、抗压强度、幅值等在硫酸盐浸烘循环试验中的演化规律发现，相对于普通混凝土，随着矿渣掺量的增加，混凝土抗硫酸盐侵蚀能力增加，抗压强度损失率下降；韩宇栋等[18]归纳汇总已有研究成果，提出了在硫酸盐侵蚀性环境中增设必要的保护层、选择合适的水泥品种和掺合材料、提高混凝土密实性等增加混凝土抗硫酸侵蚀措施；王海龙等[19]进行了硫酸盐侵蚀下混凝土耐久性能试验研究，分析了侵蚀混凝土的劈裂强度、轴心抗拉强度、硫酸根离子在混凝土中的运输机理等。

美国水和能源服务部（垦务局）在20世纪40年代开始进行了长达40年之久的硫酸盐腐蚀试验。Brown等[20]研究了硫酸盐侵蚀作用下混凝土微观结构的演变过程，也反映了混凝土硫酸盐腐蚀产物钙矾石和石膏晶体等的生成过程；Skalny等[21]认为硫酸盐侵蚀混凝土是指来自外界的硫酸盐侵蚀环境与水化产物和混凝土内部之间产生的一系列相互交叉的复杂的物理和化学过程，也就是说硫酸盐侵蚀混凝土不但存在化学反应，而且物理变化也伴随存在，过程十分复杂。

硫酸盐侵蚀是混凝土受到的化学侵蚀里最普遍的因素之一，其涉及SO_4^{2-}离子与水泥水化产物产生化学反应和析出物质结晶、SO_4^{2-}在混凝土多孔连续介质中传输、具有膨胀性质的侵蚀产物致使混凝土内部结构逐渐出现膨胀和开裂等劣化过程，可见硫酸盐侵蚀是十分复杂的化学、物理、力学的变化过程。硫酸盐作用下的混凝土损伤研究仍是学术界的研究热点，但是，由于这一问题的复杂性与多样性，人们对于混凝土受硫酸盐侵蚀问题的结果与观点尚未完全统一。

1.3.2 混凝土冻融耐久性研究

混凝土的抗冻耐久性研究最早开始于 20 世纪 30 年代。1945 年 Powers[22] 提出了静水压假说，即混凝土的冻融破坏是由混凝土中的水结冰、体积膨胀约 9%，产生的静水压导致。静水压理论虽然与一些试验现象相符合，也获得许多科研工作者的支持，但当水泥石孔隙率较高或者处于完全泡水状态时，静水压理论却不能解释一些重要现象，比如引气浆体在冻结过程中却发生体积收缩现象。1953 年，Powers 等[23]在研究静水压无法解释的现象时提出了渗透压假说，认为混凝土的胶凝材料水泥浆体孔隙中的溶液由于盐离子的存在呈现弱碱性，溶液结冰导致未结冰溶液浓度上升，与邻近孔隙产生浓度差发生迁移，产生渗透压力，并随着孔溶液的迁移使结冰孔隙中冰和溶液的体积不断增大，作用于水泥浆体，导致水泥浆体内部开裂破坏。

在静水压理论、渗透压理论提出之后，混凝土冻融机理的研究没有再取得比较突出的进展，也未形成统一公认的定论。近些年来，国外在基于 Powers 提出的经典理论之上将视角投向了混凝土的内部微观动态发展和内部应力应变变化等。也有学者以试验为基础，从材料学的角度研究了混凝土的组成成分及外部环境对冻融循环作用的影响，如混凝土的饱水程度、降温速率、冻融最低温度、水胶比及含气量等。如 Pigeon 等[24-25]基于慢冻法找出了相应的气孔间隔系数，得出了气孔间隔系数与不同降温速率之间的关系；Bager 等[26]通过开展一系列的室温养护下的水泥石结冰试验，采用低温差法测得了结冰量，并研究了硬化后的水泥浆在脱水及重新饱和过程中对孔隙结构的影响；Chatterji[27]通过对低温下孔隙结构中冰和水的性能进行大量研究，发现混凝土在过度冰冷的水中会导致未完全冻结的冰晶立即结冰，产生结冰压力使混凝土受到的破坏。

我国学者近几十年来主要是从冻融对混凝土力学性能的影响，冻融的各种影响因素以及如何提高混凝土的抗冻耐久性方面进行相关研究。施士升[28]通过检测不同冻融程度混凝土的微观结构，得出了混凝土力学性能损失与微观结构之间的关系；李金玉等[29]通过研究发现，在冻融循环作用下混凝土材料耐久性的劣化速率与混凝土的冻结速率和冻结温度相关，冻融速率与混凝土材料劣化损伤速率成正比，外界环境温度越低，混凝土所遭受到的冻融循环破坏越显著，高强混凝土由于较低的微孔含量而具有良好的抗冻性；卫军等[30]设计了不同类别的混凝土，通过检测冻融过程中各项指标的变化规律，系统比较了各种类型混凝土抗冻耐久性的优劣；程云虹等[31]通过探究不同掺量的粉煤灰混凝土的抗冻耐久性对比试验，发现适量的优质粉煤灰能够提高混凝土抗冻性能，当粉煤灰掺量较大时，混凝土的抗冻耐久性随着粉煤灰掺量的增加而降低；吴中伟等[32]通过对混凝土的微观孔隙结构进行观察探究，提出了孔结构假说，认为冻融循环所造成的破坏程度与混凝土内部的微孔隙密切相关，当混凝土内存在大于100μm的微孔隙时，冻融循环破坏对混凝土抗冻耐久性的影响较大。

1.3.3 混凝土盐冻耐久性研究

我国西部寒旱地区的混凝土受到冻融与硫酸盐腐蚀的双重作用，甚至是硫酸盐腐蚀、冻融循环与干湿循环的共同作用，冻融循环与腐蚀介质侵蚀的双因素作用，将直接影响混凝土耐久性的劣化过程。水工混凝土工程处于偏远山谷，环境条件恶劣，加之都是露天工程，环境影响因素更复杂。国内外专家学者进行了各种因素单一作用与复合作用情况下混凝土耐久性研究，使混凝土耐久性研究工作取得很大的进展。

1977年，Fagerlund[33]提出了临界饱水度假说，认为混凝土材料饱水度超过一定值时就会遭受冻融破坏。Scherer[34]、Bresme等[35]以及Setzer[36]结合热力学理论，深入探究了混凝土材料中固体、液体以及气体三相物质共存所处的平衡状态。Mehta[37]、Neville[38]和吴中伟等[39]均指出，混凝土耐久性往往是多种因素共同作用的结果，研究过程中需要分清主次。国内外学者针对盐冻环境作用下混凝土材料的耐久性问题也开展了大量有益研究。闫波等[40]通过对含硫酸盐的污水处理构筑物进行研究发现，构筑物破坏是由于冻融循环与盐侵蚀共同作用的结果；关宇刚等[41]通过对高强混凝土遭受冻融循环与硫酸盐共同作用进行分析，发现水灰比越高，盐冻耦合破坏作用就越大；余红发等[42]通过对盐湖卤水中混凝土的抗冻蚀性和破坏机理进行研究，认为混凝土盐冻破坏主要取决于盐结晶的损伤负效应和卤水冰点降低的损伤正效应；陈惠苏等[43]通过对硫酸盐、氯盐环境下高性能混凝土抗冻性能研究，认为多因素损伤破坏具有一定的叠加性效应。

混凝土遭受除冰盐冻融破坏的程度比水冻更严重。实际上，盐溶液对混凝土的影响存在不利的一面和有利的一面。除冰盐对混凝土的不利影响主要包括：在毛细管的抽力与盐的渗透压作用下，含盐混凝土的初始饱水度明显比不含盐混凝土高，即饱水程度比其在清水中的大，混凝土浸泡于盐溶液中，由于盐具有吸湿性，混凝土内部水分向表面迁移和富集，使得饱水度增大，可冻水增多，冻胀力增大，正是盐和冻的共同作用导致混凝土破坏，当饱水度接近或达到临界饱水度时，剥蚀将迅速增大；含盐的过冷水状态极不稳定，在孔隙中的结冰速度很快，从而产生了更大的静水压，同时结冰使混凝土的渗透性降低，结冰产生的静水压更难于排泄，对混凝土更加不利；盐在混凝土表面形成的浓度梯度，使受冻时因分层结冰产生更大的应力差，对抗盐冻更不利；冰融化时要吸收大量的热量，导致混凝土的降温速度快，静水压力增大，又增加了额外的冻害。盐溶液对混凝土抗冻有利的一面表现为：一是由于盐溶液降低了水的饱和蒸汽压，降低冰点，能够减轻冻融破坏；二是在结冰时混凝土的渗透性降低，使混凝土内部水分向表面迁移的速度减慢；同时，盐溶液更难于进入混凝土内，能够减缓盐冻破坏。显然，盐冻作用对混凝土抗冻耐久性的影响是弊远远大于利的。

就混凝土自身而言，混凝土的水灰比、孔结构和掺合料等是影响混凝土抗盐冻剥蚀破坏的根本因素。增大水灰比，必然导致混凝土中毛细孔数量和孔径的增大，可冻水增加。由于盐的吸湿性或渗透压作用，水分将向表层迁移和富集，表层饱水度增加越快，表面剥蚀越严重。引气能明显改善混凝土的抗盐冻性能，是因为含气量的增加，气泡间距变小，其本身就很难被水充满，同时大量的微小气泡把毛细管截断，使水分迁移困难，改善了混凝土抗盐冻剥蚀性能。张云清等[44]通过快冻法研究了普通混凝土与引气混凝土在 NaCl 溶液中的抗盐冻性能，结果表明，引气混凝土比普通混凝土表现出更优越的抗冻性能。杨全兵等[45]提出仅靠引气剂并不能从根本上解决混凝土的抗盐冻剥蚀问题，掺合料对混凝土的抗盐冻耐久性影响也很大。通过干湿循环试验测定盐结晶对混凝土破坏的影响，结果发现，在一般情况下，盐结晶压很小，可忽略不计。但是，在干湿交替频繁的地方，如路面、潮汐区等，高浓度的除冰盐产生足够大的盐结晶压力导致混凝土膨胀、剥蚀破坏。

随着混凝土耐久性问题研究的不断深入，很多学者开始关注自然气候条件对混凝土耐久性的影响，对土壤环境造成混凝土腐蚀破坏的问题也逐渐重视起来。马孝轩[46]经过 40 余年的研究，将我国主要土壤类型分为中碱性土壤、酸性土壤、内陆盐土和滨海盐土四大类，并总结出混凝土在各类土壤中的腐蚀规律为：中碱性土（pH 值为 7.0～8.5）对混凝土的腐蚀属于溶出性腐蚀，属于弱腐蚀或中等腐蚀；酸性土（pH 值为 4.0～6.5）对混凝土的腐蚀属于分解性腐蚀，属中度腐蚀；内陆盐土（pH 值为 8.0～9.5）对混凝土的腐蚀属于强腐蚀或极强腐蚀，对混凝土产生极严重的膨胀性腐蚀破坏；滨海盐土（pH 值为 7.5～8.5）对混凝土的腐蚀主要是硫酸盐对混凝土材料的膨胀性破坏，氯化物主要是破坏钢筋的钝化膜而使混凝土中的钢筋锈蚀。

水工混凝土结构所处工作环境较为复杂多样，实际工程中造成水工混凝土材料侵蚀劣化的作用因素有很多，即影响水工混凝土材料耐久性劣化的要素通常并非单一要素的侵蚀作用，而是多因素复合作用下引起的侵蚀与损伤。部分地处寒旱区域或靠近海洋地区的水工混凝土结构，如输水渡槽、水闸、出水塔以及管道支墩等建筑物所处工作环境较为恶劣，通常会同时遭受盐分侵蚀及冻融循环等共同侵蚀作用。混凝土在盐冻作用下的破坏是化学与物理综合作用的结果。物理破坏作用主要表现为：混凝土材料中的游离水结冰，体积膨胀产生膨胀压力；侵入混凝土内部的盐溶液因浓度差引起渗透压力，两种压力共同作用引起混凝土破坏；另外连续的冻融破坏造成混凝土结构产生微裂缝，从而使得盐溶液更容易侵入混凝土内部，加速混凝土的盐类侵蚀破坏。化学破坏作用主要表现为：盐离子与混凝土内部的水泥水化产物发生化学反应，生成膨胀性产物，使得混凝土表面溃散，并造成混凝土材料剥落破坏，同时盐离子也进一步对混凝土内部造成侵蚀破坏。盐侵蚀破坏一定程度上也会加剧对混凝土的冻融破坏作用，主要表现为盐侵蚀破坏使得冻融破坏从混凝土表面开始逐步向内部发展，冻融破坏速度加快。

参考文献

[1] 胡洋清，张启美. 混凝土耐久性研究与工程应用手册 [M]. 北京：中国科技文化出版社，2005.

[2] 金伟良，赵羽习. 混凝土结构耐久性 [M]. 2版. 北京：科学出版社，2014.

[3] MANGAT P S，GRIGORIADIS K，ABUBAKRI S. Microwave curing parameters of in-situ concrete repairs [J]. Construction and Building Materials，2016，112：856-866.

[4] 洪定海. 混凝土中钢筋的腐蚀与保护 [M]. 北京：中国铁道出版社，1998.

[5] 金伟良，吕清芳，潘仁泉. 东南沿海公路桥梁耐久性现状 [J]. 江苏大学学报（自然科学版），2007，28（3）：254-257.

[6] MEHTA P K. Concrete durability-fifty year's progress [C] //Proceeding 2nd International Conference on Concrete Durability. Montreal，Canada，1991：1-31.

[7] 郭成举. 氯盐对于水泥浆和混凝土的危害作用 [J]. 混凝土及加筋混凝土，1985（4）：15-19.

[8] 郭成举. 氯盐对于水泥浆和混凝土的危害作用（续）[J]. 混凝土及加筋混凝土，1985（5）：14-19.

[9] SURYAVANSHI A K，SCANTLEBURY J D，LYON S B. Pore size distribution of OPC & SRPC mortars in presence of chlorides [J]. Cement and Concrete Research，1995，25（5）：980-988.

[10] 刘曙光，赵晓明，张菊，等. 聚乙烯醇纤维增强水泥基复合材料在长期浸泡作用下抗硫酸盐侵蚀性能 [J]. 复合材料学报，2013，30（6）：60-66.

[11] 耿健. 硫酸盐侵蚀环境下再生细骨料砂浆的破坏机理 [J]. 华中科技大学学报（自然科学版），2014，42（5）：85-89.

[12] 张云清，余红发，孙伟，等. 冻融循环作用下混凝土的硫酸盐应力腐蚀特性 [J]. 土木建筑与环境工程，2010，32（6）：147-152.

[13] 高润东，赵顺波，李庆斌. 复合因素作用下混凝土硫酸盐侵蚀劣化机理 [J]. 建筑材料学报，2009，12 (1)：41-46.

[14] 梁咏宁，袁迎曙. 超声波检测受硫酸盐腐蚀混凝土强度的研究 [J]. 无损检测，2007，29 (9)：532-534.

[15] 李伟文，邢锋，严志亮，等. 硫酸盐腐蚀环境下 CFRP-混凝土界面性能研究 [J]. 深圳大学学报（理工版），2009，26 (1)：86-91.

[16] 叶建雄，杨长辉，周熙，等. 掺合料混凝土抗硫酸盐性能及评价方法 [J]. 重庆建筑大学学报，2006，28 (4)：118-120.

[17] 金祖权，郭学武，侯保荣，等. 矿渣混凝土硫酸盐腐蚀研究 [J]. 青岛理工大学学报，2009，30 (4)：75-78.

[18] 韩宇栋，张君，高原. 混凝土抗硫酸盐侵蚀研究评述 [J]. 混凝土，2011，(1)：52-56，+61.

[19] 王海龙，董宜森，孙晓燕，等. 干湿交替环境下混凝土受硫酸盐侵蚀劣化机理 [J]. 浙江大学学报（工学版），2012，46 (7)：1255-1261.

[20] BROWN P，HOOTON R D，BOYD C. Microstructural changes in concretes with sulfate exposure [J]. Cement &Concrete Composites，2004，26 (8)：993-999.

[21] SKALNY J，MARCHAND J，ODLER I. Sulfate attack on concrete [J]. Advances in Cement Research，2002，14 (2)：87-88.

[22] POWERS T C. A working hypothesis for further studies of frost resistance of concrete [J]. Journal of the American Concrete Institute，1945，16 (4)：245-272.

[23] POWERS T C，HELMUTH R A. Theory of volume changes in hardened portland cement paste during freezing [J]. Proceedings，Highway Research Board，1953，32：285-297.

[24] PIGEON M，LACHANCE M. Critical air void spacing factor for concretes submitted to slow freeze-thaw cycle [J]. American Concrete Institute Journal，1981，78 (4)：282-291.

[25] PIGEON M. Freeze-thaw durability versus freezing rate [J]. American Concrete Institute Journal，1985，82 (5)：684-692.

[26] BAGER D H，SELLEVOLD E J. Ice formation in hardened cement paste，part I-room temperature cured paste with variable moisture contents [J]. Cement and Concrete Research，1986，16 (5)：709-720.

[27] CHATTERJI S. Aspect of the freezing process in a porous materials-water system Part1：freezing and the properties of water and ice [J]. Cement and Concrete Research，1999，29 (4)：627-630.

[28] 施士升. 冻融循环对混凝土力学性能的影响 [J]. 土木工程学报，1997，30 (4)：35-42.

[29] 李金玉，曹建国，徐文雨，等. 混凝土冻融破坏机理的研究 [J]. 水利学报，1999 (1)：41-49.

[30] 卫军，李斌，赵霄龙. 混凝土冻融耐久性的试验研究 [J]. 湖南城市学院学报，2003，24 (6)：1-5.

[31] 程云虹，闫俊，刘斌，等. 粉煤灰混凝土抗冻性能试验研究 [J]. 低温建筑技术，

2008 (1): 1-3.

[32] 吴中伟，廉慧珍．高性能混凝土 [M]．北京：中国铁道出版社，1999.

[33] FAGERLUND G. The international cooperative test of the critical degree of saturation method of assessing the freeze/thaw resistance of concrete [J]. Materials and Structures, 1977, 10 (4): 231-253.

[34] SCHERER G W. Crystallization in pores [J]. Cement and Concrete Research, 1999, 29 (8): 1347-1358.

[35] BRESME F, LUIS G. Cámara Computer simulation studies of crystallization under confinement conditions [J]. Chemical Geology, 2006, 230 (3-4): 197-206.

[36] SETZER M J. Micro-Ice-Lens Formation in Porous Solid [J]. Journal of Colloid and Interface Science, 2001, 243 (1): 193-201.

[37] MEHTA P. K. Durability-Critical Issues for the Future [J]. Concrete International, 1997, 20 (7): 27-33.

[38] NEVILLE A. Consideration of durability of concrete structures: Past, present, and future [J]. Materials & Structures, 2001, 34 (2): 114-118.

[39] 吴中伟，陶有生．中国水泥与混凝土工业的现状与问题 [J]．硅酸盐学报，1999，27 (6)：734-738.

[40] 闫波，姜安玺，姜蔚，等．污水构筑物受盐蚀冻融影响的研究 [J]．中国给水排水，2004，20 (4)：101-103.

[41] 关宇刚，孙伟，缪昌文．高强混凝土在冻融循环与硫酸铵侵蚀双因素作用下的交互分析 [J]．工业建筑，2002，32 (2)：19-21.

[42] 余红发，孙伟，武卫锋，等．普通混凝土在盐湖环境中的抗卤水冻蚀性与破坏机理研究 [J]．硅酸盐学报，2003，31 (8)：763-769.

[43] 陈惠苏，孙伟，慕儒．掺不同品种混合材的高强砼与钢纤维高强砼在冻融、冻融-氯盐同时作用下的耐久性能 [J]．混凝土与水泥制品，2000 (2)：36-39.

[44] 张云清，王甲春，余红发．NaCl除冰盐作用下混凝土的抗冻能力分析 [J]．混凝土，2009 (9)：98-100，103.

[45] 杨全兵，吴学礼，黄士元．混凝土抗盐冻剥蚀性的影响因素 [J]．上海建材学院学报，1993，6 (2)：93-98.

[46] 马孝轩．我国主要类型土壤对混凝土材料腐蚀性规律的研究 [J]．建筑科学，2003，19 (6)：56-57.

第 2 章　混凝土盐类侵蚀破坏

灌区水工混凝土建筑物在服役期间通常会处于各种暴露环境中，难免受到化学侵蚀作用，而氯盐和硫酸盐侵蚀对于混凝土来说是极为主要的化学侵蚀作用。灌区混凝土建筑物服役环境中的高矿化度地下水和盐碱地土壤中一般都含有氯盐和硫酸盐，对于普通的混凝土建筑物而言，这些盐类介质通常具有强烈的化学腐蚀作用，在建筑物的服役过程中会对混凝土结构造成一定的损伤破坏，严重影响着混凝土结构的安全运行。因此，混凝土建筑物中氯离子和硫酸根离子的运输机理及化学侵蚀规律研究一直都是混凝土结构耐久性研究中的热点问题。

2.1　氯盐侵蚀

2.1.1　氯离子侵入混凝土过程

1. 氯离子进入途径

氯离子进入混凝土中通常有两种途径：其一是“混入”，如掺用含氯离子的外加剂、使用含氯盐的砂石料、施工用水含氯离子、在含氯盐环境中拌制浇筑混凝土等；其二是“渗入”，环境中的氯离子通过混凝土的宏观和微观孔隙渗入到混凝土中，造成混凝土的侵蚀破坏。“混入”过程大都是施工管理的问题；而“渗入”过程则是综合技术的问题，与混凝土材料多孔性、密实性、工程质量、钢筋表面混凝土层厚度等多种因素有关。

2. 氯离子扩散过程

在混凝土孔隙为孔隙液所饱和，孔隙水没有发生整体迁移，并且假定混凝土为化学惰性的条件下，氯离子依靠混凝土内外浓度梯度向内部迁移的过程可以认为是纯粹的扩散过程。

氯离子在混凝土中的扩散作用是指混凝土表面和内部的氯离子在浓度梯度的作用下所发生的定向迁移过程。氯离子扩散作用存在的条件是，混凝土中必须有连续的液相，同时存在氯离子浓度差。基于物理学原理，根据单位时间内通过垂直于扩散方向参考平面的物质的量是否稳定，可将离子扩散过程分为稳态扩散和非稳态扩散。

（1）稳态扩散过程。单位时间内通过垂直于扩散方向参考平面的物质的量被称为离子的扩散通量，通常用 J 表示。

在假定混凝土材料是各向同性均质材料、氯离子不与混凝土发生反应的条件下，氯离子在混凝土中的扩散行为可用菲克定律来描述[1]。

在恒定温度下，扩散通量与浓度梯度成正比，可写为菲克第一定律的形式：

$$J = -D\frac{\partial C}{\partial x} \tag{2.1}$$

式中：D 为氯离子扩散系数；C 为 x 处混凝土内孔隙液的氯离子浓度；x 为氯离子扩散深度。

（2）非稳态扩散过程。在通常状况下，氯离子的扩散通量 J 是一个随时间和空间变化的函数，对应体系的扩散过程称为非稳态扩散过程。目前在氯离子扩散问题上使用最为广泛的菲克第二定律，形式见式（2.2）：

$$\frac{\partial C}{\partial t} = \frac{\partial}{\partial x}\left(D\frac{\partial C}{\partial x}\right) \tag{2.2}$$

写成空间向量的形式为

$$\frac{\partial C}{\partial t} = \text{div}[D\text{grad}(C)] \tag{2.3}$$

一维状况下，假定初始条件和边界条件为

$$C|_{x=0} = C_s; C_{x>0}^{t=0} = C_0; C|_{x=\infty} = C_0$$

式中：C_s 为混凝土表面氯离子浓度；C_0 为混凝土内的初始氯离子浓度；t 为时间。

利用上述初始条件和边界条件对式（2.3）做 Laplace 变换，可求得其解析解为

$$C(x,t) = C_0 + (C_s - C_0)\left[1 - \text{erf}\left(\frac{x}{2\sqrt{Dt}}\right)\right] \tag{2.4}$$

$$\text{erf}(x) = \frac{2}{\sqrt{\pi}}\int_0^x e^{-x^2}\,dx \tag{2.5}$$

式中：erf(·) 为误差函数。

式（2.4）被广泛地用于氯盐环境混凝土结构中氯离子扩散含量的分布计算，其结果也可作为受氯离子侵蚀的混凝土结构剩余寿命预测的依据。

3. 氯离子对流过程

氯离子对流是指离子随着载体溶液发生整体迁移的现象。单位时间内通过垂直于溶液渗流方向参考平面的离子对流通量可以表示为

$$J_c = Cv \tag{2.6}$$

式中：v 为混凝土孔隙对流流速。

氯离子在混凝土中发生对流主要是由于孔隙液在压力、毛细吸附力以及电场作用力下发生定向渗流。

(1) 压力作用。在外界压力作用下混凝土中孔隙液发生的渗流现象实质上是液体在压力差作用下在多孔介质中发生的定向流动，其过程符合达西定律：

$$Q = -\frac{k}{\eta}\frac{\mathrm{d}p}{\mathrm{d}x} \tag{2.7}$$

式中：Q 为孔隙液体积流速；k 为渗透系数；η 为液体的黏滞系数；p 为压力水头。

在饱和渗流过程中，k 是解决压力渗流问题的核心参数，它实质上是一个仅与多孔介质孔隙结构相关的参数，在均质的多孔介质中是一个常数[2]。

(2) 毛细吸附作用。由于液体表面张力的存在，为了达到毛细管道内液面两侧压力的平衡而发生液体整体流动的现象称为毛细吸附作用。毛细吸附作用同样可以用达西定律表述。

毛细渗流一般发生在非饱和的多孔介质系统中，因此式 (2.7) 中渗透系数不仅是孔隙结构的函数，而且也是孔隙中液体饱和度的函数。

(3) 电渗作用。混凝土的胶凝材料中含有 CaO、SiO_2 和 Al_2O_3，这类无机氧化物的水化物表面覆盖一层羟基，而这类羟基具有失去或者得到氢核的能力。通常状况下，混凝土胶凝材料中的羟基群倾向于失去氢核，造成混凝土与极性介质（孔隙液）接触的孔隙壁带负电。带电的孔隙壁会强烈吸引分散系（孔隙液）中带相反电荷的粒子（反离子），于是孔隙壁的表面电荷和孔隙液中的反离子构成了所谓的双电层。由于孔隙壁和孔隙液之间界面上的双电层中存在反电荷，在电场作用下，反离子带动孔隙液形成相对于孔隙壁表面电荷的相对运动，即发生氯离子的电渗作用。

4. 氯离子电迁移过程

混凝土孔隙液中的离子在电场加速条件下定向迁移的过程称为电迁移。氯离子在混凝土中的电迁移是氯离子运输的重要组成部分，其在混凝土耐久性方面的研究主要集中在快速电迁移法测定氯离子扩散系数试验、混凝土结构中有害介质的移除，以及实验室加速混凝土构件锈蚀试验等。

在电解质溶液中电荷迁移的最简单理论是把离子看作刚性的带电球体，把溶剂作为连续介质，离子在电场力的作用下在连续介质中迁移，浓度为 C_i 的离子发生电迁移所产生的离子流量 J_i 可以表示为

$$J_i = \frac{1}{K_i} z_i C_i F E \tag{2.8}$$

式中：C_i 为溶液浓度；E 为电场强度；z_i 为离子电价；F 为法拉第常量；K_i 为摩擦系数。

为了与扩散方程统一形式，假设离子的流量 J_i 与所受的力成正比，比例系数为

$$B = \frac{1}{K_i} = \frac{D_i}{RT} \tag{2.9}$$

式中：R 为摩尔气体常量；T 为热力学温度；D_i 为离子扩散系数。

则式（2.8）可以化为

$$J_i = \frac{z_i F E D_i}{RT} C_i \tag{2.10}$$

式（2.10）是目前求解直流电场作用下，氯离子在混凝土中输运问题的核心方程。

2.1.2　氯离子在混凝土中的迁移模型

根据混凝土孔隙液是否饱和，可将氯离子在混凝土内的输运分为饱和与非饱和两种状态：当孔隙液完全饱和时，外界不存在水分压力梯度，因此氯离子在内外浓度梯度的作用下主要以扩散方式在混凝土内传输；当孔隙液不饱和时，氯离子在传输过程中既有压力梯度又有浓度梯度，因此对流和扩散是其主要的运输方式。

1. 饱和状态下氯离子在混凝土中的迁移模型

当混凝土构件完全浸泡在氯盐溶液时，可认为其处于饱和状态，此时可用菲克第二定律来进行求解，传输方程见式（2.2），当表面氯离子浓度和表面氯离子扩散系数恒定时，可得到其解析解，见式（2.4）。

实际检测结果表明，混凝土表面的氯离子浓度 C_s 是一个随时间逐步积累至稳定的过程，可用式（2.11）指数函数来表示：

$$C_s = C_{st}(1 - e^{-rt}) \tag{2.11}$$

式中：C_{st} 为最终稳定后的表面氯离子浓度；r 为拟合系数。

由于水泥的不断水化导致混凝土内部越加密实，表观氯离子扩散系数在暴露过程中不断减小，其随时间的变化关系可表示为

$$D_c = D_0 \left(\frac{t_0}{t}\right)^n \tag{2.12}$$

式中：D_c 为表观氯离子扩散系数；D_0 为对应于龄期 t_0 时的表观氯离子扩散系数，一般可取养护 28d 时用 RCM 试验测得的值；n 为衰减系数。

由于表面氯离子浓度和表观氯离子扩散系数均随时间发生变化，无法得到传输方程式（2.2）的解析解，此时可采用有限差分法或有限元法进行求解。

2. 非饱和状态下氯离子在混凝土中的迁移模型

在氯盐环境中，干湿交替区域的混凝土构件内部由于存在氯离子浓度场梯度、温度场梯度和孔隙液饱和度场梯度，氯离子在扩散和对流等多种复杂机制

耦合作用下，以相对较快的速率向混凝土内部渗透，因此干湿交替区域往往对应混凝土结构中钢筋锈蚀最严重的部位。

(1) 水分在混凝土中的渗流模型。干湿交替作用下，水分以液体和气体两种形式在混凝土内部输运。在多孔介质渗流中，孔隙压力梯度是驱动孔隙液流动的原始动力。根据达西定律有

$$J_m = -K(s)\mathrm{grad}(p) \tag{2.13}$$

式中：J_m 为水分的截面流速；s 为孔隙饱和度；p 为孔隙压力水头；$K(s)$ 为各向同性的渗流系数，是孔隙饱和度 s 的函数。

为了求解方便，式（2.13）经常写成菲克定律的形式，即

$$\frac{\partial s}{\partial t} = \mathrm{div}[D_m(s)\mathrm{grad}(s)] \tag{2.14}$$

式中：$D_m(s)$ 为水力扩散系数，是孔隙饱和度 s 的函数，$D_m(s)=K(s)\frac{\partial p}{\partial s}$。由于水分中包括了气体和液体两种状态，因此，水分的水力扩散系数应该包括两种状态，即

$$D_m(s) = D_l(s) + D_v(s) = (K_l + K_v)\frac{\partial p}{\partial s} \tag{2.15}$$

式中：$D_l(s)$ 为液态水分的水力扩散系数；K_l 为液态水分的渗透系数；$D_v(s)$ 为气态水分的水力扩散系数；K_v 为气态水分渗透系数。

(2) 氯离子在混凝土中的输运模型。干湿交替区域混凝土中孔隙并非处于完全饱和状态，由于浓度扩散只能发生在孔隙溶液中，假设氯离子扩散系数和孔隙饱和度成正比关系，氯离子扩散量可以表示为

$$J_{cl} = -D_s s\mathrm{grad}(C') \tag{2.16}$$

其中
$$C' = \frac{c\rho_{con}}{\phi s}$$

式中：C'为孔隙液中氯离子含量；c 为单位体积混凝土中的氯离子含量；s 为孔隙饱和度；ρ_{con}为混凝土密度；ϕ 为混凝土孔隙率；D_s 为饱和状态下氯离子在混凝土孔隙液中的扩散系数，在考虑混凝土结合氯离子效应时，可将其视为表观扩散系数。

由于干湿交替区域混凝土内部孔隙饱和度分布由表及里始终处于非均匀状态，从而形成孔隙饱和度分布场，孔隙液在场的作用下发生渗流，于是溶解于其中的氯离子随孔隙液在混凝土内部形成对流现象。氯离子在孔隙非饱和状态下的输运过程可以用对流扩散方程描述：

$$J_{CJ} = -D_s s\mathrm{grad}(C') + C'J_m \tag{2.17}$$

式中：J_{CJ}为非饱和状态下氯离子在混凝土中的传输通量。

根据上述得到的水分渗流通量，并结合氯离子的质量守恒，可以得到

式（2.18）、式（2.19）。

对于渗入过程

$$\frac{\partial C'}{\partial t} = \mathrm{div}[D_s s \mathrm{grad}(C') + C' D_{mw} \mathrm{grad}(s)] \tag{2.18}$$

式中：D_{mw}为水分在渗入过程中的水力扩散系数。

对于干燥过程

$$\frac{\partial C'}{\partial t} = \mathrm{div}[D_s \mathrm{grad}(C') + C' D_{md} \mathrm{grad}(s)] \tag{2.19}$$

式中：D_{md}为水分在渗入过程中的水力扩散系数。

上述两式为多元偏微分方程，可以通过有限元法或者有限差分法进行求解，其求解过程需要提供必要的初始条件和边界条件，而初始条件和边界条件的确定取决于干湿交替区域混凝土结构所受的环境作用。

在干湿循环过程中，湿润过程中的边界条件相对简单，在接触氯离子溶液后，可以认为混凝土表面孔隙中孔隙水达到饱和，而孔隙水中氯离子浓度与环境水相同。

对于干燥过程，表层混凝土中孔隙水饱和度和氯离子浓度变化与混凝土表面水分蒸发率相关，空气表面蒸发速率可以表示为

$$v = \frac{MD_v}{RT} \frac{P_0(1-H)}{\delta} \tag{2.20}$$

式中：D_v 为水蒸气的扩散系数；P_0 为饱和蒸气压；H 为空气的相对湿度；δ为混凝土表面空气速率边界层的厚度。

根据空气动力学原理，空气速率边界层厚度可以表示为

$$\delta = 1.548 \frac{l}{Sc^{\frac{1}{3}} Re^{\frac{1}{2}}} = 1.548 \frac{\mu_a^{\frac{1}{6}} D_v^{\frac{1}{3}} l^{\frac{1}{2}}}{u^{\frac{1}{2}} \rho^{\frac{1}{6}}} \tag{2.21}$$

式中：l 为混凝土表面沿风速方向的长度；Sc 为施密特数；Re 为雷诺数；ρ 为空气密度；μ_a 为空气的黏滞性系数；u 为风速。

3. 深化修正模型

考虑不同侵蚀环境下氯离子传输机制、气候环境条件及混凝土自身性能等影响，直接采用由菲克定律和达西定律建立的基本模型预测氯盐侵蚀速率的误差较大，为此，应对上述基本模型进行修正。

（1）Byung Hwan Oh 模型。Oh 等[3]所建立的模型，在菲克定律基础上，考虑了氯离子的毛细孔吸收作用：

$$\frac{\partial C}{\partial t} = \frac{\partial}{\partial x}\left(D_c \frac{\partial C_f}{\partial x}\right) - \frac{\partial (uC_f)}{\partial x} \tag{2.22}$$

式中：C_f 为单位质量混凝土的自由氯离子含量；u 为混凝土中毛细管吸收的平均速率。

(2) Nilsson 模型。Nilsson 等[4]所建立的模型考虑了混凝土的氯离子结合能力：

$$\frac{\partial C_f}{\partial t}=\frac{\partial}{\partial x}\left(\frac{D_c}{1+\frac{1}{\omega_e}\frac{\partial C_b}{\partial C_f}}\frac{\partial C_f}{\partial x}\right) \tag{2.23}$$

式中：ω_e 为混凝土中含有可蒸发水的体积比；$\frac{\partial C_b}{\partial C_f}$ 为混凝土中氯离子结合能力；∂C_b 为距混凝土表面 x 处结合氯离子质量浓度，以胶凝材料质量或混凝土质量的百分比表示；∂C_f 为距混凝土表面 x 处自由氯离子质量浓度，同样以胶凝材料质量或混凝土质量的百分比表示。

(3) A. Boddy 模型。Boddy 等[5]建立的模型考虑了时间和环境温度对扩散系数的影响，扩散系数 D 的表达式为

$$D(t,T)=D_r\left(\frac{t_r}{t}\right)^m e^{\frac{U}{R}\left(\frac{1}{T_r}-\frac{1}{T}\right)} \tag{2.24}$$

式中：$D(t, T)$ 为 t 时刻、绝对温度为 T 时氯离子的扩散系数；D_r 为参考时刻 t_r、参考温度 T_r 时氯离子扩散系数；m 为扩散系数的时间依赖性常数（取决于混凝土的配合比）；U 为氯离子扩散过程的激活能；R 为空气常数。

2.1.3 混凝土结构受氯盐侵蚀破坏机理

氯盐侵蚀破坏对水工混凝土建筑物的影响较大，主要表现为混凝土材料内部的结晶盐类腐蚀、混凝土内部骨料发生碱性反应、引起钢筋锈蚀等现象。

1. 氯离子与水化产物的反应

侵入混凝土内部的氯离子，一部分以自由离子状态存在于混凝土的孔隙液中；另一部分则是以稳态形式存在的氯离子。稳态氯离子一种是通过与水泥凝胶体发生化学反应存在，主要是和水泥熟料中的铝酸三钙（C_3A）、铁铝酸四钙（C_4AF）反应生成比较稳定的氯化复合物；另一种则是由于水泥胶体、凝胶体和毛细孔的物理吸附存在的。物理吸附的结合力相对较弱，易遭破坏而使被吸附的氯离子转化为游离氯离子。化学结合是通过化学键结合在一起的，相对稳定，不易破坏。水泥石对氯离子的化学结合作用主要使水泥石中的铝酸三钙与氯离子结合生成弗里德尔盐（$3CaO \cdot Al_2O_3 \cdot CaCl_2 \cdot 10H_2O$），即

$$3CaO \cdot Al_2O_3 \cdot 6H_2O+Ca^{2+}+2Cl^-+4H_2O \longrightarrow 3CaO \cdot Al_2O_3 \cdot CaCl_2 \cdot 10H_2O$$

通过对受侵蚀混凝土的衍射试验证实了这一点。被侵蚀的混凝土中有$3CaO \cdot Al_2O_3 \cdot CaCl_2 \cdot 10H_2O$ 和 $3CaO \cdot CaCl_2 \cdot 12H_2O$ 的存在，这说明氯离子在侵入混凝土建筑物后和混凝土中的一些亚稳定的物质（如水化铝酸钙、氢氧化钙等）发生了反应，这种化学结合过程可以造成水泥石的固相体积膨胀，这种膨胀会在水泥石中产生局部应力。随着时间的延长，膨胀作用加重，使水泥石原有的

均匀结构发生变化，产生不均衡应力而变形、胀裂，造成结构物的破坏。

2. 氯离子对钢筋的侵蚀

混凝土孔隙液中的游离氯离子，参与了氯化物的传输过程和钢筋腐蚀过程，对钢筋锈蚀起控制作用。氯离子是一种极强的去钝化剂，在水泥的浸出液中，即使其 pH 值还很高，只要有 4～6mg/L 浓度的氯离子，氯离子便可渗入到钢筋的钝化膜与铁离子发生化学反应，生成氯和铁的化合物，引起混凝土内钢筋锈蚀，并逐渐导致混凝土结构的破坏，氯离子侵入引起的化学反应方程式如下：

$$Fe^{2+} + 2Cl^{-} + 4H_2O \longrightarrow FeCl_2 \cdot 4H_2O$$

$$FeCl_2 \cdot 4H_2O \longrightarrow Fe(OH)_2 + 2Cl^{-} + 2H^{+} + 2H_2O$$

$$4Fe(OH)_2 + O_2 + 2H_2O \longrightarrow 4Fe(OH)_3$$

从上面化学反应方程式中可以看出：氯离子没有与别的物质结合生成新的物质，只起到了类似于催化作用或“搬运工”的作用。$2Cl^{-}$ 和 OH^{-} 争夺腐蚀产生的 Fe^{2+} 形成易溶于水的 $FeCl_2 \cdot H_2O$，它从钢筋阳极区向含氧量较高的混凝土孔隙液迁移，分解成 $Fe(OH)_2$，$Fe(OH)_2$ 沉积于阳极区周围同时放出 H^{+} 和 Cl^{-}，而 H^{+} 和 Cl^{-} 又回到钢筋阳极区，Cl^{-} 没有形成新的化合物，只是起到了“搬运工”的作用，不断带出 Fe^{2+}，加速了钢筋的腐蚀。如果在大面积的钢筋表面上具有高浓度氯化物，则氯化物所引起的腐蚀可能是均匀腐蚀。但是，在不均匀的混凝土中，常见的是局部腐蚀。首先是在很小的钢筋表面上，混凝土孔隙具有较高的氯化物浓度，形成钝化膜的局部破坏，成为小阳极。此时，钢筋表面的大部分仍具有钝化膜，成为大阴极。这种特定的由大阴极、小阳极组成的腐蚀电偶，由于大阴极供氧充足，小阳极上的铁迅速溶解而产生深坑，小阳极区局部酸化；同时大阴极区的阴极反应，生成 OH^{-} 使 pH 值增高，氯化物提高了混凝土吸湿性，使阴极与阳极间的混凝土孔隙液的电阻降低。这三方面的自发性变化，将使上述局部腐蚀电偶得以自发地以局部深入形式继续进行。这种局部腐蚀被称为点蚀或坑腐蚀。点蚀对于断面小、应力高又比较脆的预应力筋危害较大，特别是预应力高强钢丝，对应力腐蚀敏感，危害就特别大。

2.2　硫酸盐侵蚀

2.2.1　硫酸盐物理侵蚀作用

硫酸盐对混凝土的物理侵蚀不考虑硫酸盐的化学反应过程，仅指硫酸盐结晶膨胀导致混凝土耐久性下降的过程。当不存在化学反应时，SO_4^{2-} 经自由扩散作用侵蚀到混凝土内部后，发生溶解或结晶膨胀，引起了混凝土强度降低而导致混凝土结构破坏，这个过程为硫酸盐的物理侵蚀作用。

目前，关于 Na_2SO_4 结晶腐蚀混凝土的机理主要有固相体积、结晶水压力及盐结晶压力 3 种理论观点。

1. 固相体积理论

混凝土中无水硫酸钠发生反应，形成 $Na_2SO_4 \cdot 10H_2O$ 晶体后，体积增大致使混凝土破坏，反应过程如下：

$$Na_2SO_4 + 10H_2O \longrightarrow Na_2SO_4 \cdot 10H_2O$$

2. 结晶水压力理论

结晶水压力理论与固相体积理论相似，认为无水化合物和结晶水合物承受一样的平衡压力，实质上这个过程即是固相体积转化的过程。Scherer[6] 经推导硫酸盐结晶水合压力计算得到如下的热力学公式：

$$P_e - P_a = \frac{RT}{V_H - V_A}\left[\ln\left(\frac{K_A}{K_H}\right) + N_{H_2O}\ln(RH)\right] \tag{2.25}$$

式中：P_e 为平衡压力；P_a 为产生的压力；V_H、V_A 分别为结晶水合物和无水化合物的摩尔体积；N_{H_2O} 为结晶水合产物中的结晶水数目；K_H、K_A 分别为在外界压力下结晶水合物和无水化合物溶解平衡常数；RH 为外界相对湿度。

其中，$\ln\left(\frac{K_A}{K_H}\right)$ 可以下式表示：

$$RT\ln\left(\frac{K_A}{K_H}\right) = N_{H_2O}[\mu^{O(P_a)}_{H_2O,V} - \mu^{O(P_a)}_{H_2O,S} + RT\ln(RH)] \tag{2.26}$$

$$RH = \frac{\prod^0_{P_e}}{\prod^0_{P_a}} \tag{2.27}$$

式中：$\mu^{O(P_a)}_{H_2O,V}$ 为在外界压力下溶液中水的标准化学势能；$\mu^{O(P_a)}_{H_2O,S}$ 为在外界压力下水蒸气的标准化学势能；$\prod^0_{P_e}$ 为在外界压力条件下的水蒸气分压力；$\prod^0_{P_a}$ 为平衡压力的水蒸气分压力。

3. 盐结晶压力理论

盐结晶压力理论认为，如果溶液中硫酸盐的自身溶解度低于它的浓度，则会产生结晶析出。如 Na_2SO_4 和 $MgSO_4$ 吸水后分别形成 $Na_2SO_4 \cdot 10H_2O$ 和 $MgSO_4 \cdot 7H_2O$，体积膨胀 5 倍左右，在混凝土中产生很大的结晶膨胀压力，故而造成混凝土膨胀开裂、剥落，为硫酸盐的渗入提供了便利条件，加速了混凝土的损坏，这个过程称作结晶侵蚀。Koniorczyk[7] 通过理论分析进一步建立了硫酸盐在多孔连续介质中结晶压力的数学模型。

2.2.2 硫酸盐化学侵蚀作用

1. 钙矾石型

钙矾石膨胀破坏又称为 E 盐破坏。外部侵蚀物质硫酸盐和水化产物中含有的硫酸盐都可以与水泥石中的水化物发生化学反应生成钙矾石。钙矾石是一种难溶且体积膨胀的络合物。计算显示，钙矾石体积是水化铝酸钙的2.5倍，并且钙矾石主要是在骨料表面和微小空隙内产生结晶，即在骨料和水泥石及二者的界面上。钙矾石结晶致使骨料与水泥之间黏结作用遭受破坏，导致混凝土材料的力学性能受到破坏。方程式其反应如下：

$$4CaO \cdot Al_2O_3 \cdot 12H_2O + 3(CaSO_4 \cdot 2H_2O) + 14H_2O \longrightarrow$$
$$3CaO \cdot Al_2O_3 \cdot 3CaSO_4 \cdot 32H_2O + Ca(OH)_2$$

混凝土结构受到硫酸盐侵蚀后，生成具有膨胀性质的物质，该物质在混凝土结构内部产生挤压应力，当此应力超过混凝土极限抗拉强度值时，混凝土会逐渐出现微小的裂缝。钙矾石是硫酸盐侵蚀混凝土生成的最主要产物，侵蚀过程主要受到硫酸浓度、碱度和温度等的影响，碱度和温度主要影响硫酸盐侵蚀的速度大小，但硫酸盐浓度是钙矾石存在状态的决定性因素。

2. *石膏型*

析出的石膏结晶使体积增大，产生膨胀压力，并渐渐变大，从而使混凝土结构遭受破坏。具体表现为水泥石逐渐变为无黏结性、遍体溃散的颗粒状物质，集料裸露。其反应式为

$$Ca(OH)_2 + Na_2SO_4 + 2H_2O \longrightarrow CaSO_4 \cdot 2H_2O + 2NaOH$$
$$Ca(OH)_2 + MgSO_4 + 2H_2O \longrightarrow CaSO_4 \cdot 2H_2O + Mg(OH)_2$$

Tixier等[8]认为浓度高低会影响主要产物的生成：低浓度的硫酸盐溶液和含有C_3A水泥的主要产物是钙矾石，而高浓度硫酸盐溶液生成的主要产物是石膏，浓度介于二者之间的主要产物为石膏与钙矾石。Tian等[9]、Santhanam等[10]分别使用浓度为4.44%、5%的硫酸钠溶液做了试验，研究结果表明引起膨胀的主要物质是石膏。

3. *碳硫硅钙石型*

碳硫硅钙石型早期是作为稀有的自然矿物来报道的。现有研究结果表明，有两种途径可以生成碳硫硅钙石，一种是溶液反应机理，即由硫酸盐与水泥的水化产物C－S－H凝胶，在低温条件下反应生成，其结论为：在混凝土连续多孔溶液中SO_4^{2-}、$CaCO_3$、Si^{4+}等离子在水溶液当中直接反应，生成碳硫硅钙石产物。其反应式为

$$Ca_3Si_2O_7 \cdot 3H_2O + 2CaSO_4 \cdot 2H_2O + 2CaCO_3 + 24H_2O \longrightarrow$$
$$Ca_6[Si(OH)_6]_2 \cdot 24H_2O \cdot [(SO_4)_2(CO_3)_2] + Ca(OH)_2$$
$$Ca(OH)_2 + CO_2 \longrightarrow CaCO_3 + H_2O$$

由上述反应式可以看出：最终生成的$CaCO_3$将会进一步生成碳硫硅钙石，$Ca(OH)_2$在整个化学反应过程中会持续反复消耗。

另外一种为拓扑化学离子交换反应机理。即凝胶C－S－H中的［SO_4^{2-}＋

CO_3^{2-}] 和 Si^{4+} 分别取代钙矾石中的 [$SO_4^{2-}+H_2O$] 和 Al^{3+}，最终形成碳硫硅钙石。其反应式为

$$Ca_6[Al_XFe_{1-X}(OH)_6]_2(SO_4)_3 \cdot 26H_2O + Ca_3Si_2O_7 \cdot 3H_2O + 2CaCO_3 + 4H_2O \longrightarrow Ca_6[Si(OH)_6]_2 \cdot [(SO_4)_2(CO_3)_2] \cdot 24H_2O + CaSO_4 \cdot 2H_2O + 2XAl(OH)_3 + 2(1-X)Fe(OH)_3 + 4Ca(OH)_2$$

钙矾石中被取代的 Al^{3+} 会被再次释放到多孔溶液里，从而又形成新的钙矾石，而新的钙矾石又将循环上述化学反应过程进而生成碳硫硅钙石。所以，混凝土中只要有足量的 [$SO_4^{2-}+H_2O$]、Si^{4+}，由钙矾石转变为碳硫硅钙石的化学反应将不断进行。

在含有碳酸盐、硫酸盐和足够水的环境中，混凝土发生硅灰石膏型侵蚀需要满足的两个前提条件是较高的 pH 值（大于 10.5）和较低的温度（小于 15℃）。另外，与其他硫酸盐化学侵蚀相比，硅灰石膏型侵蚀会造成混凝土强度劣化，但是宏观上并没有膨胀开裂的发生，因此造成混凝土的破坏很不明显，在一定程度上不具有可预见性。碳硫硅钙石型是新的硫酸盐腐蚀，因各地区的环境条件差异，影响因素非常复杂。

研究水泥基材料耐久性，硫酸盐侵蚀是不容忽视的一个问题。碳硫硅钙石型是新的硫酸盐腐蚀，因各地区的环境条件差异，影响因素非常复杂。

4. 镁盐结晶破坏

硫酸盐侵蚀过程中，硫酸根离子与镁离子造成混凝土复合侵蚀。化学式为

$$Mg^{2+} + Ca(OH)_2 \longrightarrow Ca^{2+} + Mg(OH)_2$$

$$3CaO \cdot 2SiO_2 \cdot 3H_2O + MgSO_4 + 8H_2O \longrightarrow 3(CaSO_4 \cdot 2H_2O) + 3Mg(OH)_2 + 2SiO_2 \cdot 3H_2O$$

$$2SiO_4^{2-} + 4Mg^{2+} + 3H_2O \longrightarrow 3MgO \cdot 2SiO_2 \cdot 3H_2O + Mg(OH)_2$$

上述化学反应不仅有 $Mg(OH)_2$ 生成，$Mg(OH)_2$ 层中也有钙矾石与石膏生成，它们是由 $Mg(OH)_2$ 与 SO_4^{2-} 反应得到的产物。$MgSO_4$ 侵蚀存在的潜伏期相对较长，诱导期和发展期却相对较短，破坏是潜在的、连续性的，硫酸镁侵蚀一旦发生就会迅速地进行下去，而且整个过程中混凝土外观没有明显变化，导致无法预知，但最终破坏的后果却非常严重。

2.3 盐类侵蚀试验

2.3.1 硫酸盐干湿循环试验方法

高原等[11]通过试验研究表明，干湿循环作用下混凝土发生的干湿变形是一种常见的非荷载变形，所引起的耐久性劣化问题主要是混凝土因受到反复的

干缩和湿胀作用而造成的。硬化后的混凝土处于干燥环境中时，毛细孔和凝胶孔中水分蒸发，水泥浆体中的水化硅酸钙因失去物理吸附水而发生收缩应变；另外毛细孔水的蒸发，使毛细孔形成负压并逐渐增大产生收缩力，导致混凝土收缩，当混凝土内部产生的拉应力超过混凝土抗拉强度时，就会出现开裂。当混凝土再吸水时，之前发生的干缩变形大部分可以恢复，但有 30%～50%的干缩变形是不可逆的。混凝土每发生一次干湿循环，遭受干缩和湿胀作用的同时还伴有部分的不可逆收缩。反复的干湿循环作用会使混凝土孔结构发生变化，干缩作用产生的裂缝使混凝土自身存在的空隙连通起来，而且裂缝随着循环次数的增加会变大、变多，最后导致混凝土开裂，混凝土的抗渗、抗化学侵蚀等性能必然会下降。

在干湿循环作用下，混凝土的强度早期略有增加，而在后期又出现递减情况，主要原因为早期水化使混凝土内部变得更加致密，从而增加其强度，但由于后期干湿循环作用的加剧，混凝土强度又呈现递减趋势。

干湿循环作用对混凝土耐久性劣化的影响主要表现在 3 个方面。

（1）对混凝土渗透性的影响。由干湿循环破坏的机理可知，硬化混凝土干燥则收缩，吸水则微膨胀。由于混凝土并不能自由移动，当混凝土因干燥而产生收缩时，拉应力导致的裂缝随着循环次数的增加而不断增加，混凝土内部连续贯通的网状孔结构体系就可能会形成，这将大大降低混凝土的抗渗性。

（2）对混凝土碱硅酸反应的影响。由于混凝土中碱硅酸反应会使混凝土发生膨胀，在一定程度上抵消了干湿作用初期的干缩，进而使混凝土变得较为致密，也正因为如此，潮湿环境中水分更不易进入混凝土内部。另外干燥环境又可以减缓碱硅酸反应引起的混凝土劣化进度。干湿循环后期，碱硅酸反应与干湿循环的叠加效应表现明显，干缩促进裂缝发展，水分大量进入，从而又加速碱硅酸反应，两者相互促进，使混凝土劣化进程加快。

（3）对混凝土硫酸盐侵蚀的影响。混凝土所处的水环境中往往含有硫酸盐等有害的侵蚀介质，当水位发生变化时，混凝土可能遭受硫酸盐溶液的干湿循环破坏。此时不但有物理侵蚀作用，还有化学侵蚀的存在。硫酸根离子与混凝土水化产物发生化学反应生成的膨胀性物质，在干湿循环作用下产生的盐结晶压力使混凝土膨胀开裂，扩散到混凝土中的硫酸盐数量就会明显增大，同时干燥条件下温度的升高又会加快硫酸根离子扩散和化学侵蚀反应的速度，使混凝土的硫酸盐侵蚀破坏加剧。

依据《普通混凝土长期性能和耐久性能试验方法标准》（GB/T 50082—2009）开展混凝土试件受硫酸盐侵蚀和干湿循环共同侵蚀作用的耐久性试验，主要步骤及试验要点如下：

（1）试验采用 100mm × 100mm × 400mm 的长方体试件和 100mm ×

100mm×100mm 的立方体试块，每组试件 3 块，试件在标准养护室养护 28d 后，开始进行试验。

（2）配置浓度为 5%的硫酸钠溶液并注入结构物硫酸盐干湿循环测试系统。试验按照风干、加热烘干、烘干保温、制冷准备、冷却、进液、浸泡、抽液的顺序全自动进行，直到完成设定的试验循环次数后自动结束循环，每次试验循环周期为 24h。

（3）在硫酸盐干湿循环每进行 10 个循环后，测量 1 次试件的质量、动弹性模量和抗压强度。

（4）试验主要以相对动弹模量的衰减、抗压强度耐蚀系数衰减和质量损失率来作为损伤指标。当相对动弹模量达到 60%、质量损失率达 5%，或者到 120 次干湿循环时即试验结束。

2.3.2 试验原材料及配合比

1. 水泥

试验选取 P·O 42.5 水泥，其品质指标见表 2.1、表 2.2，结果符合《通用硅酸盐水泥》（GB 175—2007）中规定的品质要求。

表 2.1　P·O 42.5 水泥品质指标

品质指标	标准值	检测值	品质指标	标准值	检测值
比表面积/(m^2/kg)	≥300	360	氧化硫/%	≤3.5	2.54
初凝时间/min	≥45	195	氧化镁/%	≤5.0	3.2
终凝时间/min	≤600	250	烧失量/%	≤5.0	2.90
沸煮安定性	合格	合格	氯离子/%	≤0.035	0.035

表 2.2　P·O 42.5 水泥强度指标

指标	3d 抗折强度/MPa	28d 抗折强度/MPa	3d 抗压强度/MPa	28d 抗压强度/MPa
标准值	≥3.5	≥6.5	≥17.0	≥42.5
实测值	5.6	7.9	26.2	45.7

2. 细骨料

试验所用细骨料为河沙，细度模数为 2.74，其技术性能指标检测结果见表 2.3。

表 2.3　细骨料技术性能指标

指标	细度模数	堆积密度/(kg/m^3)	表观密度/(kg/m^3)	含泥量/%	吸水率/%
检测结果	2.74	1430	2589	1.8	1.3

3. 粗骨料

试验所用粗骨料为粒径 5～25mm 连续级配、无针片状颗粒、质地坚硬且表面粗糙的碎石子，其主要技术性能指标见表 2.4。

表 2.4　粗骨料技术性能指标

指标	公称粒径/mm	表观密度/(kg/m³)	松堆密度/(kg/m³)	紧堆密度/(kg/m³)	压碎指标/%
检测结果	5－25	2740	1500	1611	7.34

4. 粉煤灰

试验所用粉煤灰为Ⅱ级粉煤灰，其主要化学成分检测结果见表 2.5。

表 2.5　粉煤灰化学成分

指标	密度/(g/cm³)	细度	化学成分/%				
			SiO_2	SO_3	Al_2O_3	CaO	烧失量
检测结果	2051	8.0	52.29	2.5	31.25	1.89	1.64

5. 引气剂

试验所用引气剂为 JDU－1 高性能混凝土引气剂，其主要技术性能检测指标结果见表 2.6。

表 2.6　引气剂技术性能指标

指标	减水率	坍落度增加值	含气量	抗压强度比 28d	抗渗等级
检测结果	＞6%	＞8%	＞4%	＞100%	＞S20

6. 硫酸钠

试验所用硫酸钠为无水硫酸钠，其主要化学参数见表 2.7，符合《化学试剂 无水硫酸钠》(GB/T 9853—2008) 相关要求。

表 2.7　无水硫酸钠化学参数

指标	含量(Na_2SO_4)，w/%	pH 值(50g/L，25℃)	灼烧失重 w/%	氯化钠(NaCl)，w/%	磷酸盐(PO_4)，w/%	钾(K)，w/%	钙(Ca)，w/%	铁(Fe)，w/%	重金属(以 Pb 计)，w/%
检测结果	≥99.0	5.0～8.0	≤0.2	≤0.001	≤0.001	≤0.001	≤0.002	≤0.0005	≤0.0005

7. 氯化钠

试验选用无水氯化钠制备氯化钠溶液，其主要化学参数见表 2.8，符合《化学试剂 氯化钠》(GB/T 1266—2006) 要求。

表 2.8 无水氯化钠化学参数

指标	含量(NaCl), w/%	pH 值(50g/L, 25℃)	澄清度试验	水不溶物, w/%	干燥失重, w/%	碘化物(I), w/%	溴化物(Br), w/%	硫酸盐(SO_4), w/%
检测结果	≥99.5	5.0～8.0	合格	≤0.005	≤0.5	≤0.002	≤0.01	≤0.002
指标	磷酸盐(PO_4), w/%	镁(Mg), w/%	钾(K), w/%	钙(Ca), w/%	铁(Fe), w/%	砷(As)(w/%)	钡(Ba)(w/%)	重金属(以 Pb 计), w/%
检测结果	≤0.001	≤0.002	≤0.02	≤0.005	≤0.0002	≤0.00005	≤0.001	≤0.00005

注 w 为质量分数。

8. 拌和水

混凝土拌和用水及侵蚀溶液配制使用 pH=6.7 的自来水。

9. 配合比

本试验设计了不同水胶比、不同粉煤灰掺量以及不同引气剂掺量的同等强度混凝土试块，探究不同配合比设计混凝土材料在多种侵蚀作用下的耐久性，其中粉煤灰采用等量替代法。具体分为 P、M、N 三大组设计配合比（实际试验中 P2、M2、N2 配合比相同，试验数据均采用 P2 数据），混凝土具体配合比见表 2.9。

表 2.9 混凝土配合比设计

编号	原材料用量						引气剂/(g/m³)	砂率/%	粉煤灰/%	引气剂/%
	水胶比	水泥/(kg/m³)	水/(kg/m³)	细骨料/(kg/m³)	粗骨料/(kg/m³)	粉煤灰/(kg/m³)				
P1	0.45	310	174	662	1178	77	77.4	36	20	0.02
P2	0.5	278	174	676	1202	70	69.6	36	20	0.02
P3	0.55	253	174	688	1222	63	63.2	36	20	0.02
M0	0.5	348	174	676	1202	0	69.6	36	0	0.02
M1	0.5	313	174	676	1202	35	69.6	36	10	0.02
M3	0.5	243	174	676	1202	105	69.6	36	30	0.02
N0	0.5	278	174	676	1202	70	0	36	20	0
N1	0.5	278	174	676	1202	70	34.8	36	20	0.01
N3	0.5	278	174	676	1202	70	104.4	36	20	0.03

2.3.3 耐久性评价指标选择

对于盐类侵蚀、干湿循环和碳化等引发混凝土耐久性劣化规律的研究，尚无统一的评价指标，试验条件允许的情况多采用力学性能测试与显微观测相结合的试验手段进行测定，更多的是通过外观表现和质量损失、强度或动弹性模量降低等作为评价指标反映混凝土抗硫酸性能。下面主要是采用质量损失率、相对动弹性模量和抗压强度耐蚀系数作为混凝土耐久性的测试指标。

1. 质量损失率

质量损失率是指试件在某一循环完成后的质量与其初始烘干质量之间的差值与试块初始质量的比值所占的比例。即循环试验开始前，称取某试件的质量 M_0，第 i 次循环完成后，称取该试件质量 M_i，则质量损失率 ω 的计算见式(2.28)：

$$\omega = \frac{M_0 - M_i}{M_0} \times 100\% \tag{2.28}$$

式中：ω 为质量损失率，正值表示减少，负值表示增加；M_0 为循环试验前试件的初始质量；M_i 为第 i 次循环试验后试件的质量。

为了保证试验数据的一致性和准确性，采用感量为 1g 的电子秤进行试件质量的测量，每 3 个试件为 1 组进行质量测定，最终质量为 3 个试件的平均值。混凝土试块质量损失率达到 5%即为耐久性失效。

2. 相对动弹性模量

动弹性模量是表征混凝土材料耐久性的重要指标。基于材料强度理论，通过测量结构谐振频率，根据一定体积混凝土材料的强度与密度的相关性，以及密度与谐振频率有关的基本物理原理，由结构谐振频率推算出材料的相对动弹性模量。采用式（2.29）计算混凝土试件的动弹性模量：

$$E_d = \frac{13.244 \times 10^{-4} \times WL^3 f^2}{a^4} \tag{2.29}$$

式中：E_d 为混凝土动弹性模量；a 为正方形截面试件的边长；L 为试件的长度；W 为试件的质量；f 为试件横向振动时的基频振动频率。

为了更直观地表达动弹性模量的变化规律，采用相对动弹性模量作为评价指标，计算公式见式（2.30）。当试件相对动弹性模量到 60%时即为耐久性失效：

$$E_{rd} = \frac{E_{dn}}{E_{d0}} \tag{2.30}$$

式中：E_{rd}为混凝土相对动弹性模量；E_{dn}为循环后的混凝土动弹性模量；E_{d0}为混凝土初始动弹性模量。

3. 抗压强度耐蚀系数

依据损伤力学理论，混凝土抗压强度耐蚀系数的计算公式见式（2.31）：

$$K_f = \frac{f_n}{f_0} \times 100 \tag{2.31}$$

式中：K_f 为试件的抗压强度耐蚀系数；f_n 为 n 次循环后受硫酸盐腐蚀的一组混凝土试件的抗压强度测定值，精确到 0.1MPa；f_0 为与受硫酸盐腐蚀试件同龄期的标准养护的一组对比混凝土试件的抗压强度测定值，精确到 0.1MPa。

2.4 硫酸盐侵蚀对混凝土耐久性能的影响

2.4.1 质量损失率变化

1. 不同水胶比的混凝土质量变化

3 种水胶比的混凝土质量变化过程如图 2.1 所示。混凝土质量损失率经历了先增加后下降的过程，均在试验中期（60～80d）质量增加达到最高。水胶比为 0.45 的混凝土质量变化幅度最小，质量增加了 0.366%，增幅最小，最终混凝土质量损失率达到 0.590%，质量损失率最小。水胶比为 0.55 的混凝土质量变化幅度最大，质量增加了 0.566%，增幅最大，最终混凝土质量损失率为 2.082%，质量损失率最大，并在 110 次干湿循环后试块发生断裂破坏。水胶比为 0.50 的混凝土质量变化幅度位于三者中间，质量增加了 0.445%，与 0.45 的混凝土试块相差不大，最终混凝土质量损失率为 0.971%，质量损失率较大。

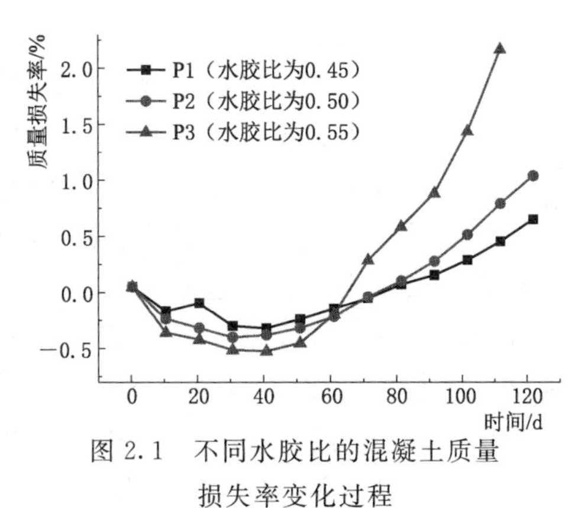

图 2.1 不同水胶比的混凝土质量损失率变化过程

在试验初期，硫酸盐侵蚀产物的积累，使混凝土试块的质量增加，但随着硫酸盐和干湿循环作用的加剧，混凝土试块出现剥落现象，质量下降。但是混凝土试块质量损失率始终都没有超过 5%，可见试块的破坏主要是由于动弹性模量和抗压强度下降所致。由 3 种混凝土质量变化趋势可知，在硫酸盐侵蚀-干湿循环复合作用下，不同水胶比的混凝土质量损失基本上可以分为前期和后期两个阶段。混凝土的渗透性与水胶比直接相关，水胶比越小，混凝土的密实性越好，抗渗性能越好。在前期，主要是硫酸盐通过渗透作用进入混凝土产生的结晶物填充混凝土的微孔隙，混凝土质量缓慢增加，水胶比越少混凝土质量增加越小，相反，水胶比越大质量增加越多；在后期，化学腐蚀作用产物逐渐增多，膨胀作用明显，混凝土开始剥落，随着干湿循环次数的增加，质量下降越来越快，且水胶比越大下降速度越快，最终质量损失越大。

2. 不同粉煤灰掺量的混凝土质量变化

不同粉煤灰掺量的混凝土质量损失率变化过程如图2.2所示。粉煤灰掺量为20%的混凝土试块质量损失率变化最小，在80次干湿循环后质量开始下降，120次干湿循环后质量损失率仅为0.971%；10%的粉煤灰和30%的混凝土在70次干湿循环后质量开始下降，下降过程基本相同，在120次干湿循环结束时质量损失率分别为1.344%和1.418%，但是10%掺量的混凝土质量在上升阶段质量增加量比30%掺量的混凝土要大，质量损失率分别为0.511%和0.302%；不掺加粉煤灰的混凝土试块质量在60次循环左右质量即开始加速下降，120次循环后质量损失率最大，为2.226%。

一定量的粉煤灰等量替代水泥后，混凝土二次水化反应进行得更为充分，混凝土孔隙被反应产物填充，加之硫酸盐在混凝土中的结晶与化学反应，使其质量增加，另外干湿循环也会进一步促进水泥和粉煤灰的水化，水化产物使混凝土质量增加。当粉煤灰掺量过大时，混凝土中的大孔隙越来越多，混凝土强度降低，容易发生剥落情况，质量下降较大。4种不同粉煤灰掺量的混凝土在侵蚀过程中质量变化都是先缓慢增加，后加速下降，粉煤灰掺量越多，质量增加过程增加量越小，在一定范围内，随着粉煤灰掺量的增加，混凝土质量损失率减小减慢，达到30%时，质量损失率开始增大增快。不掺加粉煤灰的混凝土在硫酸盐侵蚀-干湿循环条件下质量损失最大。

3. 不同引气剂掺量的混凝土质量变化

不同引气剂掺量的混凝土质量损失率变化过程如图2.3所示。在前30次循环内，质量呈增加趋势，30次循环后，试块质量损失率开始下降，120次循环试验结束时，质量损失率最大为1.369%，为不掺加引气剂的试验组；掺加0.02%引气剂的混凝土质量增加段增加最少，120次循环时质量损失率最小，

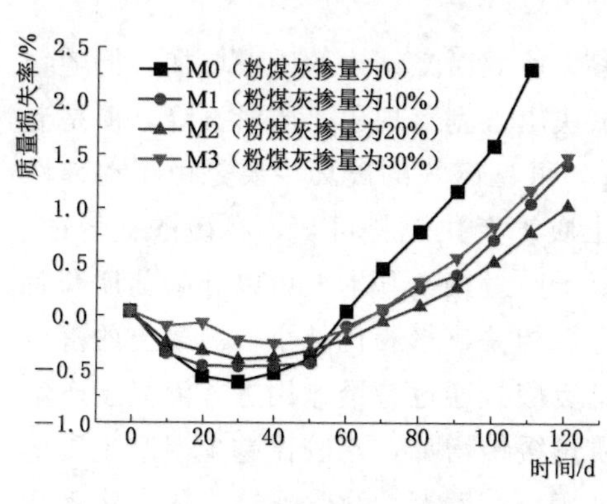

图2.2 不同粉煤灰掺量的混凝土质量损失率变化过程

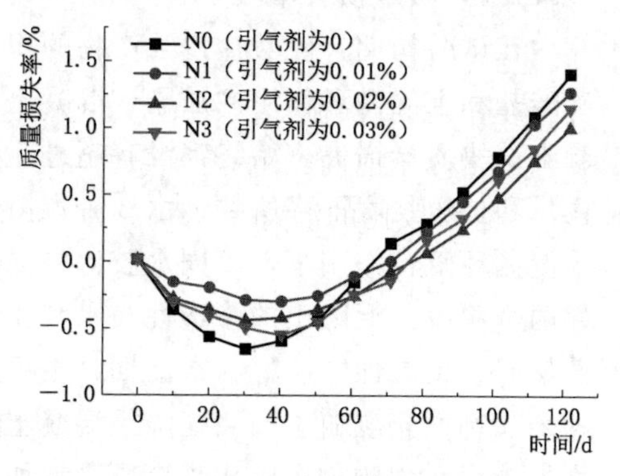

图2.3 不同引气剂掺量的混凝土质量损失率变化过程

为0.971%；掺加0.01%和0.03%引气剂的混凝土质量损失率介于以上两者之间，120次循环时质量损失率达到1.234%和1.115%。在70～80次循环之前，混凝土质量损失率为负值，即混凝土质量增加，质量增加量从大到小依次为N0>N3>N2>N1；在试验后期，混凝土质量都开始下降，下降趋势相同，最终混凝土质量损失率从大到小依次为N0>N1>N3>N2。在整个试验过程中，4条曲线之间的距离很小，说明混凝土质量变化与混凝土引气剂的使用关系不密切，引气剂的使用，对硫酸盐侵蚀-干湿循环侵蚀作用下混凝土的质量损失影响不大。

2.4.2 相对动弹性模量变化

1. 不同水胶比的混凝土相对动弹性模量变化

不同水胶比的混凝土相对动弹性模量变化过程如图2.4所示。混凝土试块动弹性模量经历了先上升并保持稳定，后快速下降的过程。试验进行120次循环后，水胶比为0.45和0.50的混凝土试块相对动弹性模量分别下降至77.3%、69.9%，而水胶比为0.55的混凝土试块在110次循环时相对动弹性模量即下降至60%以下，120次循环时试块发生了破坏。水胶比为0.45的混凝土试块相对动弹性模量下降最为缓慢，并在侵蚀中期保持稳定一段时间，100次循环时相对动弹性模量仍然为84.4%，水胶比0.55的混凝土试块动弹性模量下降较快，基本上没有稳定段的存在，在50次循环后即开始迅速持续下降，水胶比为0.50的混凝土试块动弹性模量介于前两者之间。

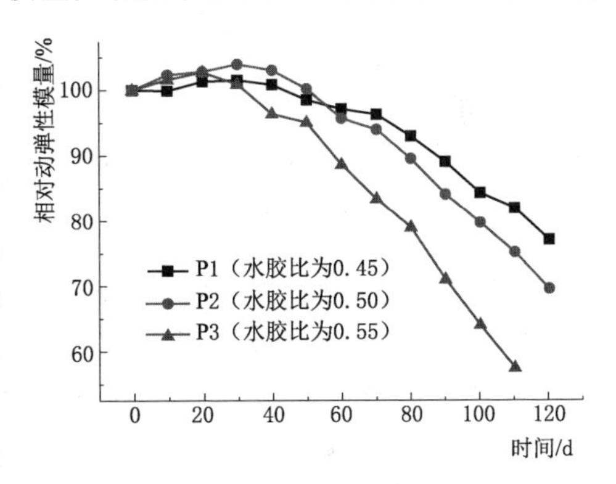

图2.4 不同水胶比的混凝土相对动弹性模量变化过程

3种水胶比的混凝土在硫酸盐侵蚀-干湿循环复合作用下，动弹性模量变化基本上可以分为3个阶段：缓慢上升、缓慢下降和快速下降阶段。硫酸盐结晶作用堵塞局部的毛细孔隙和凝胶孔隙，造成混凝土密实度提高，随着侵蚀时间的增长，水泥水化越来越充分，硫酸盐与水化产物发生化学腐蚀占主导地位，腐蚀产物钙矾石对空隙和裂缝起到填充作用，混凝土动弹性模量有所提高，同时一定程度上阻止硫酸盐的进入，混凝土动弹性模量下降缓慢并保持稳定。随着硫酸盐侵蚀和干湿循环作用的增长，化学腐蚀产物增多，膨胀作用越来越大，在拉应力作用下产生更多的裂缝，硫酸盐侵蚀通道增多，干缩和湿胀作用的交替进行，使得裂缝快速增大，混凝土劣化越来越快，动弹性模量加速下降。在以上过程中，水胶比越小，混凝土密实性越好，抗渗性能越好，侵蚀作用进行得越慢，反之，腐蚀作用进行越快。结合其他试验结论，可见适当减小水胶比，能够提高混凝土在硫酸盐侵蚀-干湿循环复合作用下的耐久性。

2. 不同粉煤灰掺量的混凝土相对动弹性模量变化

不同粉煤灰掺量的混凝土相对动弹性模量变化过程如图 2.5 所示。4 种不同粉煤灰掺量的混凝土试块相对动弹性模量在 60 次循环以前下降较慢，60 次循环后下降速度加快。不掺加粉煤灰的混凝土试块 M0 动弹性模量下降最快，并在 110 次循环时相对动弹性模量下降至 51.6%，120 次循环时混凝土试块发生破坏。掺加 20%粉煤灰的混凝土试块 M2 动弹性模量下降最慢，试验持续 120 次循环后，相对动弹性模量刚刚下降至 69.9%。掺加 30%和 10%粉煤灰的混凝土试块相对动弹性模量下降速度介于前两者之间，并在 120 次循环后，相对动弹性模量分别下降至 60.3%和 62.8%以下，但是掺加 30%粉煤灰的试块 M3 相对动弹性模量比掺加 20%粉煤灰的混凝土试块下降稍快，甚至在某些时间段低于掺加 10%粉煤灰的试块。

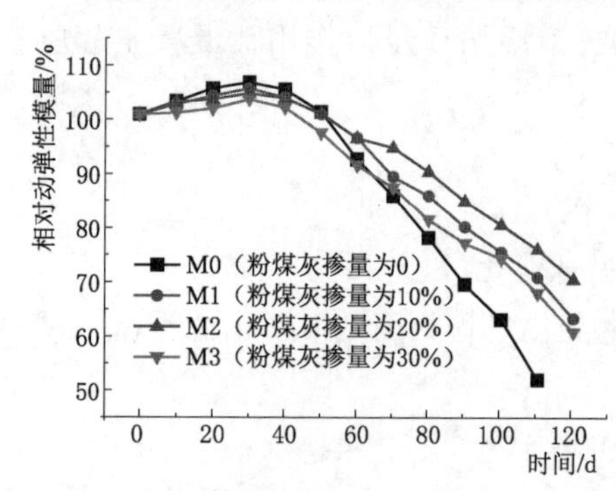

图 2.5　不同粉煤灰掺量混凝土相对动弹性模量变化过程

掺加一定量的粉煤灰能提高混凝土的耐久性，减缓混凝土的劣化过程，在一定范围内耐久性随粉煤灰掺量的增加而提高，但并非掺量越多越好，合适掺量为 20%～30%。粉煤灰的细度比水泥小，等量替代水泥后，能更好地填充混凝土的空隙，提高混凝土的密实性，增加抗渗性，有效地抵制硫酸盐的侵蚀和干湿循环作用。另外粉煤灰中的活性成分能与水泥水化产物反应生成凝胶，在一定程度上也会填充混凝土空隙，同时减少了硫酸盐化学腐蚀的原料，降低了硫酸盐侵蚀的强度；粉煤灰的水化反应较水泥慢，因此掺入过量的粉煤灰，增大了混凝土内部间隙，利于 SO_4^{2-} 有害离子的侵入，混凝土内部生成越来越多的侵蚀产物，导致其引起的内部应力逐渐增大。

3. 不同引气剂掺量的混凝土相对动弹性模量变化

不同引气剂掺量的混凝土相对动弹性模量变化过程如图 2.6 所示。变化趋势一致且整体上相差不大。试验初期，动弹性模量有少量的增大，40 次循环后动弹性模量开始缓慢下降，不掺加引气剂的混凝土试块在经历 120 次循环时相对动弹性模量下降到 57.6%以下，引气剂掺量在 0.01%、0.02%和 0.03%的试块在经历60次循环后，变化趋势基本相同，120次循环时相对动弹性模量分别为62.7%、69.9%和64.9%。

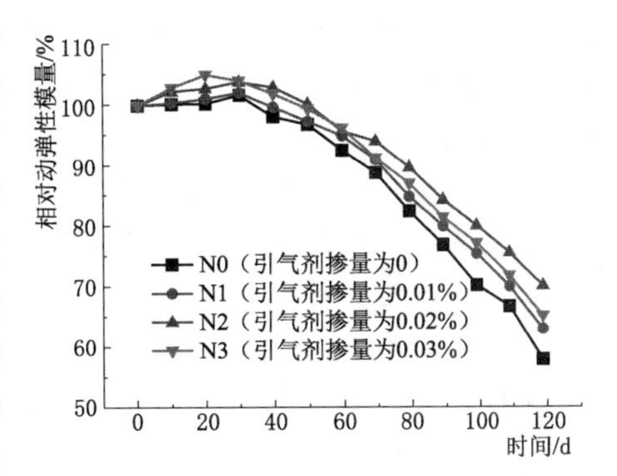

图 2.6 不同引气剂掺量混凝土相对动弹性模量变化过程

不同掺量引气剂的混凝土试块相对动弹性模量变化趋势基本一致，在不同的侵蚀阶段，相对动弹性模量差距很小，即引气剂的掺入对提高混凝土在硫酸盐侵蚀-干湿循环复合侵蚀作用下的耐久性效果不明显。引气剂表面吸附作用能够提高混凝土泌水沉降收缩，所产生的均匀微气泡能阻断混凝土中的毛细孔通道，使混凝土抗渗性能和抗侵蚀性能得到提高，只是在试验初期暂时延缓碳化反应和硫酸盐的侵蚀，但混凝土本身含气量的增加，使混凝土内部结构中产生一定的微孔隙，随着侵蚀时间增加，不断地干湿交替，使得微孔隙不断扩大连通，硫酸盐化学侵蚀不断深入，混凝土耐久性仍然加速下降。

2.4.3 抗压强度耐蚀系数变化

1. 不同水胶比的混凝土抗压强度耐蚀系数变化

不同水胶比的混凝土抗压强度耐蚀系数变化过程如图2.7所示。水胶比为0.45的混凝土试块在120次硫酸盐干湿循环后，抗压强度耐蚀系数下降至94%，仅下降6%，水胶比为0.50的混凝土试块抗压强度耐蚀系数下降至86.2%，水胶比为0.55的混凝土试块在110次循环后抗压强度耐蚀系数下降最大，达到74.6%，并在120次循环后石块发生破坏。在整个试验过程中，水胶比为0.45的混凝土试块抗压强度耐蚀系数基本保持稳定，水胶比为0.55的混凝土试块抗压强度变化最大，在60次循环后急剧下降，最终下降量为0.45水胶比的4.2倍，后期劣化速度最快，试块最新发生侵蚀破坏。

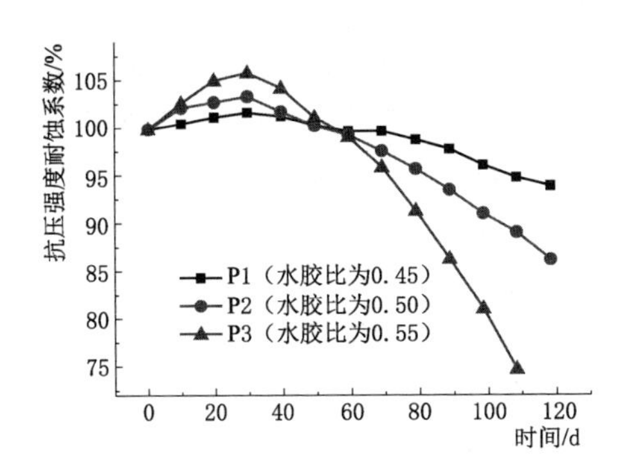

图 2.7 不同水胶比的混凝土抗压强度耐蚀系数变化过程

混凝土试块受到硫酸盐的化学侵蚀，侵蚀产物钙矾石对空隙和裂缝的填充作用使得混凝土抗压强度有所增强，同时硫酸盐的进入一定程度上受到阻止，混凝土抗压强度在一段时间内保持稳定，随着硫酸盐侵蚀和干湿循环作用的加剧，混凝土出现膨胀和剥落，抗压强度开始下降。混凝土在整个侵蚀过程中，3 种水胶比的混凝土抗压强度都现稍有增加，后随着侵蚀时间的增加以不同的速度下降。水胶比越小，混凝土密实性越强，抗压强度增加越小，在侵蚀后期下降越慢，且下降量越少，随着水胶比的增大，抗压强度最终降幅都增大，水胶比越大，混凝土受侵蚀后期强度劣化越快。

2. 不同粉煤灰掺量的混凝土抗压强度耐蚀系数变化

不同粉煤灰掺量的混凝土抗压强度耐蚀系数变化过程如图 2.8 所示。粉煤灰掺量为 20%的 M2 组混凝土试块抗压强度变化最小，120 次硫酸盐干湿循环时，抗压强度耐蚀系数仅下降到 86.2%；不掺加粉煤灰的 M0 组混凝土试块在试验初期有所增加，但在 40 次干湿循环后耐蚀系数开始加速下降，并在 110 次循环后下降至 0.702，120 次循环时即发生了侵蚀破坏；粉煤灰掺量为 10%和 30%的混凝土整个侵蚀过程中，抗压强度变化趋势情况介于以上两者之间，劣化趋势基本一致，120 次循环后抗压强度耐蚀系数分别下降至 79.8%和 76.9%。

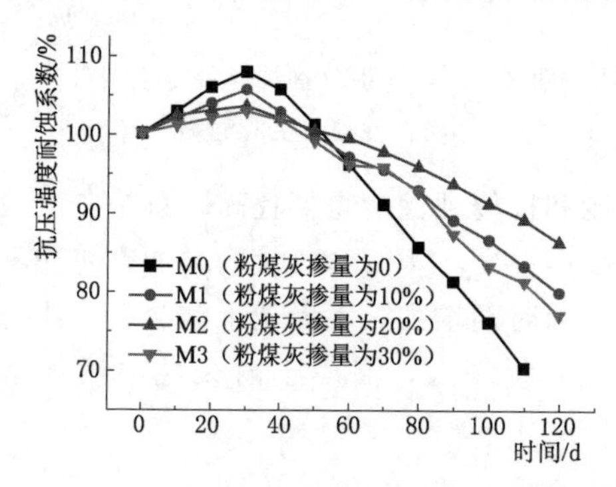

图 2.8　不同粉煤灰掺量混凝土抗压强度耐蚀系数变化过程

混凝土试块受硫酸盐侵蚀产物的影响，3 种不同粉煤灰掺量的混凝土在侵蚀过程中抗压强度均有少许增加，但增加均不明显，60 次循环时抗压强度均开始出现下降，在 80 次循环左右抗压强度开始加速下降，劣化速度在一定范围内随着粉煤灰掺量的增加而加快，试验结束时抗压强度耐蚀系数均在 75%以上，30%和 10%的粉煤灰掺量混凝土抗压强度劣化过程相差不大，甚至在试验后期，10%粉煤灰掺量的试块抗压强度耐蚀系数高于 30%粉煤灰掺量的试块。不掺加粉煤灰的混凝土在 50 次循环后抗压强度即开始加速下降，110 次循环时抗压强度耐蚀系数已经小于 75%，随即混凝土试块发生侵蚀破坏。

3. 不同引气剂掺量的混凝土抗压强度耐蚀系数变化

不同引气剂掺量的混凝土抗压强度耐蚀系数变化过程如图 2.9 所示。不同引气剂用量的混凝土试块抗压强度在侵蚀作用前期增加不明显，引气剂掺量为 0、0.01%、0.02%、0.03%的混凝土试块抗压强度耐蚀系数在 20 次循环时增加最大，增加值分别为 0.012、0.02、0.035 和 0.042，120 次循环试验结束时抗压强度耐蚀系数下降最低值分别为 0.24、0.195、0.138 和 0.163，最终抗压强度耐蚀系数均仍在75%以上。

在硫酸盐侵蚀过程中，曲线N1、N2和N3稍高于曲线N0，说明使用引气剂的混凝土试块抗压强度耐蚀系数稍高于未使用引气剂的混凝土试块，但是相差不大；曲线N1、N2和N3基本保持平行，且距离很小，即不同掺量的引气剂对混凝土抗压强度的提高作用不明显；在相同的侵蚀时间，曲线N2、N3、N1和N0依次降低，说明在20%引气剂用量范围内，混凝土抗压强度耐蚀系数随着引气剂使用量的增加而增加。

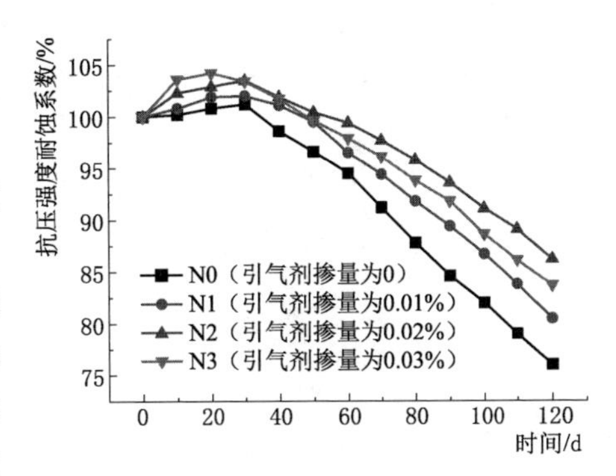

图2.9　不同引气剂掺量混凝土抗压强度耐蚀系数变化过程

参考文献

[1] COLLEPARDI M, MARCIALIS A, TURRIZIANI R. The kinetics of penetration of chloride ions into the concrete [J]. El Cemento, 1970, 67 (4): 157-164.

[2] 李培超. 多孔介质流——固耦合渗流数学模型研究 [J]. 岩石力学与工程学报，2004，23（16）：2842.

[3] OH B H, JANG S Y. Effects of material and environmental parameters on chloride penetration profiles in concrete structures [J]. Cement & Concrete Research, 2007, 37 (1): 47-53.

[4] NILSSON L O, POULSEN E, SANDBERG P, et al. HETEK, Chloride penetration into concrete, state-of-the-art, transport processes, corrosion initiation, test methods and prediction models [R]. Copenhagen: The Road Directorate, 1996.

[5] BODDY A, BENTZ E, THOMSA M D A, et al. An overview and sensitivity study of a multimechanistic chloride transport model [J]. Cement and Concrete Research, 1999, 29 (6): 827-837.

[6] SCHERER G W. Stress from crystallization of salt [J]. Cement & Concrete Research, 2004, 34 (9): 1613-1624.

[7] KONIORCZYK M. Salt transport and crystallization in non-isothermal, partially saturated porous materials considering ions interaction model [J]. International Journal of Heat and Mass Transfer, 2012, 55 (4): 665-679.

[8] TIXIER R, MOBASHER B. Modeling of Damage in Cement-Based Materials Subjected to External Sulfate Attack. I: Formulation [J]. Journal of Materials in Civil Engineering, 2003, 15 (4): 305-313.

[9] TIAN B, COHEN M D. Does gypsum formation during sulfate attack on concrete lead to expansion? [J]. Cement & Concrete Research, 2000, 30 (1): 117-123.

[10]　SANTHANAM M，COHEN M D，OLEK J. Effects of gypsum formation on the performance of cement mortars during external sulfate attack [J]. Cement & Concrete Research，2003，33 (3)：325 - 332.

[11]　高原，张君，孙伟. 干湿循环下混凝土湿度与变形的测量 [J]. 清华大学学报（自然科学版），2012，52 (2)：144 - 149.

第 3 章　混凝土冻融破坏

在我国，混凝土的冻融破坏主要发生在华北及东北地区，易引起混凝土构件的表层剥落，促使混凝土内部裂隙发育，加快混凝土的碳化速度，降低构件的强度和材料特征参数，是影响混凝土耐久性的重要因素。特别是对水工混凝土建筑，冻融破坏是结构劣化的主要问题之一。许多地区的大坝和其他水工建筑物在未达到设计使用年限之前就出现了严重的冻融破坏现象。我国环境保护和节约能源的基本国策要求工程结构必须在服役期内保证其耐久性，以避免重复建设造成的能源消耗和环境问题。在俄罗斯、加拿大、北欧及美国北部等严寒地区，混凝土也都饱受着冻融的破坏，每年各国都要耗费大量的人力物力用于混凝土结构的维修加固，而这些维修加固费用一般都达到建设费用的 1～3 倍。

不同地区的环境条件不同，在不同的冻融环境下混凝土的冻结机理不同。混凝土的抗冻耐久性研究最早开始于 20 世纪 30 年代，国内外学者针对混凝土冻融破坏机理开展了一系列的研究工作，取得了一定的研究成果，已经建立了一套较为完整的理论体系，但由于混凝土冻融循环作用的复杂性和多元性，目前尚有较多问题亟待进一步研究。积极开展冻融作用下混凝土结构耐久性研究具有一定的现实性和迫切性。

3.1　冻融破坏机理

3.1.1　结冰压力假说

1. 静水压假说

1945 年，Powers[1] 提出了混凝土冻融破坏的静水压假说。硬化混凝土中的孔隙有凝胶孔、毛细孔、空气泡等。各种孔隙之间的孔径差异很大，凝胶孔的孔径为 15～100Å；毛细孔孔径一般为 0.01～10μm，而且往往互相连通；空气泡是混凝土搅拌与振捣时自然吸入或掺加引气剂人为引入的，且一般呈封闭的球状。混凝土在水中时，毛细孔处于饱和状态，而空气泡内壁虽也吸附水分，但在常压下很难达到饱和。

混凝土孔溶液中溶有钾离子、钠离子、钙离子等，溶液的饱和蒸汽压比普通水低，在不掺盐类的水泥浆体中，自由水的冰点约为−1～−1.5℃。由于孔隙表面张力的作用，不同孔径的孔内水的饱和蒸汽压和冰点不同，孔径越小，孔内水的饱和蒸汽压越小，冰点越低。当环境温度降低到−1～−1.9℃时，混凝土孔隙中的水由大孔开始结冰，而凝胶孔中的水分子物理吸附于水化水泥浆固体表面，在−78℃以上不会结冰。因此，凝胶孔水实际上是不可能结冰的，对混凝土抗冻性有害的孔隙只是毛细孔。

混凝土孔隙中水转变为冰时体积膨胀 9%，迫使未结冰的孔溶液从结冰区向外迁移，因而产生静水压力。显然，静水压力随孔隙水流程长度增加而增加，因此，存在一个极限流程长度，如果孔隙水的流程长度大于该极限长度，则静水压力将超过混凝土的抗压强度，从而造成破坏。混凝土拌和时掺入引气剂后，硬化后混凝土浆体内分布有不与毛细孔连通的、相互独立且封闭的空气泡，空气泡直径达 25～500μm，且不易吸水饱和。空气泡的存在使受压迫的孔隙水可就近排入其中，提供了孔隙水的“卸压空间”，缩短了孔隙水的流程长度，减少了静水压力，从而使混凝土的抗冻性大大提高，这就是引气混凝土抗冻性远好于普通混凝土的原因。

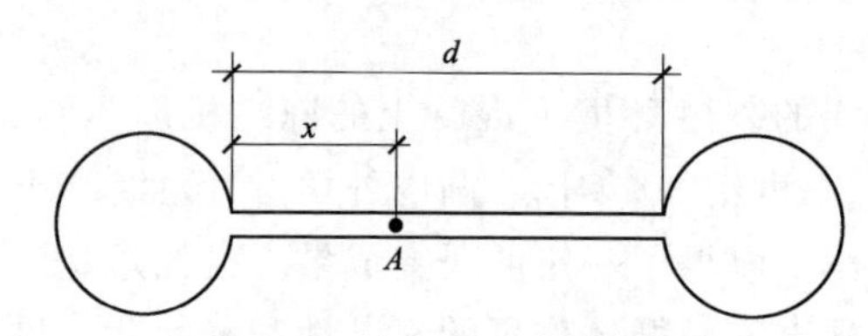

图 3.1　静水压物理模型示意图

Fagerlund[2] 进一步用模型描述了 Powers 静水压假说，其假定的静水压物理模型如图 3.1 所示。设两个空气泡之间的距离为 d，两个空气泡之间的毛细孔吸水饱和并部分结冰，空气泡之间的某点 A 距一侧空气泡的距离为 x，由结冰生成的水压力为 p，则由达西定律可知，水的流量与水压力梯度成正比：

$$\frac{\mathrm{d}v}{\mathrm{d}t} = k\,\frac{\mathrm{d}p}{\mathrm{d}x} \tag{3.1}$$

式中：$\frac{\mathrm{d}v}{\mathrm{d}t}$为冰水混合物的流量；$\frac{\mathrm{d}p}{\mathrm{d}x}$为水压力梯度；$k$ 为冰水混合物通过部分结冰材料的渗透系数。

冰水混合物的流量即厚度为 x 的薄片混凝土中，在单位时间内由于结冰产生的体积增量：

$$\frac{\mathrm{d}v}{\mathrm{d}t} = 0.09\,\frac{\mathrm{d}w_{\mathrm{f}}}{\mathrm{d}t}x = 0.09\,\frac{\mathrm{d}w_{\mathrm{f}}}{\mathrm{d}\theta}\,\frac{\mathrm{d}\theta}{\mathrm{d}t}x \tag{3.2}$$

式中：$\frac{\mathrm{d}w_{\mathrm{f}}}{\mathrm{d}t}$为单位时间内的结冰量；$\frac{\mathrm{d}w_{\mathrm{f}}}{\mathrm{d}\theta}$为结冰速度，即温度每降低 1℃，冻结水的增量；$\frac{\mathrm{d}\theta}{\mathrm{d}t}$为降温速度。

将式（3.2）代入式（3.1），积分得

$$p=\frac{0.09}{2k}\frac{\mathrm{d}w_{\mathrm{f}}}{\mathrm{d}\theta}\frac{\mathrm{d}\theta}{\mathrm{d}t}x^{2} \tag{3.3}$$

在厚度 d 范围内，最大水压力在 $x=\frac{d}{2}$处，为

$$p_{\max}=p\bigg|_{x=\frac{d}{2}}=\frac{0.09}{8k}\frac{\mathrm{d}w_{\mathrm{f}}}{\mathrm{d}\theta}\frac{\mathrm{d}\theta}{\mathrm{d}t}d^{2} \tag{3.4}$$

由式（3.4）可见，结冰产生的最大静水压力与材料的渗透系数 k 成反比，与空气泡间距 d 的平方成正比，与降温速度$\frac{\mathrm{d}\theta}{\mathrm{d}t}$及毛细孔水含量（与水灰比、水化程度有关）成正比，空气泡间距是影响混凝土抗冻性的重要参数。

静水压假说主张在潮湿条件下，混凝土的毛细孔内吸水，空气泡内壁也能吸附水，但在常压下都很难吸满水，总会有无水的空间存在；当温度降低到0℃以下时，毛细孔中的水结成冰，体积膨胀，将未冻水向着大的空气泡方向推动，便形成了静水压力。由于未冻水的迁移渗透使得毛细孔中冰的体积不断增大，从而产生更大的膨胀压力，混凝土开始开裂。随着冻融循环次数的增加，裂缝不断扩展、连通，混凝土由表及里地剥落，造成质量损失，内部损伤加剧，强度逐渐降低，最终破坏。由此可见，水是造成混凝土受冻破坏的主要原因。混凝土中的水有 3 种存在形式，即化学结合水、物理吸附水和自由水。其中，自由水对混凝土冻融破坏的影响最大。自由水广泛存在于混凝土的大小不同的毛细孔或大孔中，其数量多少和毛细孔直径有关，而混凝土受冻害程度与孔隙中饱水程度有关，混凝土在完全饱水状态下，其冻胀压力最大。对于水中的混凝土，表层含水率要大于内部的含水率，由于冻结时表面混凝土的温度低于内部的温度，所以冻害首先从表层开始逐步向内部深入发展。因此试件表面的混凝土脱落要严重些。

2. 渗透压假说

静水压假说成功地解释了混凝土冻融过程中的很多现象，如引气剂的作用、结冰速度对抗冻性的影响等，但却不能解释另外一些重要现象，如混凝土不仅会被水的冻结所破坏，还会被一些冻结过程中体积并不膨胀的有机液体（如苯、三氯甲烷）的冻结所破坏。非引气浆体当温度保持不变时出现连续的膨胀，引气浆体在冻结过程中的收缩等。基于此，Powers 等[3]提出了渗透压假说。

渗透压假说认为，由于混凝土孔溶液含有钠、钾、钙等盐离子，大孔中的部分溶液先结冰后，未冻融液中盐的浓度上升，与周围较小空隙中的溶液之间形成浓度差，这个浓度差的存在使小孔中的溶液向已部分冻结的大孔迁移。即使是浓度为零的孔溶液，由于冰的饱和蒸气压低于同温度下水的饱和蒸气压，

小孔中的溶液也要向已部分冻结的大孔溶液迁移。可见渗透压是孔溶液的盐浓度差和冰、水饱和蒸气压差共同形成的。

根据物理化学原理，水和冰两相间的渗透压可按式（3.5）计算：

$$P_{\mathrm{osm}} = RT\left(\frac{1}{V_{\mathrm{w}}} - \frac{1}{V_i}\right)\ln\frac{P_{\mathrm{w}}}{P_i} \tag{3.5}$$

式中：P_{osm}为渗透压；R 为气体常数；T 为绝对温度；P_{w}、P_i 分别为水和冰在温度 T 时的蒸汽压；V_{w}、V_i 分别为水和冰的摩尔体积。

实际的渗透压计算要比式（3.5）复杂得多。因为前已述及，渗透压不仅是由冰、水饱和蒸汽压差形成的，孔溶液的盐浓度差也形成渗透压，毛细孔的弧形界面张力抵消一部分渗透压，毛细孔水就近迁入未吸水饱和的空气泡，失水的毛细孔壁受到的压力也会抵消一部分渗透压，这种毛细孔压力不仅不使水泥石膨胀，还使其产生收缩。这就是当混凝土的水饱和度小于某个临界时，冻结反而引起混凝土收缩的原因。

静水压和渗透压目前既不能由试验测定，也很难用物理化学公式准确计算。对静水压和渗透压何者是冻融破坏的主要因素，很多学者有不同的见解。Powers 本人后来偏向渗透压假说，而 Pigeon 等[4-5]的研究结果却从不同侧面支持了静水压假说。我国学者李天瑗[6]则从理论计算和试验现象说明静水压是混凝土冻害的主要因素。黄士元等[7]认为，水灰比大、强度较低以及龄期较短、水化程度较小的混凝土，静水压力破坏是主要的；而对于水灰比较小、强度较高及含盐量大的环境下冻结的混凝土，渗透压可能起主要作用。

3. 蒸汽压力假说

1972 年 Litvan[8]提出运动受阻碍机制学说，认为凡是被吸附在多孔固体表面上或包含在其中的毛细水，如不经过重分布不会冻结，其之所以不能固化是由于表面力的作用，阻止被吸附液体达到形成晶体所需要的排列秩序。水流不过是空隙水迁移到在外表面上形成的大体积冰，或是材料内部较大孔穴中的冰上。空隙水迁移的原因是，在冰冻以下温度空隙中过冷水的蒸汽压超过大体积冰的蒸汽压，不是平衡状态。蒸汽压差额既然不能通过液体固化而消除，必然要通过另一种机制来达到平衡，它将成为将水分自空隙推向外表的驱动力。通过挤出一些水分，水泥浆可以在相对湿度低于 100％的环境中与冰晶平衡。被挤出的水分一旦跑到多孔系统以外，将要迅速冻结，在试件外表面或容器器壁上积存起冰来。进一步冷却，将打破平衡，因为冰与过冷水蒸汽压的差额并不是常数，而是随温度下降而增加。在新的较低温度下，必然额外又有一部分水分被净浆挤出，继续降温将导致水分继续挤出。按照这一冰冻机制，倘若水泥或混凝土试件中有一瑕疵裂缝，被健全混凝土包围着，冷却时来自损伤部分的水分将迁移到裂缝中来，将它完全充满，在冰冻时促使裂缝扩展。在冻融循环之后的冷却时间，已经开阔较宽的裂缝将吸引更多水分，进一步受损害。这一机制将作用下去，越演越烈，直到混凝土材料完全破坏。

4. 微冰抽吸假说

1976年，Setzer[9]曾提出用热力学方法描述冰冻作用，认为水泥与混凝土的冰冻破坏是由不同过程产生的，冰冻破坏机制很大程度上取决于冰冻速率、含水量及材料性质。在固体表面的吸附液膜、冰晶及水蒸气之间存在一种热力学稳定平衡。在多孔体系内部，不但在水分迁移过程中，并且在新平衡建立以后都会产生初始应力。他在研究中提出自己的模型：固体表面上的吸附水直到约－90℃是不冻结的，最后几层单分子吸附层确实只有到此温度才会冻结；固体表面上可以吸附液膜，液膜稳定增长，直到和周围相达到热力学平衡，在平衡中冰、水蒸气与吸附膜三相共存，平衡条件下大小不同孔径中存在压力差。

3.1.2 温度应力假说

1992年Mehta等[10]提出了混凝土冻融破坏的温差应力假说，这一假说主要是针对高强或高性能混凝土冻融破坏现象提出的。该假说认为高强或高性能混凝土冻融破坏主要是因为骨料与凝胶材料之间热膨胀系数相差较大，在温度变化过程中变形量相差较大，从而产生温度疲劳应力破坏。根据这一假说，试件内外温差也是一个不容忽视的因素。在其他条件相同时，无骨料试件由于不存在骨料与凝胶材料之间的热胀冷缩系数的差别，其破坏程度应当比有骨料试件的破坏程度小。因此要提高混凝土的抗冻性，需使混凝土导热系数加大并使组成材料温度膨胀系数相差较小。

3.2 冻融循环试验

3.2.1 混凝土冻融试验方法

1. 快冻法（ASTM快速冻融法）

混凝土快速冻融法首先由美国材料与试验协会（American Society for Testing and Materials，ASTM）提出，美国、日本、加拿大等国家多采用这种方法，我国水工和港工混凝土试验规程均列入了这种方法。ASTM快速冻融法有两种：一为快速冰冻水融法，混凝土在水中冻结和融化；二为快速气冻水融法，混凝土在冷冻室的空气中冻结，然后移至水池中融化。除另有规定的限制外，每个试件应连续进行300次循环，若在300次循环后混凝土的相对冻弹性模量降到初始值的 60%或质量损失达 5%时，试验即终止，该方法用耐久性指数 DF 表征混凝土的抗冻性：

$$DF = P\frac{N}{300} = \frac{E_N}{E_0}\frac{N}{300} \tag{3.6}$$

式中：P 为 N 次冻融循环后的相对动弹性模量；E_N 为 N 次冻融循环后的动弹性模量；E_0 为初始动弹性模量；N 为试验终止时的循环次数。

一般认为 DF<0.4 时混凝土的抗冻性不好；DF=0.4～0.6 时属尚可用，DF>0.6 时则认为抗冻性好。

冻胀破坏是内部混凝土受拉开裂破坏，因此抗拉强度对内部裂缝较敏感，而抗压强度则不敏感。动弹性模量能敏感地反映内部结构的损伤，较直接测试抗压强度更准确地表征了冻融造成的损伤情况，且测试方法为非破损方法，多数国家采用这种方法。但这个方法不能定量地衡量混凝土的使用寿命，而只能用于研究混凝土性质变化对抗冻性的影响。快速冻融中试件的降温速度比实际环境快得多，试件的充水程度也较实际使用条件苛刻。因此，有时会出现用快速冻融法判为不抗冻的混凝土在实际工程中却是颇为耐久的情况。

2. 慢冻法

苏联和东欧国家多采用慢冻法，我国《水工混凝土试验规程》（SL 352—2006）、《普通混凝土长期性能和耐久性能试验方法》（GB/T 50082—2009）中也列入慢冻法。慢冻法的试件均应标准养护 28d，并规定在到达龄期前 4d 将冻融试件投入 20℃左右的水中浸泡，对比试件仍在标准养护室养护。试件的冻结状态模拟实际环境，普通混凝土在空气中冻结；《水工混凝土试验规程》（SL 352—2006）规定将试件放入铁皮盒中，上部在空气中，下部 3cm 左右浸在水中。慢冻法一个循环的时间为 8d，冻、融各半。冻融过程中根据不同抗冻标号进行数次抗压强度和失重率检测。普通混凝土以抗压强度损失率不超过 25%或失重率不超过 5%时的冻融循环次数划分混凝土的抗冻等级（如 D200 表示经 200 次冻融循环后满足上述要求）。因失重率测量的误差很大，水工混凝土取消了失重率指标，仅以强度损失率不超过 25%的冻融循环次数划分抗冻等级。

由于慢冻法存在试验周期长、工作量大、试验误差大等缺点，目前国内各行业规范正逐步取消慢冻法，改用快冻法。

3.2.2　试验原材料及配合比

本试验采用的水泥、细骨料、粗骨料、粉煤灰、引气剂、硫酸钠、氯化钠、水等原材料与第 2 章所述相同。

试验设计了不同水胶比、不同粉煤灰掺量以及不同引气剂掺量的混凝土试块，试验共浇注 7 批不同水胶比、粉煤灰掺量及引气剂掺量的混凝土试件，分别编号为 A1、A2、A3、B1、B2、B3、C1、C2、C3。其中 A2 组（水胶比为 0.45，粉煤灰掺量为 20%，引气剂掺量为 0.005%）为基础配合比，A2、B2、C2 三组配合比相同。具体配合比见表 3.1。

表 3.1　混凝土冻融试验配合比设计

编　号	水胶比	水泥 /(kg/m^3)	水 /(kg/m^3)	细骨料 /(kg/m^3)	粗骨料 /(kg/m^3)	粉煤灰 /(kg/m^3)	引气剂 /(g/m^3)	砂率 /%	粉煤灰 /%	引气剂 /%
A1	0.35	400	175	604	1121	100	25	35	20	0.005
A2、B_2、C_2	0.45	311	175	642	1193	77	19.45	35	20	0.005
A3	0.55	254	175	667	1240	64	15.9	35	20	0.005
B1	0.45	389	175	642	1193	0	19.45	35	0	0.005
B3	0.45	195	175	642	1193	195	19.45	35	50	0.005
C1	0.45	311	175	642	1193	77	0	35	20	0
C3	0.45	311	175	642	1193	77	38.9	35	20	0.01

3.2.3　混凝土室内快速冻融试验步骤

试验采用混凝土快速冻融试验机，按照《普通混凝土长期性能和耐久性能试验方法》（GB/T 50082—2009）相关规定对混凝土试件进行快速冻融试验。

（1）试件浇筑成型后拆模编号，在养护室标准养护至 28d 龄期后开始冻融试验。冻融前 4d，对混凝土试件进行外观检查，确保无损后，放于高出试件 2cm 以上的 15～20℃的侵蚀溶液中浸泡 4d 后取出开始进行冻融试验。

（2）依次将混凝土试件放入试件盒内，注入侵蚀溶液至高出试件顶面 2cm 左右。因为本试验共有 4 种不同侵蚀溶液，设计第一排为清水，第二排为 3% NaCl，第三排为 5% Na_2SO_4，第四排为 3%NaCl+5% Na_2SO_4，如图 3.2 和图 3.3 所示。

（3）侵蚀溶液注入完毕之后将试件盒放入冻融箱内，冻融箱内盛有防冻液（乙二醇：水=1：1）。确保最终箱内防冻液液面高于试件盒内溶液高度。然后可以开始冻融试验。

（4）设置冻融机每 25 个循环停止，取出试件对各项指标进行检测。试件在测量前需要清洗试块表面浮渣，擦除表面积水并检查记录试件的完整性。

（5）当满足冻融循环次数达到 300 次、试件相对动弹性模量下降至 60%或者试件质量损失率达到 5%这 3 种情况之一时，终止试验。

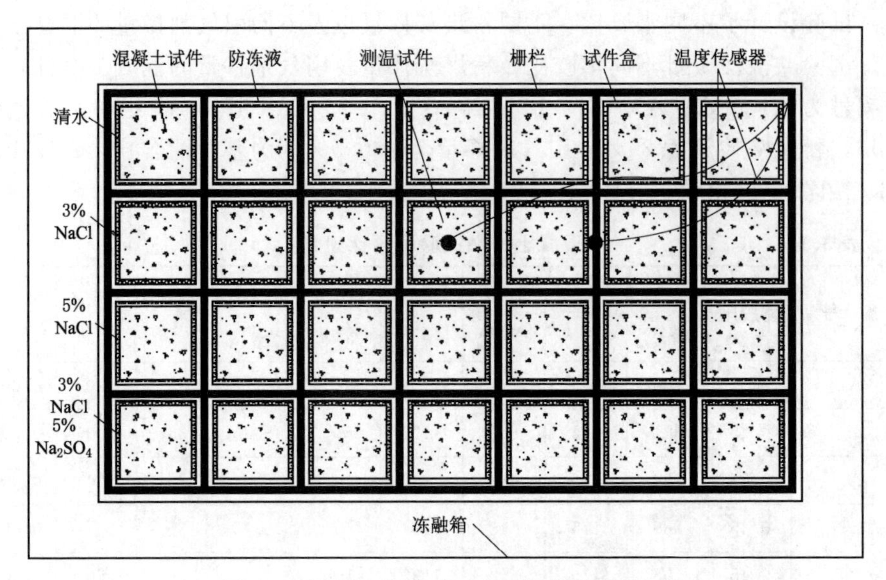

图 3.2　混凝土快速冻融试验箱设计俯视图

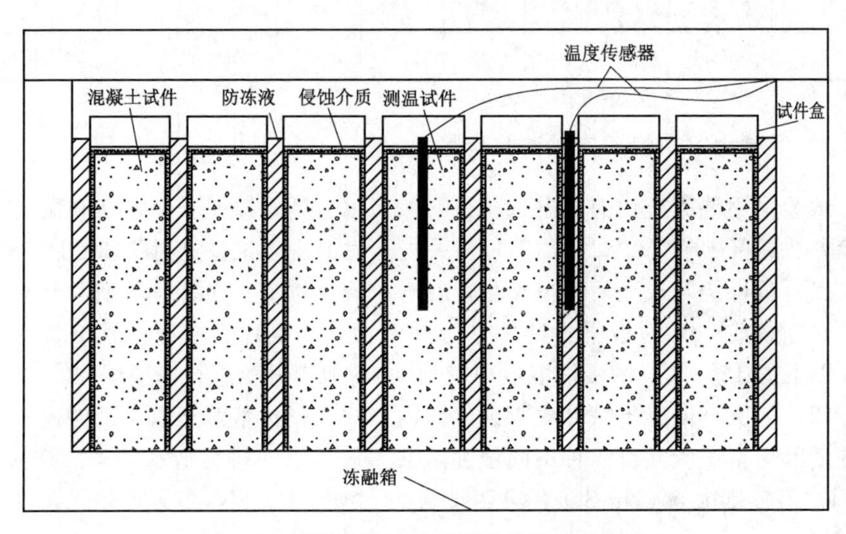

图 3.3　混凝土快速冻融试验箱设计侧视图

3.3　冻融循环对混凝土耐久性能的影响

3.3.1　混凝土质量损失率变化

1. 不同水胶比的混凝土质量变化

不同水胶比的混凝土在冻融循环作用下质量损失率变化如图 3.4 所示。经

200 次冻融循环后，水胶比为 0.35、0.45、0.55 的 3 组试块质量损失率均未超过 5%。其中水胶比为 0.55 的 A3 组试块质量损失率最大，为 3.78%；水胶比为 0.45 的 A2 组试块次之，为 1.25%；水胶比为 0.35 的 A3 组试块最小，为 0.84%。对比 3 条曲线，在冻融的前 25 个循环，3 组试块质量均有所增加，之后 A3 组试块质量损失率开始迅速增大，而 A1、A2 组试块质量损失率变化依然趋于平缓，且变化速率基本一致，直到 125 次冻融循环，两组试块质量损失率变化才稍有加快，且 A2 组变化速率明显大于 A1 组。冻融循环作用下 3 组试块质量损失率的总体变化程度是 A3＞A2＞A1，即水胶比越小，混凝土的抗冻性能越好。

2. 不同粉煤灰掺量的混凝土质量变化

不同粉煤灰掺量的混凝土在冻融循环作用下质量所损失率变化如图 3.5 所示。经 200 次冻融循环后，粉煤灰掺量为 0、20%、50%的 3 组试块质量损失率均未超过 5%。其中粉煤灰掺量为 20%的 A2 组试块质量损失率最小，为 1.25%；粉煤灰掺量为 0 的 B1 组试块质量损失率次之，为 1.73%，粉煤灰掺量为 50%的 B3 组试块质量损失率最大，为 3.13%。对比 3 条曲线可以发现，前 25 个循环，3 组试块质量均有所增加，之后 B3 组试块质量开始迅速下降，而 A2、B1 组试块在前 100 次冻融循环过程中质量变化较小，后 100 次冻融循环中，质量损失开始逐渐变大，且 B1 组试块质量损失较 A2 组试块更大。冻融循环作用下 3 组试块质量损失率的总体变化程度是 B3＞B1＞A2，即在水灰比相同，含气量相近的情况下，适量地掺加粉煤灰对混凝土的抗冻性有所提高，但不宜超过 30%。

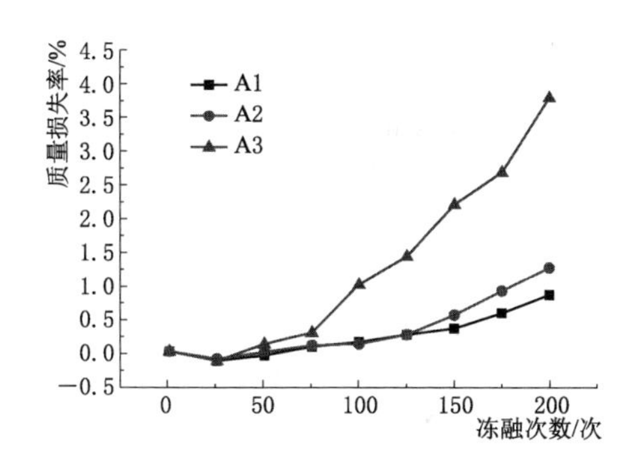

图 3.4 不同水胶比的混凝土在冻融循环作用下质量损失率变化

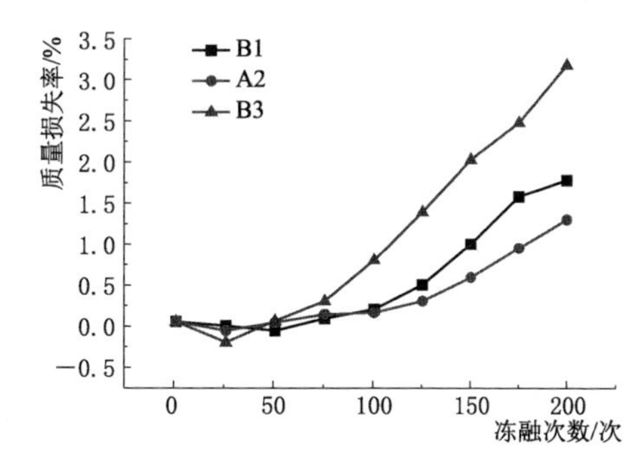

图 3.5 不同粉煤灰掺量的混凝土在冻融循环作用下质量损失率变化

3. 不同引气剂掺量的混凝土质量变化

不同引气剂掺量的混凝土在冻融循环作用下质量所损失率变化如图 3.6 所示，经 200 次冻融循环后，引气剂掺量为 0、0.005%、0.01%的 3 组试块质量损失率均未超过 5%。其中引气剂掺量为 0.01%的 C3 组试块质量损失率最小，为 0.76%；引气剂掺量为 0.005%的 A2 组试块质量损失率次之，为 1.25%；引气剂掺量为 0 的 C1 组试块质量损失率最大，为 3.41%。对比 3 条曲线可以发现，前 25 个循环，3 组试块质量均有所增加，之后 C1 组试块质量开始迅速下降，而 A2、C1 组试块在历经 100 次冻融循环后，质量损失仅有 0.1%左右，且两组试块变化规律基本趋于一致。后 100 次冻融循环中，质量损失开始稍有加快，且 A2 组试块质量损失较 C3 组试块更大。冻融循环作用下 3 组试块质量损失率的总体变化程度是 C1＞A2＞C3，即掺加引气剂对混凝土抗冻性效果明显。

3.3.2　混凝土动弹性模量的变化

1. 不同水胶比的混凝土相对动弹性模量变化

不同水胶比的混凝土在冻融循环作用下相对动弹性模量变化过程如图 3.7 所示。经 200 次冻融循环后，水胶比为 0.35、0.45、0.55 的 3 组混凝土试件相对动弹性模量均高于 60%。其中水胶比为 0.35 的 A1 组混凝土试件相对动弹性模量下降幅度最小，为 95.23%；水胶比为 0.45 的 A2 组混凝土试件相对动弹性模量下降幅度次之，为 91.62%；水胶比为 0.55 的 A3 组混凝土试件相对动弹性模量下降幅度最大，为 79.91%。3 组混凝土试件随着冻融次数的增加其相对动弹性模量基本呈线性下降趋势。A1、A2 组混凝土试件在历经 200 次冻融循环后相对动弹性模量均在 90%以上，仍具有较好的抗冻性，而 A3 组混凝土试件下降至 79.91，其抗冻性已受到一定的影响。冻融作用下水胶比对混凝土的动弹性模量具有一定的影响，在一定范围内，水胶比越小试件的相对动弹性模量越大，抗冻耐久性越好。

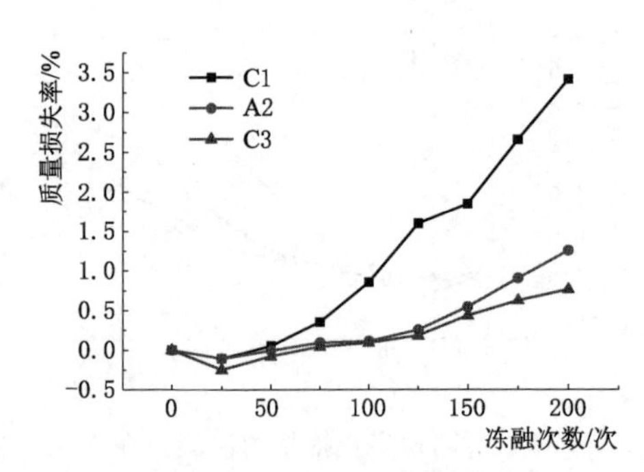

图 3.6　不同引气剂掺量的混凝土在冻融循环作用下质量损失率变化

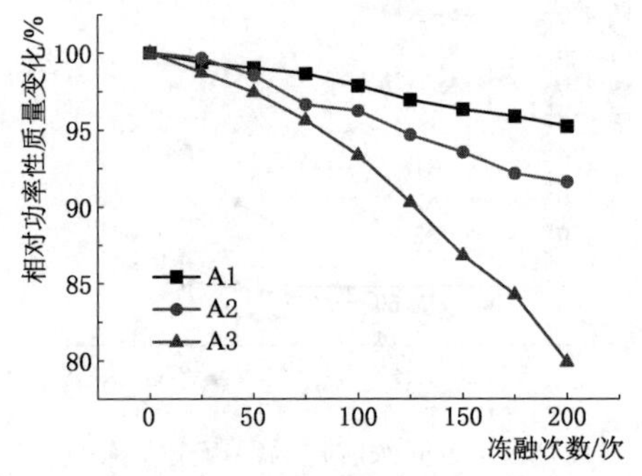

图 3.7　不同水胶比的混凝土在冻融循环作用下相对动弹性模量变化

2. 不同粉煤灰掺量的混凝土相对动弹性模量变化

不同粉煤灰掺量的混凝土在冻融循环作用下相对动弹性模量变化过程如图 3.8

所示。经200次冻融循环后，粉煤灰掺量为0、20%、50%的3组试块相对动弹性模量均未低于60%。其中粉煤灰掺量为20%的A2组试块相对动弹性模量最大，为91.62%；粉煤灰掺量为0%的B1组试块相对动弹性模量次之，为88.69%；粉煤灰掺量为50%的B3组试块相对动弹性模量最小，为77.19%。对比3条曲线可以发现，B1、A2两组试件随冻融循环次数的增加其相对动弹性模量变化较为平缓，且两条曲线基本趋于一致，而B3组试件动弹性模量下降速率明显比其他两组块，在175次冻融循环之后更呈现出明显的加速趋势。冻融循环作用下3组试块的相对动弹性模量下降趋势为A2>B1>B2，即在水灰比相同、含气量相近的情况下，适量的掺加粉煤灰对混凝土试件的抗冻耐久性有益，但不宜太多。

3. 不同引气剂掺量的混凝土相对动弹性模量变化

不同引气剂掺量的混凝土在冻融循环作用下相对动弹性模量变化过程如图3.9所示。经200次冻融循环后，引气剂掺量为0、0.005%、0.01%的3组试块相对动弹性模量均大于60%。其中引气剂掺量为0.01%的C3组试块相对动弹性模量最大，为96.57%，引气剂掺量为0.005%的A2组试块质量损失率次之，为91.62%，引气剂掺量为0的C1组试块质量损失率最大，为84.99%。对比3条曲线可以发现，引气剂掺量为0.01%的C3组试块随冻融循环次数的增加其相对动弹性模量下降较为平缓，且呈线性相关关系，历经200次冻融循环之后仍保持较好的抗冻性。没有掺加引气剂的C1组混凝土试块其相对动弹性模量随着动弹性模量的增加下降迅速。冻融循环作用下3组试块的相对动弹性模量下降速率为C1>A2>C3，表明掺加引气剂对混凝土抗冻性效果明显，即一定范围内，含气量越大，混凝土抗冻耐久性越好。

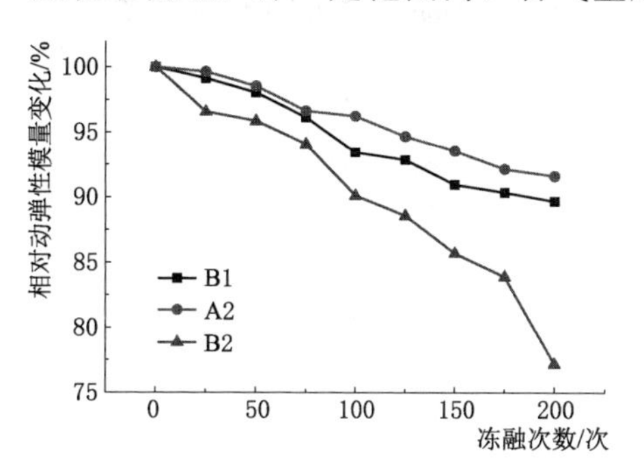

图3.8　不同粉煤灰掺量的混凝土相对动弹性模量变化

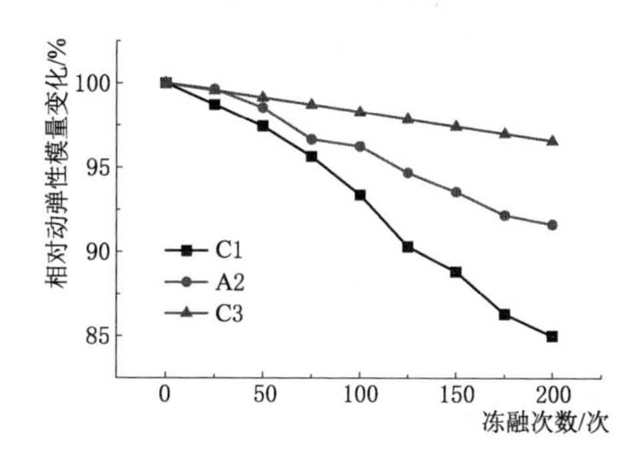

图3.9　不同引气剂掺量的混凝土在冻融循环作用下相对动弹性模量变化

3.3.3　混凝土抗压强度的变化

1. 不同水胶比的混凝土抗压强度变化

不同水胶比的混凝土在冻融循环作用下抗压强度变化过程如图3.10所示。

水胶比对混凝土的抗压强度影响较大，其中水胶比为0.35、0.45、0.55的A1、A2、A3 3组混凝土试件养护28d后的抗压强度分别为49.85MPa、36.89MPa和29.43MPa。前100次冻融循环，3组混凝土试件的抗压强度下降幅度较小，之后A2、A3组试件随冻融循环次数的增加抗压强度下降速率明显加快，200次冻融循环左右，A1、A2组抗压强度下降速率稍有放缓，而A3组抗压强度依然下降迅速，经300次冻融后，3组混凝土试件的抗压强度分别下降至初始的77.2%、73.8%和50.8%，3组试件抗压强度的损失比例为A3＞A2＞A1。冻融作用下水胶比对混凝土的抗压强度影响较大，一定范围内，随冻融循环次数的增加，水胶比越小混凝土试件的抗压强度下降幅度越小，抗冻耐久性越好。

2. 不同粉煤灰掺量的混凝土抗压强度变化

不同粉煤灰掺量的混凝土在冻融循环作用下抗压强度变化过程如图3.11所示。粉煤灰掺量分别为0、20%、50%的B1、B2、B3 3组混凝土试件养护28d后的抗压强度分别为42.34MPa、36.89MPa和30.19MPa。前100次冻融循环，B1、B2组混凝土试件抗压强度下降趋势较缓，之后随冻融循环次数的增加下降速率逐渐增大。在经历250次冻融循环之后，B2组混凝土试件抗压强度下降速率稍有放缓，但B1组试件抗压强度下降速率依然持续增加。B3组混凝土试件自冻融循环开始其抗压强度就下降迅速。经300次冻融后，3组混凝土试件的抗压强度分别下降至初始的67.9%、73.8%和34.7%，3组试件抗压强度的损失比例为B3＞B1＞B2。混凝土掺加粉煤灰对初始的抗压强度有较大影响，但同时适当的掺加粉煤灰能提高混凝土的密实程度，对混凝土后期的抗冻耐久性有利，但不宜掺加太多。

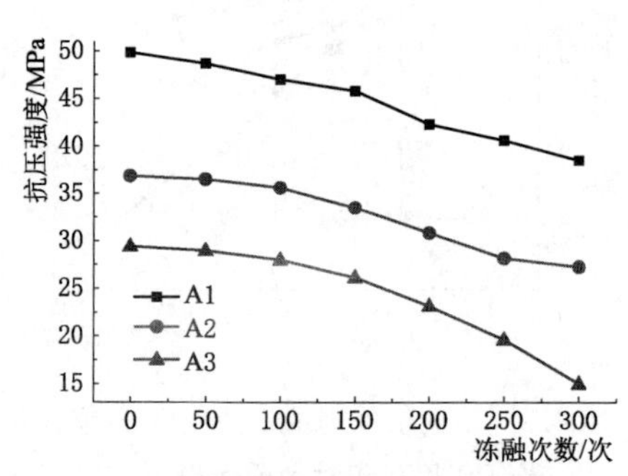

图3.10　不同水胶比的混凝土在冻融循环作用下抗压强度变化

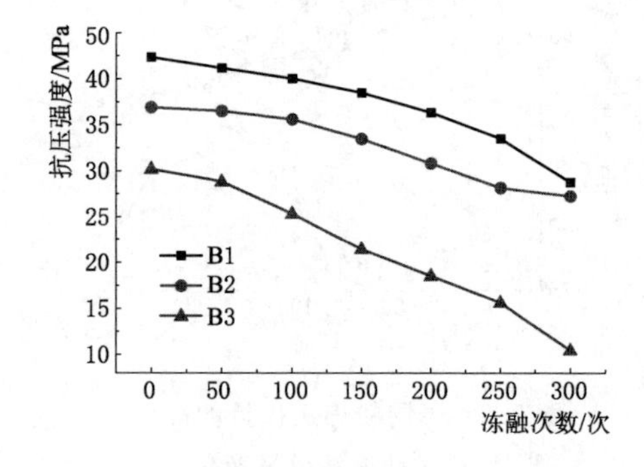

图3.11　不同粉煤灰掺量的混凝土在冻融循环作用下抗压强度变化

3. 不同引气剂掺量的混凝土抗压强度变化

不同引气剂掺量的混凝土在冻融循环作用下抗压强度变化过程如图3.12

所示。引气剂掺量分别为0、0.005%、0.01%的3组混凝土试件养护28d后的抗压强度分别为35.79MPa、36.89MPa和38.57MPa。前100次冻融循环，3组混凝土试件抗压强度下降趋势较缓，之后随冻融循环次数的增加，C1组混凝土试件抗压强度下降速率急速增加，而C3组混凝土试件抗压轻度下降速率相对较缓。经300次冻融后，3组混凝土试件的抗压强度分别下降至初始的55.4%、73.8%和76.7%，3组试件抗压强度的损失比例为C1>A2>C3。掺加引气剂对混凝土试件初始的抗压强度影响不大，但掺加适量的引气剂能有效提高混凝土的和易性，增加混凝土含气量，有效提高混凝土抗冻耐久性。

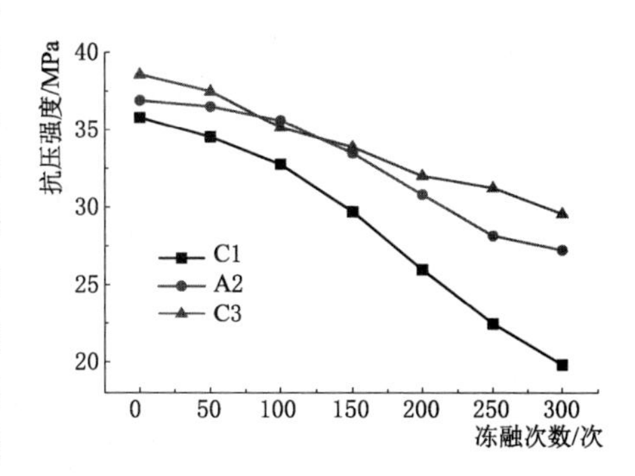

图3.12　不同引气剂掺量的混凝土抗压强度变化

参 考 文 献

[1] POWERS T C. A Working hypothesis for further studies of frost resistance of concrete [J]. Journal of the ACI, 1945, 16 (4): 245-272.

[2] FAGERLUND G. The international cooperative test of the critical degree of saturation method of assessing the freeze/thaw resistance of concrete [J]. Materials & Structures, 1977, 10 (58): 231-253.

[3] POWERS T C, HELMUTH R A. Theory of volume changes in hardened portland cement paste during freezing [J]. Proceedings, Highway Research Board, 1953, 32: 285-297.

[4] PIGEON M, LACHANCE M. Critical air void spacing factor for concretes submitted to slow freeze-thaw cycle [J]. Journal of the ACI, 1981, 78 (4): 282-291.

[5] PIGEON M. Freeze-thaw durability versus freezing rate [J]. Journal of the ACI, 1985, 82 (5): 684-692.

[6] 李天瑗. 试论混凝土冻害机理：静水压与渗透压的作用 [J]. 混凝土与水泥制品. 1989 (5): 8-11.

[7] 黄士元，蒋家奋，杨楠如，等. 近代混凝土技术 [M]. 西安：陕西科学技术出版社，1998.

[8] LITVAN G G. Phase transitions of adsorbates: IV, Mechanism of frost action in hardened cement paste [J]. Journal of the American Ceramic Society, 1972, 55 (1): 38-42.

[9] SETZER M J. A new approach to describe frost action in hardened cement paste and

concrete [J]. Cement & Concrete Research，1976，6 (6)：823 - 823.

[10] MEHTA P K，SCHIESSL P，RAUPACH M. Performance and durability of concrete systems [J]. Proceedings of 9th international congress on the chemistry cement，1992，1：571 - 659.

第4章　混凝土盐冻破坏

混凝土工程所处环境条件的复杂性，造成影响混凝土结构耐久性因素的不唯一性，多数混凝土结构耐久性能的劣化是多种因素共同作用的结果。尤其是在盐渍土地区和寒冷沿海区域的混凝土建筑物，不仅要承受盐离子的侵蚀，还要遭受冻融循环作用的影响。

4.1　盐冻破坏机理

在第3章的描述中，Powers的静水压理论是有关混凝土受冻破坏机理中最经典的理论。它虽然可以部分解释普通冻害现象，但是无法对混凝土盐冻破坏机理做出合理的解释。渗透压理论虽然能一定程度上解释除冰盐的有害作用，但是无法合理地解释混凝土盐冻破坏的几个最基本现象，比如为什么中低浓度盐溶液引起的混凝土盐冻破坏最严重、受冻时混凝土表面存在的盐溶液对盐冻破坏的重要性等。这同样说明了渗透压本身并不是混凝土产生盐冻破坏的主要原因。到目前为止，混凝土盐冻环境中的破坏机理仍然没有合理清晰的解释，对具体机理的表达还在进一步的研究中。

在我国的北方地区，多个大型灌区的水工建筑物经过多年的冻融循环与盐类侵蚀作用，混凝土建筑物的结构损伤不断扩大，并逐步积累。经过一定次数的冻融循环，混凝土中的裂缝相互贯通，强度逐渐降低，最后完全丧失。在宏观上，冻害大多表现为表面剥落与开裂，浆体疏松。在甘肃、宁夏等地的灌区，这种破坏是水工混凝土结构的主要破坏形式之一，其破坏机理主要由以下几个方面构成。

4.1.1　水的冰冻作用

即使在没有盐参与的情况下，当混凝土浸泡在水中发生冻融时也可引起剥落的产生。导致这种剥落产生有三个方面的原因：施工养护不当形成表面脆弱层；表面形成的裂缝更容易张开；在水中浸泡时混凝土表层具有更高的饱水度。

在盐冻环境中，水对混凝土的作用体现为三个方面：增大混凝土内部饱水度；增大微观孔结构因结晶盐造成的内侧压力；增大毛细管内流动水压。

在盐的参与下，由于混凝土毛细管更容易吸水且不容易失水，因而具有更高的饱水度，更容易产生水压力和膨胀压力。盐本身以溶液的形式存在，与凝胶孔中的水相比有更高的浓度差，从而产生更大的渗透压。盐较低的蒸汽压增加了浆体内壁面形成的冰表面饱和蒸汽压与毛细管中过冷水表面饱和蒸汽压之间的差异，导致了更加剧烈的解吸附作用，引起了更大的内应力。这 3 种内部压力与混凝土体积膨胀引起的渗透压共同造成了混凝土结构的冻融破坏，同时，由于连续的冻融破坏造成混凝土结构产生微裂缝，从而使得盐溶液更容易侵入混凝土内部，加速混凝土的侵蚀破坏，使得混凝土的强度逐渐降低，并最终导致破坏。

4.1.2　浓度梯度的影响

在盐的作用下，混凝土的表面产生的扁平状水泥浆体小块发生剥落，这种损坏是由于不同深度的水泥混凝土内溶液浓度不同从而产生了水压力引起的。溶液的冰点和溶液的浓度有关，溶液的浓度越高冰点越低。混凝土表层溶液的浓度很高一般很难结冰，在这个表层下溶液浓度低，比较容易结冰，当下层混凝土结冰时膨胀就产生了较大的向上的水压力，当压力大到一定的程度就可以把上面的浆体顶出破坏。在潮湿的环境下，盐溶液侵蚀作用以后，混凝土中往往会形成这样的浓度梯度。混凝土表层由于雨水等的作用，溶液的浓度相对较低，在表面下 1cm 处将出现最高的浓度。因为混凝土表层溶液的浓度相对较低，比较容易导致结冰，而下层的浓度较高不容易结冰。由于不同层的冰的形成状况不一样，就会产生渗透压力等热力学现象，引起内应力。当冰在某一层形成时还会阻挡水的渗透，这将导致在这一层中产生很大拉应力，不同层中的不同结冰状况还会在层中产生的不同的膨胀而引起拉应力。

这些内应力的产生都会导致混凝土的分层剥落破坏。另外当温度降低到足够低时，可以使过冷水结冰，由于过冷水的大量存在，将引起迅速大量的结冰而引起破坏。

4.1.3　盐渗入深度及盐结晶的影响

干燥的混凝土表面被盐溶液湿润了以后，在混凝土中渗入量随深度的变化而变化，往往在混凝土的某一深度形成溶液前缘。当冰冻发生时只有比较饱和的混凝土发生破坏。盐的结晶也被认为是导致剥落的可能原因。由于进入混凝土的盐很难排出，并不断富集，当渗透到混凝土中的溶液达到超饱和时，盐开始结晶析出引起体积膨胀，产生膨胀压力和水压力。

4.1.4　毛细孔的影响

混凝土是由细骨料及粗骨料组成的毛细孔多孔体。在拌制时，为了达到必要的和易性，加入的拌和水总多于水泥的水化水，从而在混凝土中形成了孔隙和毛细管通道。这些孔隙可分为凝胶孔隙、收缩孔和毛细管孔隙。凝胶孔和收缩孔的直径很小，所以称之为微毛细孔；而毛细管孔隙直径较大，称之为大毛细孔。

微毛细孔中水形成冰核的温度一般在－78℃以下，因此在自然气候条件下对混凝土抗冻没有什么影响。大毛细孔的直径一般相当于凝胶孔直径的1000倍，水可渗入和迁移，这种自由活动水的存在，是导致混凝土遭受冻害的主要原因，由于水结冰时体积膨胀达9％。如混凝土毛细孔中含水率超过某一临界值，则结冰时产生很大的压力，此压力的大小除了决定于毛细孔的含水率外，还取决于冻结速度及尚未结冰的水向周围能容纳水的孔隙流动的阻力。当混凝土处于保水状态时，毛细孔中的水结冰，胶凝孔中的水就处于过冷状态，因为混凝土孔隙中的冰点随孔径的减小而降低。胶凝孔中处于过冷状态的水分，使其蒸气压高于同温度下的冰的蒸气压，而向毛细孔中冰的界面处渗透，向最邻近的气孔排出多余的水分时，产生了很大压力，由此可见，处于混凝土饱和状态的混凝土受冻时，其毛细孔壁同时承受膨胀压力和渗透压力，当两种压力超过混凝土的抗拉力强度时，混凝土会逐步产生裂缝并破坏。

4.1.5 生成物破坏作用

氯盐针对混凝土的生成物破坏表现为氯盐加速了混凝土碱集料反应，生成了一系列有害复盐介质，加速了混凝土胶凝材料与骨料的剥离，其化学反应过程如下：

$$2NaCl + Ca(OH)_2 \longrightarrow CaCl_2 + 2NaOH$$

$$Ca(OH)_2 + CaCl_2 + nH_2O \longrightarrow CaCl_2 \cdot Ca(OH)_2 \cdot nH_2O$$

$$CaCl_2 + 3CaO \cdot Al_2O_3 \cdot 6H_2O + 4H_2O \longrightarrow 3CaO \cdot Al_2O_3 \cdot CaCl_2 \cdot 10H_2O$$

这些生成的膨胀性产物，对混凝土材料造成剥落破坏，同时破坏混凝土内部的胶凝材料，使得混凝土表面溃散；氯离子在这些缺陷中进一步向混凝土内部造成侵蚀破坏，氯离子对混凝土的冻融破坏主要有破坏从表面开始、逐步向内部发展、破坏速度快等特点。

硫酸盐的生成物破坏包括钙矾石型、石膏型、碳硫硅钙石型、镁盐结晶破坏，这些生成物的化学反应已在第3.2节进行了详细论述，在此不再赘述。

4.2 盐冻破坏试验

为了评价混凝土在冻融循环过程的抗盐冻耐久性，指导混凝土应用的工程实践，必须制定合理的盐冻试验方法。现有试验方法归纳起来主要有三类，即试件表面覆盖法、试件单面浸入法和试件整体浸泡法。

4.2.1　试件表面覆盖法

试件表面覆盖法是指混凝土表面覆盖一层盐溶液后再进行冻融循环试验，这种方法最典型的试验方法有美国的 ASTM C672 法和瑞典的 SS13 7244 法。

1. ASTM C672 法

通过现场割取或实验室制备得到表面积至少 0.045m²、高度至少 75mm 的矩形试件，将试件首先于 23℃±1.7℃且湿度不小于 95%环境中养护 14d，之后在相同温度 45%～55%环境下再养护 14d，通常两个试件为一组。在潮湿的环境和空气中养护到 28d 后，在试件试验面覆盖一层约 6mm 厚的 4%NaCl 溶液进行冻融循环试验，如图 4.1 所示。试验过程采用在低温试验箱中－17℃±2.8℃温度下冻结 16～18h、23℃±1.7℃的空气中融化 6～8h 的冻融循环制度，每一个循环时间约 1d，期间应根据情况加水。每 5 次循环后收集试件剥落物质并记录表面破坏状况，冲洗干净试件并更换全部盐溶液。50 次盐冻融循环后停止试验，以观测到的表面剥蚀破坏状况对混凝土的抗剥蚀破坏能力进行分级评定。评定等级见表 4.1。

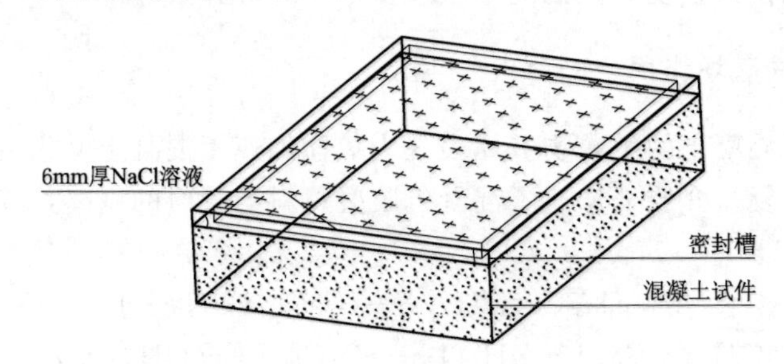

图 4.1　ASTM C672 法盐冻示意图

表 4.1　**ASTM C672 法盐冻破坏目测评定等级**

等级	试件表面破坏情况	等级	试件表面破坏情况
0	无任何剥蚀	3	中度剥蚀（一部分粗骨料暴露）
1	非常轻微剥蚀（无粗骨料暴露）	4	中度至严重剥蚀
2	轻微至中度剥蚀	5	重度剥蚀（粗骨料暴露在整个表面）

该方法仅以目测确定评定等级，没有使用表面剥落量评定破坏程度。虽然很多研究人员都用此种方法研究混凝土抗盐冻性能，但由于其受人为主观因素影响大，此种方法的合理性仍存在质疑。

2. SS13 7244 法

SS13 7244 法与 ASTM C672 法非常相似，是一种在 ASTM C672 法基础上改

进而成的方法，对试件温度控制、养护条件和预处理条件有更为严格的要求。它规定试件容器加盖防止溶液的蒸发，如图 4.2 所示。通常以 4 个试件为一组，在温度为 20℃±2℃的水中养护 7d，之后在相同温度且 50%±10%环境中放置 21d±2d，切出一块厚度约 50mm±5mm 的试块，切除的试块在 20℃±2℃、50%±10%rh 环境中养护 7d 后进行冻融试验。试验一共经历 56 次冻融循环，历时 56d，以 24h 为一冻融循环，12h 内从 20℃降到－20℃，保持 6h，然后 6h 内升温至＋20℃。应当注意的是，最小测试面积为 900cm^2，钻芯取样最小测试面积 400cm^2，每 7 次循环时收集剥蚀量，并烘干称重，以单位面积的剥蚀量分级，并作为评价混凝土抗盐冻能力的依据。SS13 7244 法给出的定量评价混凝土是否抗盐冻的指标，比 ASTM C672 法目测分级更准确，具体评价标准见表 4.2。

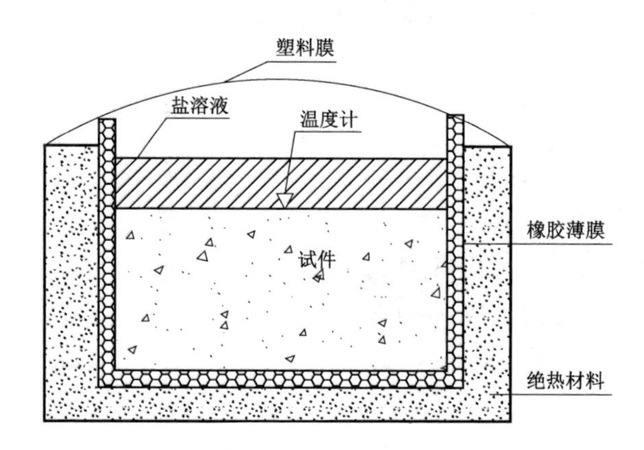

图 4.2　SS13 7244 法盐冻示意图

表 4.2　SS13 7244 法评价标准

抗盐冻等级	指标
非常好	每个试件 56 次循环后剥落量（m_{56}）均小于 0.1kg/m^2
好	m_{56}＜0.5kg/m^2 且 m_{56}/m_{28}＜2
可接受	m_{56}＜1.0kg/m^2 且 m_{56}/m_{28}＜2
不可接受	不能满足以上可接受条件

4.2.2　试件单面侵入法

试件单面浸入法最典型的是国际材料与结构研究实验联合会 TC117－FDC 试验方法。制作试件时，采用 150mm×150mm×150mm 的立方体试模，试件成型后，先在空气中带模养护 48h，脱模后放在 20℃±2℃水中养护至 7d 龄期，切割成 150mm×110mm×70mm 规格的试件，然后放入标准养护室养护至试验龄期。冻融循环前，采用涂有异丁橡胶的铝箔对试件的侧面进行密封，如图4.3所示。

单面冻融试验一个周期为12h。每4次冻融循环后进行1次测试，测试过程包括清洗试件、过滤剥落物、超声波波速测试等。

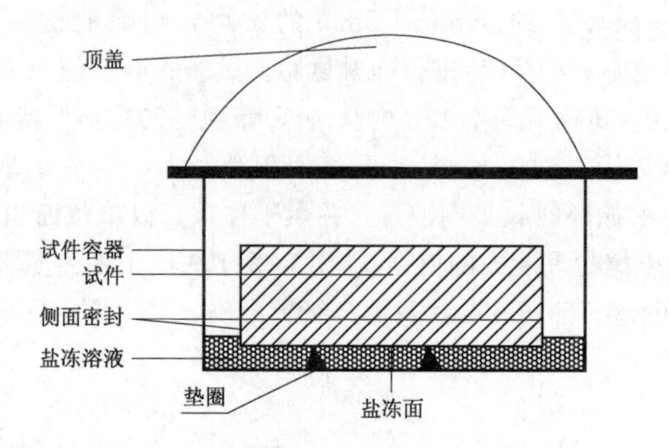

图4.3　TC117－FDC法盐冻示意图

出现下列情况之一时停止试验：

（1）达到28次冻融循环时。

（2）试件单位表面面积剥落物总质量大于1500g/m^{2}时。

（3）试件的超声波相对动弹性模量降低到80％时。

TC117－FDC方法的试验条件相对更为苛刻，用它评价混凝土的抗盐冻性能更偏于安全。

4.2.3　试件整体浸泡法

试件整体浸泡法是指将整个混凝土试件放到盐溶液中进行冻融循环试验，它是参照《普通混凝土长期性能及耐久性能试验方法》（GB/T 50082—2009）制定的。冻融试验过程如下：

（1）试件浇筑成型后拆模编号，在养护室标准养护至28d龄期后开始冻融试验。冻融前4d，对混凝土试件进行外观检查，确保无损后，放于高出试件20mm以上的15～20℃的侵蚀溶液中浸泡4d后取出开始进行冻融试验。

（2）依次将混凝土试件放入试件盒内，注入侵蚀溶液至高出试件顶面2cm左右。

（3）侵蚀溶液注入完毕之后将试件盒放入冻融箱内，冻融箱内盛有防冻液（乙二醇：水＝1：1）。要确保最终箱内防冻液液面高于试件盒内溶液高度。然后可以开始冻融试验。

（4）按照相关规范，整个冻融过程符合下列要求：

1）一个冻融循环周期需在2～4h内完成，融化试件大于整个过程的1/4。

2）试件冻结和融化的最终温度分别控制在−17℃±2℃和8℃±2℃。

3）试件从5℃降至−18℃所需试件应大于整个冻结时间的1/2，试件从−18℃升至5℃所需试件应大于整个融化时间的1/2，确保试件内外温差小于28℃。

4）冻、融之间的转换过程小于10min。

（5）设置冻融机每25个循环停止，取出试件对各项指标进行检测。试件在测量前需要清洗试块表面浮渣，擦除表面积水并检查记录试件的完整性。

（6）当满足冻融循环次数达到300次、试件相对动弹性模量下降至60%或者试件质量损失率达到5%三种情况之一时，终止试验。

本书中的盐冻试验方法选取为试件整体浸泡法，具体试验原材料、混凝土配合比及试验过程同第3章内容。试验设计了清水、3%NaCl、5%Na_2SO_4、3%NaCl+5%Na_2SO_4四种不同的冻融侵蚀介质，选用A2组配合比的试件开展相关试验。

4.3　盐冻作用对混凝土耐久性能的影响

混凝土浸泡在盐溶液中时，由于毛细作用盐溶液会通过孔隙不断渗入不密实的混凝土内部，孔隙中的盐浓度加大，浸泡前期，盐溶液填实了混凝土的孔隙，加之浸泡促使混凝土进一步水化，使得混凝土强度开始有所增加。随着浸泡时间的增长，盐溶液在混凝土孔隙中逐渐达到饱和及过饱和，而盐转化成晶体水化物时体积会显著增大，混凝土会因受拉而出现裂纹。由于裂纹不断扩展导致混凝土界面强度衰减，混凝土的各项性能均会出现衰减退化的状态。

4.3.1　混凝土材料表观变化

不同冻融介质条件下，混凝土材料表观损伤程度也有所不同。混凝土试件在清水、5%Na_2SO_4、3%NaCl、5%Na_2SO_4+3%NaCl混合盐溶液四种冻融介质中随冻融循环次数增加的表观损伤情况见表4.3。

由表4.3可以看出，冻融循环前，混凝土试件表面平整无损伤，无掉渣剥蚀现象。在水冻条件下，前100次冻融循环，试件表面水泥基材料仅出现轻微剥落，之后随着冻融循环次数的增加，试件表面开始出现少量侵蚀坑洞，当达到200次冻融循环时，出现细骨料剥落，少量粗骨料外露。在5%Na_2SO_4侵蚀冻融作用下，在经历50次冻融循环后，混凝土表面胶凝材料出现少量侵蚀孔洞，当继续冻融试验，随着试件表层胶凝材料的持续流失，侵蚀孔洞不断变大，细骨料开始出现剥落流失，最终粗骨料出现裸露。在3%NaCl侵蚀冻融作用下，在经历50次冻融循环作用后，表面胶凝材料已经出现大部分剥落，细骨料开始出现裸露，100次冻融循环时，粗骨料开始出现外露，之后随着冻融循环次数的增加，粗骨料裸露现象越加严重，试件开始出现溃散，可认为达到侵蚀破坏。在 5%Na_2SO_4 和 3%NaCl 混合溶液的冻融作用下，混凝土试件的表观变化稍微滞后于 3% NaCl 侵蚀冻融作用。

表 4.3　　不同冻融介质混凝土材料表观损伤变化

冻融介质	冻融 0 次	冻融 50 次	冻融 100 次	冻融 150 次	冻融 200 次
清水					
5%Na_2SO_4					
3%NaCl				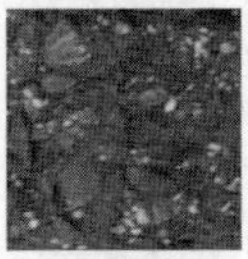	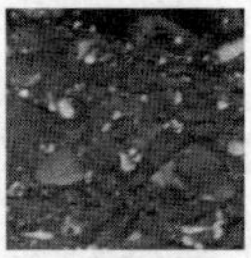
5%Na_2SO_4+3%NaCl				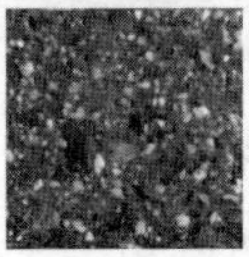	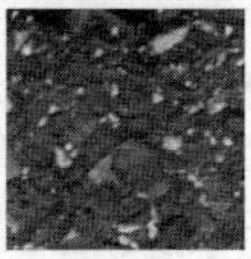

4.3.2　混凝土质量损失率变化

混凝土试件在 4 种不同冻融介质中质量损失率变化过程如图 4.4 所示。对比 4 条曲线可得，在 3%NaCl 冻融介质下，随着冻融循环次数的增加，混凝土试件质量损失率急剧增大，几乎呈指数增长，历经 200 次冻融循环后，质量损失率达到 6.77%，大于 5%，被认为发生冻融破坏。清水冻融条件下，前 50 次冻融循环，随着冻融循环次数的增加，质量损失率为负数，表明混凝土试件质量不减反增，前 100 次冻融循环，混凝土试件质量损失率变化非常小，几乎与横坐标轴平行，100 次冻融

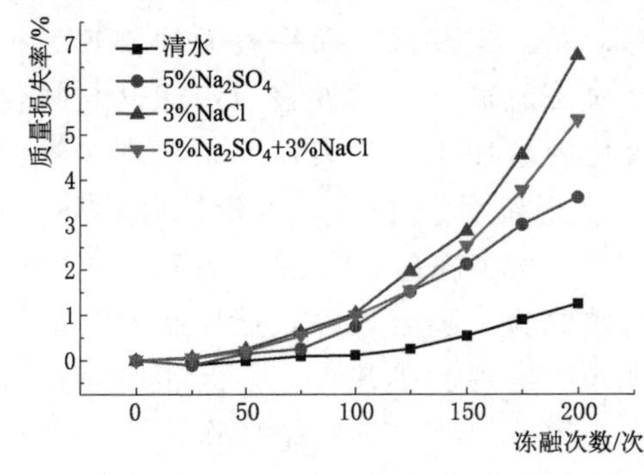

图 4.4　不同冻融介质的混凝土质量损失率变化

循环之后，随着冻融循环次数的增加，质量损失逐渐增大，但总体趋势依然较缓。在 5%Na_2SO_4 冻融介质条件下，前 75 个冻融循环，混凝土试件质量损失较小，之后随着冻融循环次数的增加质量损失不断加大，基本呈线性相关。在 5%Na_2SO_4+3%NaCl 混合盐溶液冻融介质条件下，混凝土试件质量损失速率随冻融循环次数增加而不断增大，200 次冻融循环后达到 5.32%，认为发生冻融破坏。4 种冻融介质条件下混凝土质量损失速率的大小关系为 3%NaCl>5%Na_2SO_4+3%NaCl 混合盐溶液>5%Na_2SO_4>清水。

4.3.3 混凝土相对动弹性模量变化

4 种不同冻融介质下混凝土试件相对动弹性模量随冻融循环次数的增加表现出不同程度的下降。如图 4.5 所示，在 3%NaCl 冻融介质下，前 50 次冻融循环，混凝土相对动弹性模量下降趋势较缓，之后随着冻融循环次数的增加，相对动弹性模量急剧下降，历经 200 次冻融循环，混凝土试件相对动弹性模量下降至 56.30%，发生冻融破坏。水冻条件下，混凝土试件相对动弹性模量整体下降趋势较缓，历经 200 次冻融循环，仅降低至 91.62%，仍具有较好的抗冻性。5%Na_2SO_4 冻融介质条件下，前 75 个冻融循环，混凝土试件动弹性模量损失较小，之后随着冻融循环次数的增加质量损失不断加大，基本呈线性相关。在 5%Na_2SO_4+3%NaCl 混合盐溶液冻融介质条件下，前 50 次冻融循环，混凝土相对动弹性模量下降趋势较缓，之后随着冻融循环次数的增加，动弹性模量急剧下降，历经 200 次冻融循环，混凝土试件相对动弹性模量下降至 66.78%，如若继续冻融，必然发生破坏。4 种冻融介质条件下混凝土相对动弹性模量下降速度的大小关系为 3%NaCl>5%Na_2SO_4+3%NaCl 混合盐溶液>5%Na_2SO_4>清水。

4.3.4 混凝土抗压强度变化

如图 4.6 所示，混凝土试件在 4 种冻融介质中的抗压强度均随着冻融循环次数的增加而降低。同一冻融循环次数下，混凝土在 3%NaCl 溶液中的抗压强度下降程度最大，其次是 5%Na_2SO_4+3%NaCl 混合盐溶液，然后是 5%Na_2SO_4，最后是清水。在清水和 5%Na_2SO_4 冻融介质条件下，前 100 次冻融循环，混凝土试件抗压强度损失较小，之后抗压强度损失速率明显加快，指导 250 个循环后，损失速率才稍有降低。在 3%NaCl、5%Na_2SO_4+3%NaCl 混合盐溶液冻融介质条件下，混凝土试件抗压强度随冻融循环次数的增加而急剧下降，基本呈抛物线趋势。4 种冻融介质条件下混凝土试件抗压强度损失程度的大小关系为 3%NaCl>5%Na_2SO_4+3%NaCl 混合盐溶液>5%Na_2SO_4>清水。

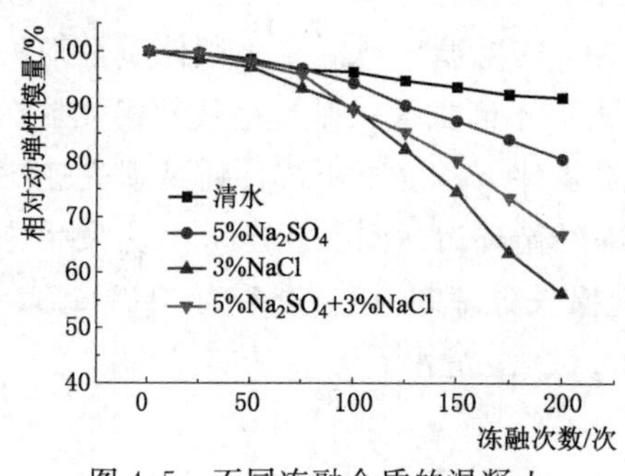

图 4.5　不同冻融介质的混凝土相对动弹性模量变化

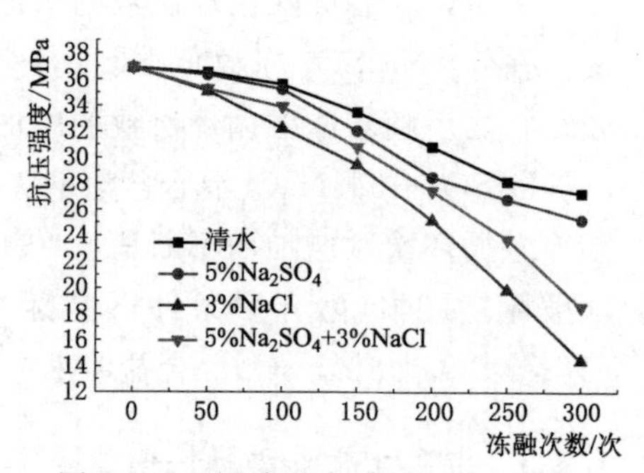

图 4.6　不同冻融介质的混凝土抗压强度变化

4.3.5　混凝土内部缺陷变化

超声脉冲在混凝土中传播速度的快慢与混凝土的密实程度有直接的关系，对于基础条件相同的混凝土试件来说，穿过试件的超声波声速大则说明混凝土密实，反之则混凝土不密实。因为混凝土试件具有两对相互平行的侧面，因此超声法内部缺陷检测可采用对测法，即在试件的相对两个侧面上分别划分等间距的 20 个测点并编号，测距为 10cm，具体测线布置示意图如图 4.7 所示。以 A2 组试件为例，分别在其冻融循环 0 次、100 次、200 次时对其进行超声检测，依据各测点声速值绘制的混凝土内部缺陷云图如图 4.8 所示。

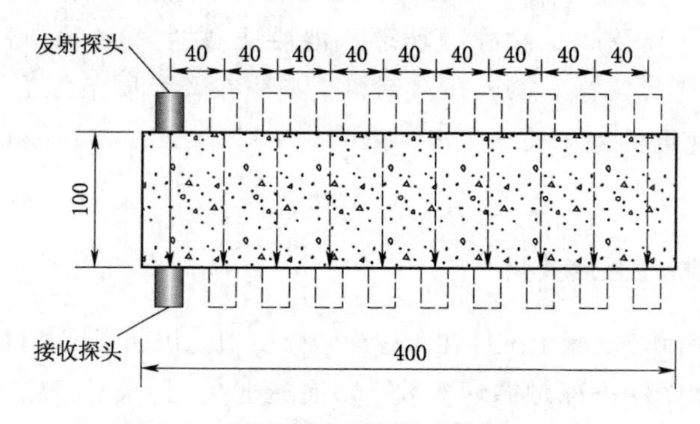

图 4.7　测线布置示意图（单位：mm）

由图 4.8 可知，在冻融循环之前，试件内部密实程度虽然存在一定差异，但尚可接受，人工振捣作用下在所难免。在经历 100 次冻融循环之后，试件整体各测点的声速值均有所下降，说明冻融循环作用对试件内部结构有一定破坏，局部出现一些空洞区，即缺陷区。在经历 200 次冻融循环之后，混凝土试件整体声速值又有明显下降，且之前缺陷区域有扩大趋势，这将导致混凝土内部出现疏松状区域，严重影响混凝土力学性能。

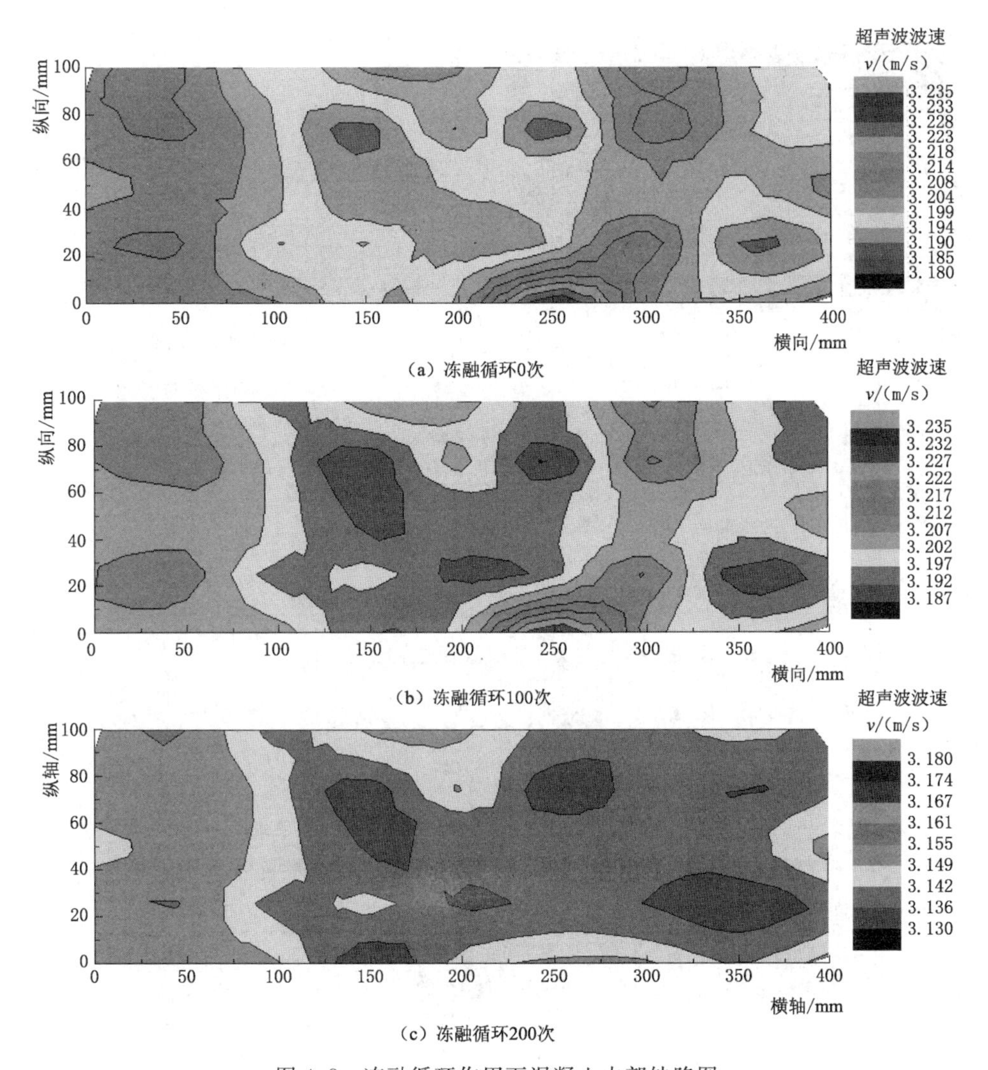

(a) 冻融循环0次

(b) 冻融循环100次

(c) 冻融循环200次

图 4.8 冻融循环作用下混凝土内部缺陷图

为验证超声法混凝土内部缺陷检测结果，对上述经历 200 次冻融循环的混凝土试件采用混凝土多功能无损测试仪进一步检测，测试方法采用弹性波雷达法，所有的结果与超声法混凝土内部缺陷检测结果基本一致。混凝土多功能无损测试仪检测混凝土内部缺陷过程及结果如图 4.9 所示。

通过冻融交替的反复作用试验指出，复合盐溶液中的各组混凝土破坏程度均比水中的混凝土严重，盐在混凝土冻融破坏中起了重要作用。混凝土发生盐冻破坏可以从有利和不利两个方面分析，有利的一面是复合盐环境下混凝土中溶液的冰点降低，且盐溶液的质量分数越高，冰点降低幅度越大，对混凝土的冻融损伤越轻。不利的一面是盐溶液渗透进混凝土内部的孔隙中，因过饱和，

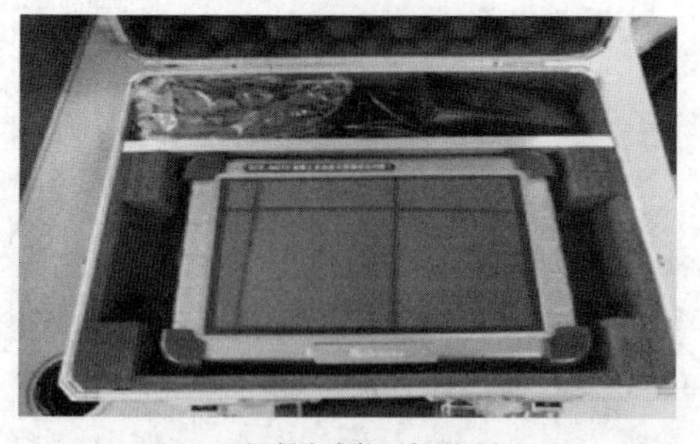

（a）混凝土多能无损测试仪

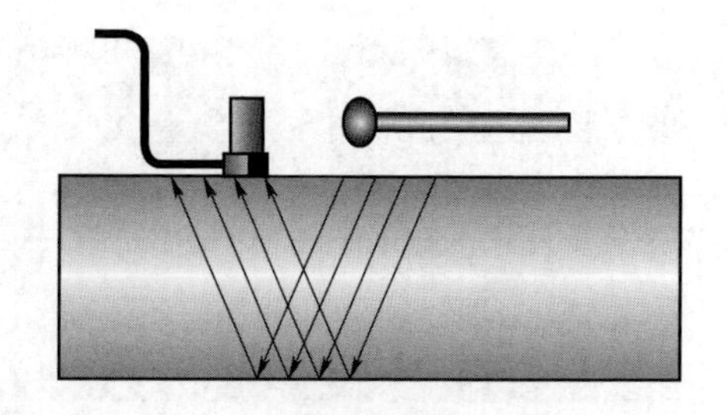

（b）弹性波雷达法测试方案

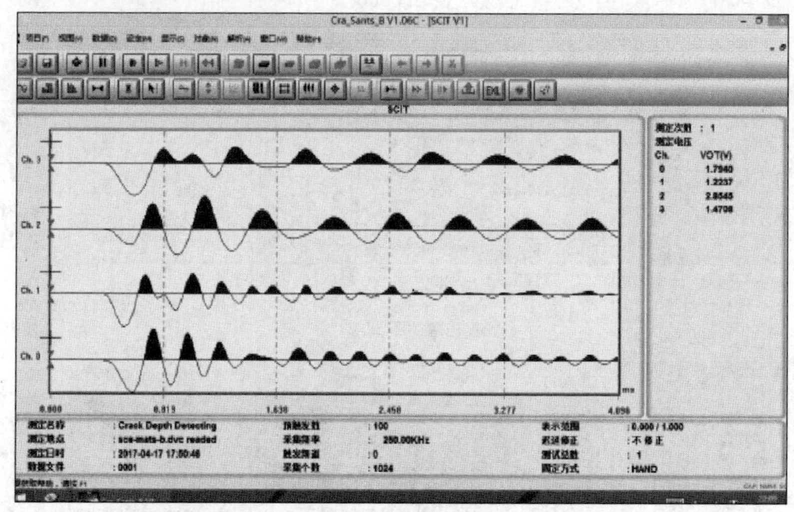

（c）检测数据采集

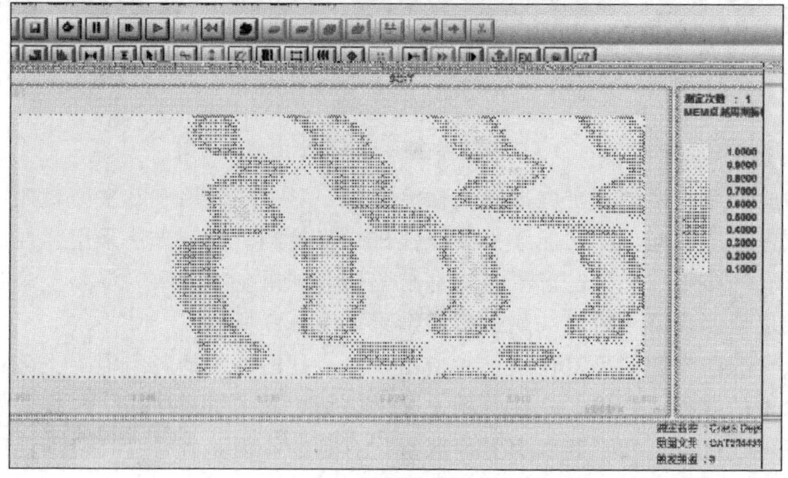

（d）数据分析结果

图 4.9　混凝土多能无损测试仪检测混凝土内部缺陷过程及结果

$NaHCO_3$、NaCl、$NaSO_4$ 不断结晶析出，巨大的结晶压力造成混凝土膨胀开裂，使得混凝土内部损伤，动弹性模量下降，强度降低。但是，在冻融循环初期，混凝土的孔隙中因为充满复合盐的结晶体变得更加密实，使得相对动弹性模量与质量略有增加。

复合盐侵蚀溶液对混凝土造成的冻融损伤破坏，存在着降低冰点、缓解冻融损伤的正效应，也存在着盐类结晶膨胀导致混凝土开裂损伤的负效应。在复合盐侵蚀与冻融交替反复作用下，各种盐结晶压对混凝土的破坏犹如疲劳作用，对混凝土损伤存在超叠效应，当损伤负效应累积到大于正效应时，混凝土发生膨胀开裂，混凝土的强度也就不断降低，直至破坏。

从混凝土试件的脱落程度、破坏速度、质量与动弹性模量的损失等方面比较来看，无论是哪组混凝土，盐溶液中的混凝土冻融破坏都比水中的严重。可见，水结成冰的膨胀压力，或是冰与水的渗透压力对混凝土内部损伤的作用相对较小，而盐对混凝土冻胀破坏的作用更大。盐冻破坏后的各组混凝土微观结构的分析结果也证明了盐类结晶破坏是造成混凝土发生盐冻破坏的重要因素。

第5章　孔结构变化对混凝土性能的影响

5.1　多孔连续介质原理

多孔介质是包含孔隙空间的固体骨架。固体骨架或固体颗粒的组成成分可能是多种多样的，而组成固体骨架的固体颗粒的特性、孔隙空间的几何形状以及孔隙的通透度同样是千差万别的。

多孔介质是由多种相（固相、液相或者气相）的物质分别占据一定空间组合起来的集合体。对于其中任意一种相的物质，与其他相互相包容，所以多孔介质也被称作多孔材料。多孔介质中固相是必须存在的，在多孔介质的组成成分中称为骨架，多孔介质系统中固相不存在的空间由液相或者气相占据，这些空间在多孔介质的组成成分中称为孔隙，孔隙分为连通的孔隙以及不连通的孔隙，流相通过互相连通的孔隙可以在多孔介质中迁移，所以多孔介质具有渗透性质。土体、混凝土等都属于典型的多孔介质。

多孔介质依据流相包含的种类分为单向传输系统和多相传输系统[1]。单向传输系统中，流相由单一物质组成，比如水和空气，也可以是相溶的几种物质组成的溶液，比如盐水、化学溶剂等。而多相传输系统中的流相由互不相容的多种物质组成，这些物质之间在传输过程中会互相影响。由于气相之间的可溶性，所以流相中至多存在一种气相（或为单一气体，或为混合气体），一般而言，固相作为骨架不会参与流相的传输。

多孔介质的这些特点决定其在输运问题中所表现出来的物理、力学、化学特性是异常复杂的。多孔介质具有渗透特性，流体可以通过多孔介质流动及扩散，而多孔介质孔隙空间形状、大小、连通性及固体颗粒的表面特性都对渗透特性具有复杂的影响；多孔介质孔隙还具有毛细特性，土壤之所以具有维持植物生命的功能，就是因为它能在孔隙空间保留水分及养分，植物可通过其毛细特性来吸收土壤中的水分及养分；具有一定热容及热导特性的多孔介质，在输运过程中可能与流体之间发生热量交换，并可能在固体骨架中发生热传导过程，工程中常常利用这种特性来进行固体内部降温或加热，也利用多孔介质中所包闭的空气的特性来生产隔热材料，建筑工程及工业工程中常用的隔热材料往往都是多孔性的材料；多孔介质由于其孔隙特性及固体颗粒的表面特性使其具有吸附作用，地下水经过地下渗透作用之后可以得到净化和过滤[2]。多孔介质骨架在受到外力作用时可能会发生变形及位移，而这种变形往往会改变多孔介质本身的性质。

混凝土是一个多相多孔体系，属于多相黏弹性复杂介质。其内的孔结构分布错综复杂，孔径尺寸跨越微观尺度和宏观尺度，对混凝土力学参数和耐久性有重要的影响，如混凝土的强度、变形行为、吸水性、抗冻性、渗透性等耐久性能[3]。随着科研活动的开展，可以发现孔隙的存在对混凝土宏观弹性模量、强度及残余强度等力学性质都有很大影响。

5.2 混凝土中孔的形成与分类

5.2.1 孔的形成

混凝土等材料内部常常含有大量的孔隙，这些空隙缺陷可能是材料原始存在的，也可能是受力后诱发产生的。这些缺陷的扩展具有方向性，在外荷载作用下发生孔隙的形成、扩展和连接对材料的刚度、强度等多方面的性质都会有很大影响，导致材料的力学性质非常复杂。

混凝土内部的孔结构是施工拌和、水泥水化凝固和材料配合的必然产物，因其产生的原因和条件的不同，孔的尺寸、数量、分布和孔形貌（封闭式或开放式）等存在较大区别，其对道路混凝土性能的影响有很大的差异。混凝土中孔的形成主要包括以下几个方面：①在混凝土搅拌、浇注和振捣过程中自然引入的孔；②为提高抗冻性而有意掺入引气剂所产生的孔；③混凝土拌和物离析，或在集料、钢筋周围（下方）水泥浆离析、泌水所产生的孔；④水化作用多余的拌和水蒸发后遗留的孔隙；⑤施工中操作不当，在混凝土层和内部遗留的较大孔洞和裂隙等。

5.2.2 孔的分类

混凝土内部孔径分布覆盖范围很大，具有多尺度性，从几 Å 的微观尺度到几万 Å 的宏观尺度的孔径都存在，研究尺度可分为微观、细观和宏观三个等级。

根据苏联的研究，混凝土中的孔隙可以分为 4 类：超微孔（半径 $r \leqslant 5$nm），过渡微孔（5nm$<r \leqslant$100nm，也称微毛细孔），大毛细孔（100nm$<r<$1000～10000nm），非毛细孔（$r \geqslant$1000～10000nm）。其中，大毛细孔和非毛细孔之间的孔隙可以称为过渡大孔（1000～10000nm）

我国著名科学家吴中伟[4]在 1973 年提出对混凝土中的孔级划分和分孔隙率及其影响因素的概念，根据不同孔径对混凝土性能的影响分为无害孔级（小于200Å)、少害孔级(200Å~500Å)、有害孔级(500Å~2000Å)和多害孔级(大于2000Å),并提出,增加500Å以下的大孔,减少1000Å以上的孔,对混凝土的性能可大大改善。

5.3 混凝土中的孔结构

5.3.1 孔结构的参数

混凝土的孔结构参数包括三个方面:孔隙率,指在整个水泥石结构中孔隙所占的百分数,它是孔隙数量的表征;孔分布,指不同孔径的分布情况,孔径分布的差异也往往会显著地影响水泥石的性能;孔形貌,指水泥石中孔的形态特征。

对孔隙率的研究是混凝土孔结构研究的主要部分。绝大部分的多孔介质固体骨架是由大小不同的颗粒混合而成的,它们或是松散的或是紧密地胶结在一起。细小颗粒的数量对孔隙率具有明显的影响。固结物质的孔隙率主要取决于胶结的程度,而非固结物质的孔隙率则依赖于颗粒的形状、粒径分布和颗粒的排列方式。杜修力等[5]研究进一步发现:混凝土的性质除与其孔隙率有关,而且还与孔的形状、大小的级配及孔在空间的位置分布等有关。混凝土在总孔隙率相同时,性质也可能会有很大差异。

混凝土中气孔结构可通过气孔参数来表征,气孔参数主要包括气孔平均弦长、气孔比表面积、气孔平均半径、硬化混凝土的含气量、单位体积混凝土中的气孔个数、每厘米导线所切割的气孔个数、截孔弦长、含气量以及气孔间距系数等。在气孔参数中,最主要的指标是气孔平均半径、气孔体积百分率以及气孔间距系数。

气孔对混凝土性能的主要影响有以下几个方面:水分通过气孔可以自由地出入,为一些未水化矿物的水化提供充足的水源,但较多水分的出入会导致体积的不稳定性。各种物质可以通过气孔自由地扩散,外界环境中的一些有害组分可以通过气孔结构进入水泥石,使混凝土腐蚀。段平等[6]研究发现气孔的存在会导致混凝土中的应力分布不均匀,气孔附近容易产生应力集中,可能导致混凝土过早的破坏。

5.3.2 孔结构的影响因素

1. 原材料

原材料包括集料粒径形状、水泥细度以及外加剂和矿物质掺合料的使用量。

2. 配合比

(1) 水灰比：水灰比越大，相对可用于气泡形成的水量多，使得气泡的形成变得较为容易。

(2) 砂率：砂率大，则比表面积大，水泥用量多，不易引入气体；砂率小，砂量不足以填充石子的空隙，拌和物会发生离析、泌水现象，对引气不利。

(3) 浆骨比：浆骨比小时，水泥石含量少，不易引气，浆骨比大时，水泥石所占的比例较大，使得混凝土用水量较高，从而在混凝土中形成较多的孔洞。

3. 施工工艺

(1) 搅拌时间：混凝土搅拌越强烈，引气量越大，延长搅拌时间，引气量增大；但如搅拌时间过长，含气量下降。

(2) 振动时间：正常的振动只会消除大的夹杂气泡，而不会减少引入的小气泡，所以适当地增加振捣时间对气泡结构有利。

(3) 养护龄期：养护龄期越长，水泥水化越充分，混凝土的孔隙率下降，其中，细孔结构变化比较大，大于 10μm 气孔结构变化较小。

5.4 盐侵蚀环境下混凝土孔结构的变化

5.4.1 侵蚀溶液对孔结构的影响

为探究盐溶液和淡水侵蚀作用对混凝土中孔结构的不同影响，陈磊等[7]采用室内试验的方法，使用 4 种不同配比混凝土，采用压汞测试方法得到混凝土在氯化钠溶液和淡水中侵蚀后的孔结构参数。试验按照混凝土试件的制备—养护—力学性能测验（抗压强度）—孔结构测试样的制备（压汞试样，显微镜测孔试样）—孔结构测试—数据处理的过程进行。

养护 3d 龄期后，盐溶液养护环境的混凝土中孔隙率较淡水环境养护略低，总孔体积较淡水环境下要低 25%，盐溶液养护下总孔面积要比淡水环境下高，而平均孔径均要比淡水养护下低，同时盐溶液养护环境下的临界孔径要比淡水养护下低。即 3d 龄期时，相对淡水环境养护，盐溶液养护环境下混凝土中小孔较多，孔径较淡水环境下更加细化。当养护龄期到 28d 时，淡水环境养护下的混凝土中，总孔体积和孔隙率要分别比盐溶液环境养护下的小 20%和 5%以上，总孔面积略高，其平均孔径和临界孔径也要比盐溶液环境养护下的要低，即此时淡水环境养护下的混凝土中小孔居多，孔径较盐溶液环境下细化，盐溶液和淡水环境下孔结构分布开始发生转变，情况与 3d 龄期时正好相反。当到达长龄期180d时，淡水养护环境下的混凝土中，孔体积和孔隙率明显小于盐溶液环境养护下的，总孔面积也要高出多达25%，其平均孔径和临界孔径也明显低于盐溶液环境养护下，即随着龄期的增长，淡水环境养护下的混凝土孔结构明显要比盐溶液环境养护下的混凝土细化，盐溶液环境下的混凝土微观结构表现出与早期不同的劣化现象。

另外，总孔体积小而总孔面积越大，对应的平均孔径也小，临界孔径也小，反之亦成立。即对于不同环境下的混凝土而言，孔结构的改变，不仅仅是总量上的改变，而且孔径分布也相应发生了变化。

5.4.2　不同养护环境下混凝土孔径分布变化

淡水中养护的混凝土，混凝土中累计进汞量随着养护龄期的增长逐渐增大；盐溶液中养护的混凝土，混凝土中累计进汞量随着养护龄期的增长逐渐减小。在3d龄期时，相对淡水养护，海水养护环境下混凝土孔结构细化一些。随着龄期的增长，开始发生转变，到180d时，淡水环境养护下的混凝土孔结构明显要比海水环境养护下的混凝土细化。添加了矿物掺合料的混凝土试样孔结构特征参数与基准混凝土中所呈现出的演变规律一致。随着养护龄期的增长，掺入矿物掺合料对混凝土孔结构的改善愈加明显。

3d养护龄期时，淡水中混凝土孔隙率较高，总孔面积较低，平均孔径较大，临界孔径和最可几孔径较高，气泡比表面积较小，气泡平均半径较大。海水中混凝土孔隙率较低，总孔面积较高，平均孔径较小，临界孔径和最可几孔径较低，气泡比表面积较大，气泡平均半径较小。28d养护龄期时淡水和盐溶液中以上混凝土孔结构与3d养龄期时恰好相反，180d养护龄期时孔结构变化比28d时更为明显。

养护一定龄期的混凝土，随着掺合料矿粉、硅粉和偏高岭土的掺入，混凝土中累计进汞量逐渐减小，即混凝土中孔体积逐渐减小；其中加入矿粉后的降低幅度最小，加入偏高岭土后降低幅度最大，临界孔径也均比不掺矿物掺合料的混凝土有所降低，即加入矿物掺合料后，混凝土孔径得到细化，孔径分布更为合理，矿物掺合料起着改善混凝土孔结构的作用，矿物掺合料改善混凝土孔结构的效果依次为：偏高岭土>硅粉>矿粉。

5.4.3　孔结构对混凝土宏观力学性能的影响

随着混凝土含气量、气泡间距系数、气泡平均弦长的增加，抗压、抗折强度减小，冻融损伤度增大。含气量是指硬化后混凝土中孔隙体积占总体积的百分比，含气量的增大，即孔隙体积增大，则导致混凝土的承压面积减小，承载力降低；在混凝土冻融作用初期时，气泡间距系数小，则混凝土中气泡分布较为紧密，其气泡结构分布均匀合理，强度高，而随着冻融次数的增加，混凝土中可冻水增加，部分气泡出现连通合并的现象，导致结构变得疏松，强度变低；气泡平均弦长可理解为气泡平均半径，气泡平均半径越小，说明混凝土中有害孔越少，无害孔越多，因此混凝土强度越高；孔径越小，冰点越低，成冰率越低，从而减小因结冰引起的对混凝土的破坏，因此混凝土的冻融损伤度越小。

另外，随比表面积的增加，抗压、抗折强度增大，冻融损伤度减小。孔比表面积是指硬化后的混凝土气孔的总面积与总体积的比值，孔比表面积越大，则说明孔隙中小孔径孔隙数量越多，大孔径孔隙数量越少，孔隙结构越致密，强度越高；另外孔比表面积越大，还说明孔分布较充分，对减缓混凝土冻融循环产生的膨胀应力更有利，因此冻融损伤度越小。

混凝土孔结构中，孔径大小的分布及所占比例对宏观性能有决定性的影响。此外，还有孔结构的其他方面（如孔隙率、孔形貌等因素）对混凝土的强度和耐久性都有影响。而身处于如此繁多而复杂的微观结构因素（甚至还有未知的因素）中，混凝土的宏观性能又主要受哪个或哪些因素影响，孔结构中哪些参数是影响其宏观性能的主要方面，仍需要进一步的研究。

5.5 冻融作用对混凝土孔结构的影响

5.5.1 混凝土孔隙结构与结冰规律

混凝土结构的冻融破坏过程是温度、荷载和渗流等多场作用的结果，由于其过程复杂，关于混凝土冻融破坏机理尚无统一理论。

混凝土冻害是由孔隙水冻结直接引起的。混凝土孔隙水与大体积水冻结情况不同。在孔隙中，孔隙水呈弯液面，饱和蒸汽压降低，因而孔隙水冰点下降，孔径越小，冰点越低。由热力学理论，可以得到孔径与温度关系为

$$R_{eq} = \frac{64}{|\theta|} \tag{5.1}$$

式中：θ 为温度；R_{eq} 为孔隙半径。

孔隙壁上有一层吸附水膜（厚度约 1nm）在极低温度下也不冻结，该吸附层厚度 W 为

$$W = 1.97\ |\theta|^{-\frac{1}{3}} \tag{5.2}$$

式中：W 为吸附层厚度。

由式（5.1）和式（5.2）相加可得，当温度为 θ 时，孔径大于 R_{peq} 的孔隙才会结冰。

$$R_{peq}=R_{eq}+W=\frac{64}{|\theta|}+1.97\ |\theta|^{-\frac{1}{3}} \tag{5.3}$$

假设孔隙中只有水和冰，无气相，混凝土完全饱水，有 $S_i+S_w=1$，S_i、S_w 分别为冰和水所占孔隙的比例。当温度为 θ 时，孔隙内水变为冰的体积含量 $V_{w\to i}$ 为

$$V_{w\to i}=O(R_{peq})-V_{ads} \tag{5.4}$$

式中：V_{ads} 为吸附层体积；O 为累计孔隙含量；O（R_{peq}）为孔径大于 R 的孔隙含量。

若假设孔隙为半径 r 的理想圆柱形，吸附层所占孔隙体积含量为 $2W/r$，则

$$V_{ads}=\int_{R_{peq}}^{\infty}\frac{2W}{r}\frac{dO}{dr}dr \tag{5.5}$$

式中：$\frac{dO}{dr}$为孔径分布。

由定义可知冰和水所占孔隙的比例分别为

$$S_i=V_{w\to i}/n \tag{5.6}$$

$$S_w=1-S_i \tag{5.7}$$

式中：n 为总孔隙率。

因此结冰速率（即温度每降低 1℃的结冰量）v_i 为

$$\begin{aligned}v_i&=\frac{dw_i}{d\theta}=d_w\frac{dV_{w\to i}}{d\theta}=d_w\frac{dV_{w\to i}}{dr}\frac{dr}{d\theta}=d_w\left(\frac{dO}{dr}-\frac{dV_{ads}}{dr}\right)\frac{dr}{d\theta}\\&=d_w\left(1-\frac{2W}{r}\right)\frac{dO}{dr}\frac{dr}{d\theta}\end{aligned}$$

式中：w_i 为结冰量；d_w 为水的密度。

5.5.2　混凝土冻融作用下的孔隙压力

由于毛细孔表面张力作用，孔隙中冰和水之间存在压力差，由 Laplace 公式可得

$$p_i-p_w=\frac{2V}{r} \tag{5.8}$$

式中：p_i 为孔隙冰压力；p_w 为孔隙水压力；r 为触面曲率半径；V 为冰与水间表面张力。

吸附层压力 c_w 与孔隙冰压力关系为

$$c_w=p_i-\frac{V}{r} \tag{5.9}$$

由式（5.8）和式（5.9）可得平均孔隙压力 p^*（包括结冰孔和未结冰孔两部分）为

$$p^*(\theta)=\frac{1}{n}\int_0^{R_{\mathrm{peq}}(\theta)}p_{\mathrm{w}}(\theta)\frac{\mathrm{d}O}{\mathrm{d}r}\mathrm{d}r+\frac{1}{n}\int_{R_{\mathrm{peq}}(\theta)}^{\infty}c_{\mathrm{w}}(\theta)\frac{\mathrm{d}O}{\mathrm{d}r}\mathrm{d}r$$
$$=p_{\mathrm{w}}(\theta)+\frac{V}{n}\int_{R_{\mathrm{peq}}(\theta)}^{\infty}\frac{1}{r-W}\frac{\mathrm{d}O}{\mathrm{d}r}\mathrm{d}r \tag{5.10}$$

5.5.3　混凝土冻融过程控制方程

段安等[8]研究表明混凝土冻融破坏是应力场、多孔体系中渗流场和温度场三者耦合作用的结果。

1. 应力场

对于多孔体系有

$$[\sigma]=[\sigma']-bp^*[I] \tag{5.11}$$

式中：σ 为应力；σ'为有效应力；p^* 为平均孔隙压力；I 为单位矩阵；b 为 Biot 系数，$b=1-K_0/K_{\mathrm{m}}$，K_0、K_{m} 分别为多孔体系和骨架的体积弹性模量。

有效应力与应变的关系为

$$\sigma'=HX^{\mathrm{e}}=H(X-X_{\mathrm{th}}) \tag{5.12}$$

$$X_{\mathrm{th}}=T^L(T-T_{\mathrm{ref}}) \tag{5.13}$$

式中：H 为刚度矩阵；X 为总应变；X^{e} 为弹性应变；X_{th}为温度应变；T^L 为线膨胀系数；T 为温度；T_{ref}为 $X_{\mathrm{th}}=0$ 时的参考点温度。

力学平衡微分方程为

$$\nabla\sigma+F=0 \tag{5.14}$$

式中：F 为体力。

那么在无外荷载情况下有

$$\begin{cases}\dfrac{Le'_x}{Lx}+\dfrac{Lf_{yx}}{Ly}+\dfrac{Lf_{zx}}{Lz}-b\dfrac{Lp^*}{Lx}=0\\[2mm]\dfrac{Lf_{yx}}{Lx}+\dfrac{Le'_y}{Ly}+\dfrac{Lf_{zy}}{Lz}-b\dfrac{Lp^*}{Ly}=0\\[2mm]\dfrac{Lf_{xz}}{Lx}+\dfrac{Lf_{yz}}{Ly}+\dfrac{Le'_z}{Lz}-b\dfrac{Lp^*}{Lz}=0\end{cases} \tag{5.15}$$

2. 多孔体系内渗流场

由质量守恒、各相本构方程及多孔体系内水分迁移所服从的达西定律[9]，可推导出

$$U_{p_{\mathrm{w}}}=\nabla\left(\frac{D}{Z}\nabla p_{\mathrm{w}}\right)+S-bX_{\mathrm{v}} \tag{5.16}$$

$$\begin{cases}U=\dfrac{nS_{\mathrm{w}}}{K_{\mathrm{w}}}+\dfrac{nS_i}{K_i}+\dfrac{b-n}{K_{\mathrm{m}}}\\[2mm]S=\left(\dfrac{1}{d_i}-\dfrac{1}{d_{\mathrm{w}}}\right)w_i+\Psi T-\dfrac{b-n}{K_{\mathrm{m}}}-\dfrac{nS_i}{K_i}V_{\kappa}\\[2mm]\Psi=nS_{\mathrm{w}}T_{\mathrm{w}}+nS_iT_i+(b-n)T_0\end{cases} \tag{5.17}$$

式中：D 为渗透系数；Z 为水的动力黏滞系数；X_v 为体应变；K_w、K_i 分别为水和冰的压缩模量；T_w、T_i 和 T_0 分别为水、冰和基质的体膨胀系数；d_i 为冰的密度；$k=2/R_{eq}$；其余符号如前所述。

3. 温度场

考虑了水相变潜热的热传导方程为

$$\mathrm{d}C\frac{LT}{Lt}=\nabla(\lambda\nabla T)+L\frac{Lw_i}{Lt} \tag{5.18}$$

其中

$$\begin{cases}\lambda=\dfrac{nS_w\lambda_w+nS_i\lambda_i+\lambda_m}{nS_w+nS_i+1}\\ C=\dfrac{nS_wC_w+nS_iC_i+C_m}{nS_w+nS_i+1}\end{cases} \tag{5.19}$$

式中：λ、λ_w、λ_i、λ_m 分别为体系、水、冰和基质的导热系数；C、C_w、C_i、C_m 分别为体系、水、冰和基质的比热；t 为时间；d 为体系密度；L 为水的相变潜热。

参 考 文 献

[1] J. Bear. 多孔介质流体动力学 [M]. 李竞生，陈崇希，译. 北京：中国建筑工业出版社，1983.

[2] 林瑞泰. 多孔介质传热传质引论 [M]. 北京：科学出版社，1995.

[3] 黄永平，张程宾. 多孔介质渗流行为的数值模拟研究 [J]. 建筑热能通风空调，2016，35 (4)：38-42.

[4] 吴中伟. 混凝土科学技术的反思 [J]. 混凝土，1988 (6)：5-7.

[5] 杜修力，金浏. 混凝土静态力学性能的细观力学方法述评 [J]. 力学进展，2011，41 (4)：411-426.

[6] 段平，严春杰. 海水环境下混凝土孔结构的演变 [C] //中国功能材料科技与产业高层论坛 [J]，西安，中国，2014.

[7] 陈磊，何俊辉，赵艳纳. 孔结构对水泥混凝土抗冻性的影响 [J]. 交通标准化，2009 (2-3)：70-74.

[8] 段安，钱稼茹. 混凝土冻融过程数值模拟与分析 [J]. 清华大学学报（自然科学版），2009，49 (9)：1441-1445.

[9] ZUBER B，MACHAND J. Predicting the volume instability of hydrated cement systems upon freezing using poro-mechanics and local phase equilibria [J]. Materials & Structures，2004，37 (5)：257-270.

第6章　混凝土的本构关系

本构即为材料的本质，在材料力学中是指应力-应变关系。对于不同的物质，在不同的变形条件下有不同的本构关系，也称为不同的本构模型。从本质上说，就是物理关系，建立的方程称为物理方程，它是材料的宏观力学性能的综合反映。从广义上说，就是广义力-变形（F－D）全曲线，即强度-变形规律。

结构或材料的本构关系一定要从宏观角度来分析和理解。这是因为每种材料、构件以及结构在各种受力阶段的性能可有许多不同的具体反应，但是若绘制出它的广义力-变形（F－D）全曲线，则各种不同反应的现象在曲线上都会有相类似和相对应的几何特征点，即在宏观上是一致的。从宏观角度看待本构关系可以更准确全面地了解观察对象的受力变化趋势。

随着混凝土结构多尺度问题的不断深入，细观层次的研究越来越受到关注。但不可否认的是，无论何种尺度，核心问题还是本构模型问题。制约细观研究的瓶颈就是计算量的限制。为确定物体在外部因素作用下的响应，除必须知道反应质量守恒、动量平衡、动量矩平衡、能量守恒等自然界普遍规律的基本方程外，还须知道描述构成物体的物质属性所特有的本构方程，才能在数学上得到封闭的方程组，并在一定的初始条件和边界条件下把问题解决。无论就物理或数学而言，刻画物质性质的本构关系是必不可少的。

6.1　混凝土本构模型

6.1.1　线弹性本构模型

1. 线弹性均质的本构模型

当混凝土无裂缝时，可以将混凝土看成线弹性均质材料，用广义胡克定律来表达本构关系[1-2]：

$$\sigma_{ij}=C_{ijkl}\varepsilon_{kl} \tag{6.1}$$

式中：C_{ijkl}为材料常数，为一四阶张量，一般有81个常数，如果材料为正交异性时，常数可减少至9个，如材料为各向均质时，可用两个常数λ、μ来表达，见式（6.2）λ、μ称为Lame常数：

$$\sigma_{ij}=2\mu\varepsilon_i+\lambda\varepsilon_{kk}\delta_{ij} \tag{6.2}$$

当 $i=j$，$\varepsilon_{kk}=\dfrac{\sigma_{kk}}{3\lambda+2\mu}$，代入式（6.2）得

$$\varepsilon_{ij}=\frac{\sigma_{ij}}{2}-\frac{\lambda\sigma_{ij}}{(3\lambda+2\mu)2\mu}\sigma_{kk} \tag{6.3}$$

E、v、λ、μ 之间的关系如下：

$$K=\frac{E}{3(1-2v)} \tag{6.4}$$

$$G=\frac{E}{2(1+v)} \tag{6.5}$$

$$E=\frac{9KG}{3K+G} \tag{6.6}$$

$$v=\frac{3K-2G}{2(3K+G)} \tag{6.7}$$

在工程计算中采用下列形式：

$$\varepsilon_{11}=\frac{\sigma_{11}}{E}-v\left(\frac{\sigma_{22}}{E}+\frac{\sigma_{33}}{E}\right) \tag{6.8}$$

同样可根据式（6.8）写出 ε_{22}、ε_{33} 的表达式：

$$\gamma_{11}=\frac{\tau_{12}}{G}-\frac{2(1+v)}{E}\tau_{12} \tag{6.9}$$

同样可根据式（6.9）写出 γ_{22}、γ_{33} 的表达式。

式（6.8）、式（6.9）用张量表示可写成

$$\varepsilon_i=\frac{1+v}{E}\sigma_{ij}-\frac{v}{E}\sigma_{kk}\delta_{ij} \tag{6.10}$$

$$\sigma_{ij}=\frac{E}{1+v}\varepsilon_{ij}-\frac{vE}{(1+v)(1-2v)}\varepsilon_{kk}\delta_{ij} \tag{6.11}$$

用矩阵形式表达时，可写成

$$\begin{Bmatrix}\sigma_x\\ \sigma_y\\ \sigma_z\\ \tau_{xy}\\ \tau_{yz}\\ \tau_{zx}\end{Bmatrix}=\frac{E}{(1+v)(1-2v)}\begin{bmatrix}1-v & v & v & 0 & 0 & 0\\ v & 1-v & v & 0 & 0 & 0\\ v & v & 1-v & 0 & 0 & 0\\ 0 & 0 & 0 & \dfrac{1-2v}{2} & 0 & 0\\ 0 & 0 & 0 & 0 & \dfrac{1-2v}{2} & 0\\ 0 & 0 & 0 & 0 & 0 & \dfrac{1-2v}{2}\end{bmatrix}\begin{Bmatrix}\varepsilon_x\\ \varepsilon_y\\ \varepsilon_z\\ \gamma_{xy}\\ \gamma_{yz}\\ \gamma_{zx}\end{Bmatrix} \tag{6.12}$$

2. 各向异性本构模型[3]

如果混凝土材料各向异性，则张量可表示为

$$\sigma_{ij}=C_{ijkl}\varepsilon_{kl} \tag{6.13}$$

用矩阵形式表达，式（6.13）可写成式（6.14）的形式：

$$\begin{Bmatrix}\sigma_{11}\\ \sigma_{22}\\ \sigma_{33}\\ \tau_{12}\\ \tau_{23}\\ \tau_{31}\end{Bmatrix}=\begin{bmatrix}c_{11} & c_{12} & c_{13} & c_{14} & c_{15} & c_{16}\\ c_{21} & c_{22} & c_{23} & c_{24} & c_{25} & c_{26}\\ c_{31} & c_{32} & c_{33} & c_{34} & c_{35} & c_{36}\\ c_{41} & c_{42} & c_{43} & c_{44} & c_{45} & c_{46}\\ c_{51} & c_{52} & c_{53} & c_{54} & c_{55} & c_{56}\\ c_{61} & c_{62} & c_{63} & c_{64} & c_{65} & c_{66}\end{bmatrix}\begin{Bmatrix}\varepsilon_{11}\\ \varepsilon_{22}\\ \varepsilon_{33}\\ \gamma_{11}\\ \gamma_{22}\\ \gamma_{33}\end{Bmatrix} \tag{6.14}$$

3. 正交异性本构模型[4]

如果将混凝土材料简化为正交异性材料，可以用式（6.15）的矩阵形式表示：

$$\begin{Bmatrix}\sigma_{11}\\ \sigma_{22}\\ \sigma_{33}\\ \tau_{12}\\ \tau_{23}\\ \tau_{31}\end{Bmatrix}=\begin{bmatrix}c_{11} & c_{12} & c_{13} & 0 & 0 & 0\\ c_{21} & c_{22} & c_{23} & 0 & 0 & 0\\ c_{31} & c_{32} & c_{33} & 0 & 0 & 0\\ 0 & 0 & 0 & c_{44} & 0 & 0\\ 0 & 0 & 0 & 0 & c_{55} & 0\\ 0 & 0 & 0 & 0 & 0 & c_{66}\end{bmatrix}\begin{Bmatrix}\varepsilon_{11}\\ \varepsilon_{22}\\ \varepsilon_{33}\\ \gamma_{11}\\ \gamma_{22}\\ \gamma_{33}\end{Bmatrix} \tag{6.15}$$

分块矩阵描述为

$$\begin{Bmatrix}\varepsilon_{11}\\ \varepsilon_{22}\\ \varepsilon_{33}\end{Bmatrix}=\begin{bmatrix}\frac{1}{E_1} & -\frac{v_{12}}{E_2} & -\frac{v_{13}}{E_3}\\ -\frac{v_{21}}{E_1} & \frac{1}{E_2} & -\frac{v_{23}}{E_3}\\ -\frac{v_{31}}{E_1} & -\frac{v_{32}}{E_2} & \frac{1}{E_3}\end{bmatrix}\begin{Bmatrix}\sigma_{11}\\ \sigma_{12}\\ \sigma_{13}\end{Bmatrix} \tag{6.16}$$

$$\begin{Bmatrix}\gamma_{12}\\ \gamma_{23}\\ \gamma_{31}\end{Bmatrix}=\begin{bmatrix}\frac{1}{G_{12}} & 0 & 0\\ 0 & \frac{1}{G_{23}} & 0\\ 0 & 0 & \frac{1}{G_{31}}\end{bmatrix}\begin{Bmatrix}\tau_{12}\\ \tau_{23}\\ \tau_{31}\end{Bmatrix} \tag{6.17}$$

4. 横观各向同性弹性体本构模型[5]

如果将混凝土材料简化为各向同性材料，则本构关系可用式（6.18）表示：

$$\{\sigma\}=[D]\{\varepsilon\} \tag{6.18}$$

其中

$$[D]=\frac{Ev}{(1+v_{HH})(1-v_{HH}-2nv_{VH}^2)}$$

$$\begin{bmatrix} n(1-nv_{VH}^2) & n(v_{HH}+nv_{VH}^2) & nv_{VH}(1+v_{HH}) & 0 & 0 & 0 \\ n(v_{HH}+nv_{VH}^2) & n(1-nv_{VH}^2) & nv_{VH}(1+v_{HH}) & 0 & 0 & 0 \\ nv_{VH}(1+v_{HH}) & nv_{VH}(1+v_{HH}) & 1-nv_{VH}^2 & 0 & 0 & 0 \\ 0 & 0 & 0 & m(1+v_{HH})\alpha & 0 & 0 \\ 0 & 0 & 0 & 0 & m(1+v_{HH})\alpha & 0 \\ 0 & 0 & 0 & 0 & 0 & \frac{1}{2}n\beta \end{bmatrix} \tag{6.19}$$

6.1.2 非线弹性本构模型

1. Cauchy 模型

Cauchy 模型[6]建立的各向同性一一对应的应力-应变关系为

$$\sigma_{ij}=F_{ij}(\varepsilon_{kl}) \tag{6.20}$$

式（6.20）可展开为

$$\sigma_{ij}=a_0\delta_i+a_1\varepsilon_{ij}+a_2\varepsilon_{ik}\varepsilon_{jk}+\cdots \tag{6.21}$$

根据 Caley - Hamilton 定理有

$$\sigma_{ij}=\bar{\varphi}_0\delta_{ij}+\bar{\varphi}_1\varepsilon_{ij}+\bar{\varphi}_2\varepsilon_{ik}\varepsilon_{jk} \tag{6.22}$$

但 Cauchy 模型在 $\bar{\varphi}_i$（$i=0$，1，2）时，一般不能满足 $\sigma_{ij}=2\mu\varepsilon_{ij}+\lambda\varepsilon_{kk}\delta_{ij}$。因而，Cauchy 模型在不同加载途径下得到的应变能和余能表达式不是唯一的或者不存在，不能满足弹性体能量守恒定律，但在单调比例加载途径下还是适用的。

2. Green 模型

Green 模型[7]是应用应变能和余能原理建立的各向同性材料非弹性本构关系。

$$\dot{\varepsilon}_{ij}=\left[\frac{\partial\varphi_1}{\partial\sigma_{kl}}\delta_{ij}+\varphi_2\delta_{ik}\delta_{jl}+\sigma_{ij}\frac{\partial\varphi_2}{\partial\sigma_{kl}}+\varphi_3(\sigma_{il}\delta_{jk}+\sigma_{jl}\delta_{ik})+\sigma_{im}\sigma_{jm}\frac{\partial\varphi_3}{\partial\sigma_{kl}}\right]\sigma_{kl} \tag{6.23}$$

其中，$\frac{\partial\varphi_1}{\partial\sigma_{kl}}=(B_1+2B_2\bar{I}_1+3B_6\bar{I}_1^2+2B_7\bar{I}_1)\delta_{kl}+(B_3+2B_7\bar{I}_1)\sigma_{kl}+B_9\sigma_{kn}\sigma_{ln}$；

$\frac{\partial\varphi_2}{\partial\sigma_{kl}}=(B_3+B_4+2B_7\bar{I}_1)\delta_{kl}+B_8\sigma_{kl}$；$\frac{\partial\varphi_3}{\partial\sigma_{kl}}=B_9\delta_{kl}$。

3. 全量式应力-应变关系采用 K_s、G_s 的模型

汤广来等[8]通过研究指出这种模型与线弹性均质材料的应力-应变关系相似，但采用割线模量代替 K、G。对于平面应力状态有

$$\begin{Bmatrix}\sigma_x\\ \sigma_y\\ \tau_{xy}\end{Bmatrix}=\frac{4G_s(3K_s+G_s)}{3K_s+4G_s}\begin{bmatrix}1 & \frac{3K_s-2G_s}{2(3K_s+2G_s)} & 0\\ \frac{3K_s-2G_s}{2(3K_s+G_s)} & 1 & 0\\ 0 & 0 & \frac{3K_s+4G_s}{4G_s(3K_s+G_s)}\end{bmatrix}\begin{Bmatrix}\varepsilon_x\\ \varepsilon_y\\ \gamma_{xy}\end{Bmatrix} \tag{6.24}$$

4. Kotsovos－Newman 全量式应力应变本构模型

Kotsovos－Newman 全量式应力应变本构模型基本特点是八面体正应力只产生八面体正应变，不产生八面体剪应变；八面体剪应力除了产生八面体剪应变外，还产生八面体正应变。

6.2　盐冻环境中混凝土本构关系特征

混凝土在单轴受压状态下的应力-应变关系，能全面反映混凝土各个受力阶段的变形特点和破坏过程，包含重要的力学性能指标。硫酸盐侵蚀和冻融循环对混凝土力学性能造成的损伤，可从应力-应变曲线上得到很好的反映，而受侵蚀混凝土强度、密实度和表面状态均会发生改变，因此必然引起单轴受压应力-应变关系发生变化。

6.2.1　单轴受压破坏特征

不同盐溶液、不同冻融次数下混凝土单轴受压破坏特征基本相同。刚加载时有细小裂纹出现，随着应力增加，裂纹增多并发生分叉、贯通；随着应变继续增加，试块表面可见多条不连续的纵向裂缝，在相邻缝隙间形成斜向裂缝并迅速发展，以至贯通整个截面，最终形成一个破裂带。硫酸盐溶液中试块的主裂缝呈现宽大、伸长特点。试验后剥开试块，发现破坏多发生在粗骨料表面和水泥砂浆内部，粗骨料本身很少破坏，说明硫酸盐侵蚀主要针对水泥石产生破坏，分解水化硅酸钙凝胶，导致混凝土强度降低。

6.2.2　峰值应变特征

硫酸盐溶液中混凝土峰值应变增长速度更快，尤其是硫酸镁溶液中更明显。冻融循环初期，侵蚀产物及盐结晶填充混凝土孔隙起到一定密实作用，混凝土刚度降低不明显，峰值应变增加缓慢；随着冻融次数增加，混凝土劣化程度加剧，混凝土内部结构逐渐疏松，刚度降低明显，峰值应变呈现快速增加趋势。

6.2.3　本构关系特征

在不同溶液中经过不同冻融次数后，混凝土应力-应变曲线变化趋势基本相同。随着冻融次数增加，应力-应变曲线上升段斜率逐渐降低，其长度也随之减小，曲线峰值点呈现下降和右移趋势，曲线逐渐变宽变扁。硫酸盐溶液中混凝土峰值应变明显右移，在冻融最后阶段更加明显，原因在于混凝土同时遭受硫酸盐侵蚀和冻融破坏共同作用，混凝土中微裂缝和孔隙增多，当试块受压时，垂直于压应力方向的微裂纹和孔洞受压闭合，因此在很小应力下，就能产生较大变形。

6.3　混凝土弹塑性本构模型

混凝土等非线性准脆性材料在不同的加载条件下，由于微裂缝的生长及贯通导致了刚度和强度的退化。因微裂缝接触面的不断生成，致使卸载后裂缝不能完全闭合，从而产生了不可恢复变形。组合弹塑性和损伤两种理论框架更适于建立一个切合实际的混凝土本构模型。

混凝土的弹塑性损伤被描述成各向同性（标量）或者各向异性（张量）。原始弹塑性模型中存在一些不足：

（1）不能较全面地描述混凝土复杂的力学特性。

（2）为了数值计算的方便，多数研究采用的是同类型的屈服函数，实际上这类屈服函数并不适用于混凝土类材料，即使是修正类型的屈服函数，也不能避免屈服面上存在尖点以及忽视罗德角影响这样的弊端。

（3）损伤面主要是通过应力或者应变来建立，即便是通过能量来建立也多为只考虑弹性能量释放率，少数考虑塑性部分的影响在模型建立方面需要引入大量的假设，带有一定臆断性，不能保证完全的热力学相容。这些问题直接导致当前的弹塑性损伤模型在应用上存在问题，即对于复杂加载条件下混凝土的力学性能的数值模拟结果误差较大，甚至失真，数值计算在弹性极限面的角点上不能保证收敛性。

为了增强数值计算效率，而且尽可能反映混凝土非线性特性，刘军等[9]基于热力学原理改进了前人的混凝土弹塑性损伤力学模型。即分别在塑性和损伤两种理论框架下考虑混凝土的非线性变形和刚度退化、软化效应，将塑性在有效应力空间中加以考虑；屈服面包含了各向同性硬化条件以及罗德角的影响，且平面问题的情况下光滑没有尖点，三维问题包含一个尖点；选择拉伸损伤和压缩损伤两个标量指标分别描述拉伸和压缩加载条件下混凝土的不同劣化特性；对塑性 Helmholtz 自由能进行修正，损伤能量释放率考虑了弹性和塑性两种不同机制的影响，并通过能量释放率建立了损伤面。

6.3.1 变量分解及热力学框架

1. 热力学基本原理

热力学第一、第二定律分别解释了自然界所有物理、化学过程中能量交换问题和交换的方向性问题，同时也适用于解释损伤过程中系统接受外界做功和向外界释放能量的问题以及微开裂不能愈合的问题。

热力学第一定律指出，不同形式的能量间可以相互转化而总和是守恒的。表述成流入体积 V 内的热流率 Q_m 与输入功率 P_m 之和，等于内能 $\dot{U}$ 变化率和动能 $\dot{K}$ 变化率之和：

$$Q_m + P_m = \dot{K} + \dot{U} \tag{6.25}$$

$$Q_m = -\int_V \mathrm{div}q\mathrm{d}V + \int_V \rho\gamma\mathrm{d}V \tag{6.26}$$

$$P_m = \frac{\mathrm{d}}{\mathrm{d}t}\int_V \frac{1}{2}\rho\upsilon\cdot\upsilon\mathrm{d}V + \int_V \sigma : \dot{\varepsilon}\mathrm{d}V \tag{6.27}$$

$$\dot{K} = \frac{\mathrm{d}}{\mathrm{d}t}\int_V \frac{1}{2}\rho\upsilon\cdot\upsilon\mathrm{d}V \tag{6.28}$$

$$\dot{U} = \frac{\mathrm{d}}{\mathrm{d}t}\int_V u\mathrm{d}V \tag{6.29}$$

式中：q 为沿体积的表面热流量；υ 为速度向量；γ 为物体单位质量的生成热；ρ 为质量密度；S 为体积 V 的表面积；u 为比内能。

将式（6.26）～式（6.29）代入式（6.25），因为 $\mathrm{d}V$ 是任意的，所以有

$$\rho\frac{\mathrm{d}u}{\mathrm{d}t} + \mathrm{div}q - \sigma : \dot{\varepsilon} - \rho\gamma = 0 \tag{6.30}$$

热力学第二定律揭示了孤立系统发生的过程总是沿体系熵增大的方向进行，即

$$\frac{\mathrm{d}}{\mathrm{d}t}\int_V \rho s\mathrm{d}V \geqslant \int_V \frac{\gamma}{\theta}\rho\mathrm{d}V - \int_S \frac{q\cdot n}{\theta}\mathrm{d}s \tag{6.31}$$

式中：θ 为系统温度；n 为外法向向量；s 为系统的熵。

由于 $\mathrm{d}V$ 的任意性，有

$$\frac{\mathrm{d}s}{\mathrm{d}\theta} - \frac{r}{\theta} + \frac{1}{\rho\theta}\mathrm{div}q - \frac{q}{\rho\theta^2}\mathrm{grad}\theta \geqslant 0 \tag{6.32}$$

式中：$\mathrm{grad}\theta$ 表示 θ 的梯度。

结合式（6.30）和式（6.32）得到

$$\sigma : \dot{\varepsilon} - \rho(\dot{u} - \theta\dot{s}) - \frac{q}{\theta}\mathrm{grad}\theta \geqslant 0 \tag{6.33}$$

Helmholtz 比自由能给出 $\dot{\phi}=\dot{u}-\theta\dot{s}$，代入上式得到

$$\sigma:\dot{\varepsilon}-\rho(\dot{\phi}+\theta\dot{s})-\frac{q}{\theta}\mathrm{grad}\theta\geqslant 0 \tag{6.34}$$

假定比自由能 ϕ 是内部状态变量 ε、ω 以及其他内部状态变量 ν_k 的函数。热力学第一、第二定律可以分别写成

$$\left(\sigma-\rho\frac{\partial\phi}{\partial\varepsilon}\right):\dot{\varepsilon}-\rho\left(s+\frac{\partial\phi}{\partial\theta}\right)\dot{\theta}-\rho\theta\dot{s}-\rho\frac{\partial\phi}{\partial\nu_k}:\nu_k-\rho\frac{\partial\phi}{\partial\omega}\dot{\omega}+\rho\gamma-\mathrm{div}q=0 \tag{6.35}$$

$$\left(\sigma-\rho\frac{\partial\phi}{\partial\varepsilon}\right):\dot{\varepsilon}-\rho\left(s+\frac{\partial\phi}{\partial\theta}\right)\dot{\theta}-\rho\theta\dot{s}-\rho\frac{\partial\phi}{\partial\nu_k}:\nu_k-\rho\frac{\partial\phi}{\partial\omega}\omega-\frac{q}{\theta}\mathrm{grad}\theta\geqslant 0 \tag{6.36}$$

由于热力学定律对于任何的应变速率和温度变化率都成立，保证上两式成立的必要条件是

$$\begin{cases}\sigma=\rho\dfrac{\partial\phi}{\partial\varepsilon}\\ s=-\dfrac{\partial\phi}{\partial\theta}\\ f_k=\rho\dfrac{\partial\phi}{\partial\nu_k}\\ Y=-\rho\dfrac{\partial\phi}{\partial\omega}\end{cases} \tag{6.37}$$

式（6.35）～式（6.37）给出了基于自由能的广义热力学的表达。

2. 变量分解

本构关系中变量分解基于混凝土两组不同性质的考虑，即弹性、塑性的不同变形特点与拉伸、压缩的不对称性。

在增量塑性理论[10]中，可以将总应变张量 ε 分解成弹性 ε_e 和塑性 ε_p 两个部分：

$$\varepsilon=\varepsilon_p+\varepsilon_e \tag{6.38}$$

式中：e、p 分别代表变量所对应的弹性和塑性部分。

为了考虑混凝土的拉、压不等性，可采用矩阵谱分解概念将有效应力分解成正、负两个部分[11]：

$$\bar{\sigma}=N^{+}:\bar{\sigma}+N^{-}:\bar{\sigma}=\bar{\sigma}^{+}+\bar{\sigma}^{-} \tag{6.39}$$

$$N^{+}=\sum_{i=1}^{3}H(\bar{\sigma}_i)p_i\otimes p_i\otimes p_i\otimes p_i;N^{-}=I_4-N^{+} \tag{6.40}$$

式中：N^{+}、N^{-} 为四阶有效应力投影张量；I_4 为四阶单位张量；H（）为 Heaviside 函数；$\bar{\sigma}_i$（$i=1$，2，3）为有效应力主值；p_i 为对应于 $\bar{\sigma}_i$ 的方向向量。

这种分解便于解决混凝土的单边效应问题。

根据有效应力的概念，得到名义应力正、负部分：

$$\sigma^{\pm}=(1-\omega^{\pm})\bar{\sigma}^{\pm}=M^{\pm}:\bar{\sigma} \tag{6.41}$$

将式（6.41）代入到式（6.39）中得到名义应力和有效应力的关系为

$$\sigma=[(1-\omega^{+})N^{+}+(1-\omega^{-})N^{-}]:\bar{\sigma}=M:\bar{\sigma} \tag{6.42}$$

式中：M 为应力张量从有效构型向名义构型投影的四阶张量，称为损伤影响张量。这种表达也方便将其推广为可考虑各向异性的模型。

考虑到损伤不仅影响弹性变形，对塑性变形也产生影响，Helmholtz 比自由能表达成四部分之和：

$$\begin{aligned}\psi(\varepsilon_e,q,\omega^{+},\omega^{-})&=\psi^{+}(\varepsilon_e,q,\omega^{+})+\psi^{-}(\varepsilon_e,q,\omega^{-})\\&=\psi_e^{+}(\varepsilon_e,\omega^{+})+\psi_p^{+}(q,\omega^{+})+\psi_e^{-}(\varepsilon_e,\omega^{-})+\psi_p^{-}(q,\omega^{-})\end{aligned} \tag{6.43}$$

式中：q 为塑性硬化参量。

式（6.43）的表达实质上包含了将弹性和塑性解耦处理的信息，但并非完全解析，而是通过损伤变量将两者联系在一起。构造名义构型下具体的弹、塑性 Helmholtz 比自由能分量如下：

$$\psi_e^{\pm}(\varepsilon^e,\omega^{\pm})=(1-\omega^{\pm})\psi_{e0}^{\pm}(\varepsilon^e,0) \tag{6.44}$$

$$\psi_p^{\pm}(q,\omega^{\pm})=(1-\omega^{\pm})\psi_{p0}^{\pm}(q,0) \tag{6.45}$$

式中：$\psi_{e0}^{\pm}$、$\psi_{p0}^{\pm}$ 分别为初始无损伤条件下系统的弹、塑性 Helmholtz 比自由能。

拉伸和压缩初始塑性 Helmholtz 比自由能可以通过引入一个比例因子 r 来分解总的初始塑性比自由能。为正、负两个部分来得到

$$\begin{cases}\psi_{p0}^{\pm}=r\psi_{p0}\\ \psi_{p0}^{-}=(1-r)\psi_{p0}\end{cases} \tag{6.46}$$

$$r=\sum_i \bar{\sigma}_i^{+}\Big/\sum_i|\bar{\sigma}_i| \tag{6.47}$$

式中：$\bar{\sigma}_i^{+}$、$\bar{\sigma}_i$ 分别为 $\bar{\sigma}^{+}$ 和 $\bar{\sigma}$ 的第 i 个特征值。

3. 热力学框架

将式（6.43）求导后代入式（6.36）得

$$\left(\sigma^{+}-\frac{\partial\psi_e^{+}}{\partial\varepsilon_e}\right):\varepsilon_e+\left(\sigma^{-}-\frac{\partial\psi_e^{-}}{\partial\varepsilon_e}\right):\varepsilon_e+\sigma:\varepsilon_p-\frac{\partial\psi^{+}}{\partial\omega^{+}}\dot{\omega}^{+}-\frac{\partial\psi^{-}}{\partial\omega^{-}}\dot{\omega}^{-}-\frac{\partial\psi_p}{\partial p}\dot{q}\geqslant 0 \tag{6.48}$$

式（6.37）的具体形式变为

$$\begin{cases}\sigma^{\pm}=\dfrac{\partial\psi_e^{\pm}}{\partial\varepsilon_e}\\ Y^{\pm}=-\dfrac{\partial\psi^{\pm}}{\partial\omega^{\pm}}\\ h(q)=-\dfrac{\partial\psi_p}{\partial q}\end{cases} \tag{6.49}$$

式中：Y 为能量释放率；h（q）为硬化函数。

系统总耗散率可以定义成

$$\dot{\Gamma}=\sigma:\varepsilon_p+Y^+\dot{\omega}^++Y^-\dot{\omega}^-+h\dot{q}\geqslant 0 \tag{6.50}$$

式（6.50）表明系统耗散包含了损伤和塑性两种机制影响，为了便于后面的推导，可假定两者是相互独立的[12]，并分别满足：

$$\begin{cases}\dot{\Gamma}_p=\sigma:\varepsilon_p+h\dot{q}\geqslant 0\\ \dot{\Gamma}_d=Y^+\dot{\omega}^++Y^-\dot{\omega}^-\geqslant 0\end{cases} \tag{6.51}$$

式中：$\dot{\Gamma}_p$、$\dot{\Gamma}_d$ 分别为总耗散率的塑性和损伤部分；下标 d 表示变量所对应的损伤部分。

引入 Lagrange 塑性乘子 $\dot{\lambda}_p$ 和损伤乘子 $\dot{\lambda}_d$，将耗散率和塑性势 g_p 及损伤势 $g_d^{\pm}$ 组合成一目标函数：

$$\Xi=\dot{\Gamma}-\dot{\lambda}_p g_p-\dot{\lambda}_d^+ g_d^+-\dot{\lambda}_d^- g_d^-\geqslant 0 \tag{6.52}$$

最大耗散原理要求目标函数对广义热力学力的偏导数必须为零，即

$$\begin{cases}\dfrac{\partial\Xi}{\partial\sigma}=0\\ \dfrac{\partial\Xi}{\partial h}=0\\ \dfrac{\partial\Xi}{\partial Y^{\pm}}=0\end{cases} \tag{6.53}$$

结合式（6.52）和式（6.53），有下列关系成立：

$$\begin{cases}\dot{\varepsilon}_p=\dot{\lambda}_p\dfrac{\partial g_p}{\partial\sigma}\\ \dot{q}=\dot{\lambda}_p\dfrac{\partial g_p}{\partial h}\\ \dot{\omega}^{\pm}=\dot{\lambda}_d^{\pm}\dfrac{\partial g_d}{\partial Y^{\pm}}\end{cases} \tag{6.54}$$

值得注意的是，如果采用有效应力空间中的塑性势 $\bar{g}_p$，在式中对 σ 和 h 求偏导数则相应地变为对 $\bar{\sigma}$ 和 $\bar{h}$ 求偏导数。

6.3.2 率不相关弹塑性损伤本构模型的推导

1. 弹性部分

由于有效应力 $\bar{\sigma}$ 是定义在无损构型中，因此由广义胡克定律有

$$\bar{\sigma}=D_0:\varepsilon_e=D_0:(\varepsilon-\varepsilon_p) \tag{6.55}$$

式中：D_0 为四阶弹性刚度张量；下标“0”代表在无损构型中定义物理量。

由式（6.55）可见，有效应力形式上可以视作只与初始弹性刚度和弹性应

变张量相关，这为后面的数值计算带来了便利。

2. 塑性部分

为了便于数值计算，将弹塑性和损伤变形进行解耦，即塑性只考虑建立在有效构型中，无须考虑损伤的影响，而损伤受到弹性和塑性的共同影响，即两种变形影响能量释放率从而驱动损伤演化。这意味着塑性和损伤两种机制的相互作用关系是：在当前加载步中塑性直接影响损伤，而损伤对塑性的影响将在下一加载步中得以反映。这种处理本身也不失正确性。

在经典的塑性理论中，屈服准则是核心问题。Gerstle 等[13]试验表明混凝土的屈服面具有下列特点：

(1) 空间上是一个光滑的曲面，无论在偏平面上还是在子午面上，截线都是凸曲线。

(2) 在静水拉力或低静水压力下破坏迹面近似为三角形，而在高静水压力下逐渐外凸，接近圆形。

(3) 偏平面上，破坏迹面半径依赖于 Lode 角 $\bar{\theta}$。

因此，有效构型下的屈服函数在 Haigh - westergaardz 坐标系中可以统一表达成

$$\bar{f}=\bar{f}(\bar{\xi},\bar{\rho},\bar{\theta}) \tag{6.56}$$

式中：$\bar{\xi}$ 为静水长度，$\bar{\xi}=\dfrac{\bar{I}_1}{\sqrt{3}}$；$\bar{\rho}$ 为偏长度，$\bar{\rho}=\sqrt{2\bar{J}_2}$；$\bar{I}_1$ 为有效应力张量第一不变量；$\bar{J}_2$ 为有效偏应力张量 $\bar{s}$ 的第二不变量。

在 Haigh - westergaardz 坐标系下，屈服函数具体表示成

$$\bar{f}=\bar{f}(\bar{\xi},\bar{\rho},\bar{\theta})=a\bar{\rho}^2+b\mu(\bar{\theta})\bar{h}(\bar{q})\bar{\rho}+c\bar{\xi}-\bar{h}(\bar{q})=0 \tag{6.57}$$

式中：a、b、c 为试验常数；$\bar{h}(\bar{q})$ 为硬化参量 $\bar{q}$ 的函数，定义成

$$\bar{h}=\bar{h}(\bar{q})=\begin{cases}\dfrac{f_c}{1+\alpha}\left(1+\dfrac{2\alpha\bar{q}}{\bar{q}_0}-\dfrac{\alpha\bar{q}^3}{\bar{q}_0^3}\right) & (\bar{q}\leqslant\bar{q}_0)\\ f_c & (\bar{q}>\bar{q})\end{cases} \tag{6.58}$$

式中：$\alpha=\dfrac{f_c}{f_{cs}}$，从单轴压缩试验获得；$f_{cs}$ 为单轴压缩初始屈服应力；f_c 为单轴压缩强度。

$\bar{q}_0$ 为 $\bar{h}$ 初始达到峰值时对应的硬化参量值，可以定义成与 Lord 角相关的函数：

$$\bar{q}_0(\bar{\theta})=\bar{q}_{10}+(\bar{q}_{20}-\bar{q}_{10})\sin^2\frac{3}{2}\bar{\theta} \tag{6.59}$$

式中：$\bar{q}_{10}$、$\bar{q}_{20}$分别代表单轴压缩、双轴等强度压缩情况下峰值应力所对应的等效塑性应变值，$\bar{q}_{10}=\bar{q}_0\left(\frac{\pi}{3}\right)$，$\bar{q}_{20}=\bar{q}_0$（0）。

μ是用来刻画偏平面中破坏迹线形状的参数，采用如下形式：

$$\mu(\bar{\theta})=\begin{cases}\cos\left\{\frac{1}{3}\arccos[\kappa\cos(3\bar{\theta})]\right\} & [\cos(3\bar{\theta})\geqslant 0]\\ \cos\left\{\frac{\pi}{3}-\frac{1}{3}\arccos[-\kappa\cos(3\bar{\theta})]\right\} & [\cos(3\bar{\theta})<0]\end{cases} \tag{6.60}$$

式中：κ由试验确定，$\kappa\leqslant 1$。

殷有泉[14]研究指出，当混凝土中已经产生了损伤后，关联流动法则不再适用。非关联流动法则更适用于描述混凝土的塑性流动，塑性势函数定义为

$$\bar{g}_{\mathrm{p}}(\bar{\xi},\bar{\rho},\bar{q})=a\bar{\rho}^2+b\bar{h}(\bar{q})\bar{\rho}+c\bar{\xi} \tag{6.61}$$

$$\dot{\varepsilon}_{\mathrm{p}}=\dot{\lambda}_{\mathrm{p}}\frac{\partial g}{\partial \sigma}=\dot{\lambda}_{\mathrm{p}}[2a\bar{s}+(b\bar{h}/\rho)\bar{s}+cI/\sqrt{3}]=\dot{\lambda}_{\mathrm{p}}m \tag{6.62}$$

式中：m为塑性流动方向张量。

将式（6.61）、式（6.62）代入到式（6.54）中得到硬化参量的演化规律：

$$\dot{\bar{q}}=\frac{b\bar{\rho}}{\sqrt{(2a\bar{\rho}+b\bar{h})^2+c^2}}\sqrt{\dot{\varepsilon}_{\mathrm{p}}:\dot{\varepsilon}_{\mathrm{p}}}=\frac{b\bar{\rho}\dot{\lambda}_{\mathrm{p}}\|m\|}{\sqrt{(2a\bar{\rho}+b\bar{h})^2+c^2}}=\dot{\lambda}_{\mathrm{p}}b\bar{\rho}=\dot{\lambda}_{\mathrm{p}}\Omega \tag{6.63}$$

值得注意的是，很多文献中给出的硬化参量演化规律并不与塑性势函数相关联，一般是假设其形式[15]，如$\dot{\bar{q}}=\sqrt{\frac{2}{3}\dot{\varepsilon}_{\mathrm{p}}:\dot{\varepsilon}_{\mathrm{p}}}$，因此不能保证热力学相容。而式（6.63）是较严格意义上的热力学一致性表达，$\dot{\bar{q}}=\sqrt{\frac{2}{3}\dot{\varepsilon}_{\mathrm{p}}:\dot{\varepsilon}_{\mathrm{p}}}$也是其中一个特例。

Kuhn - Tucker 加载、卸载准则和塑性一致性条件分别为

$$\begin{cases}\bar{f}\leqslant 0\\ \dot{\lambda}_{\mathrm{p}}\bar{f}=0\\ \dot{\lambda}_{\mathrm{p}}\geqslant 0\end{cases} \tag{6.64}$$

$$\dot{\bar{f}}=\partial\bar{f}/\partial\bar{\sigma}:\dot{\bar{\sigma}}+\partial\bar{f}/\partial\bar{q}\,\dot{\bar{q}}=0 \tag{6.65}$$

结合式（6.57）、式（6.63）和式（6.65）可获得塑性一致性乘子为

$$\dot{\lambda}_{\mathrm{p}}=\frac{\partial\bar{f}/\partial\bar{\sigma}:D_0:\dot{\varepsilon}}{\partial\bar{f}/\partial\bar{\sigma}:D_0:\partial\bar{g}_{\mathrm{p}}/\partial\bar{\sigma}-\partial\bar{f}/\partial\bar{q}\Omega} \tag{6.66}$$

再将式（6.62）、式（6.66）代入式（6.55）中，得到率形式的有效应力-

应变关系为

$$\dot{\bar{\sigma}} = D_{ep0} : \dot{\varepsilon} \tag{6.67}$$

式中：D_{ep0} 为有效构型下弹塑性连续切线刚度张量，具体表达式可推导出

$$D_{ep0} = D_0 - \frac{(D_0 : \partial \bar{g}_p / \partial \bar{\sigma}) \otimes (D_0 : \partial \bar{f} / \partial \bar{\sigma})}{\partial \bar{f} / \partial \bar{\sigma} : D_0 : \partial \bar{g}_p / \partial \bar{\sigma} - \partial \bar{f} / \partial \bar{q} \Omega} \tag{6.68}$$

特别强调，由于非关联流动法则的使用，弹塑性连续切线刚度张量并非对称的。

屈服函数以及塑性势函数对有效应力张量的偏导数可以归纳为

$$\frac{\partial \bar{f}}{\partial \bar{\sigma}} = \frac{\partial \bar{f}}{\partial \bar{\xi}} \frac{\partial \bar{\xi}}{\partial \bar{\sigma}} + \frac{\partial \bar{f}}{\partial \bar{\rho}} \frac{\partial \bar{\rho}}{\partial \bar{\sigma}} + \frac{\partial \bar{f}}{\partial \bar{\mu}} \frac{\partial \bar{\mu}}{\partial \bar{\theta}} \frac{\partial \bar{\theta}}{\partial \bar{\sigma}} = (2a\bar{\rho} + b\mu \bar{h}) \frac{1}{\bar{\rho}} \bar{s} + \frac{c}{\sqrt{3}} I + b\bar{h}\bar{\rho} \frac{\partial \bar{\mu}}{\partial \bar{\theta}} \frac{\partial \bar{\theta}}{\partial \bar{\sigma}} \tag{6.69}$$

$$\frac{\partial g_p}{\partial \bar{\sigma}} = \frac{\partial g_p}{\partial \bar{\xi}} \frac{\partial \bar{\xi}}{\partial \bar{\sigma}} + \frac{\partial g_p}{\partial \bar{\rho}} \frac{\partial \bar{\rho}}{\partial \bar{\sigma}} = (2a\bar{\rho} + b\mu \bar{h}) \frac{1}{\bar{\rho}} \bar{s} + \frac{c}{\sqrt{3}} I \tag{6.70}$$

$$\frac{\partial \bar{\xi}}{\partial \bar{\sigma}} = \frac{1}{\sqrt{3}} I;\ \frac{\partial \bar{\rho}}{\partial \bar{\sigma}} = \frac{1}{\bar{\rho}} \bar{s} \tag{6.71}$$

$$\frac{\partial \mu}{\partial \theta} = \begin{cases} -\dfrac{\kappa \sin 3\bar{\theta} \sin\left[\dfrac{1}{3}\arccos(\kappa \cos 3\bar{\theta})\right]}{\sqrt{1-\kappa^2 \cos^2 3\bar{\theta}}} & (\cos 3\bar{\theta} \geqslant 0) \\ -\dfrac{\kappa \cos 3\bar{\theta} \left[\dfrac{\pi}{6} + \dfrac{1}{3}\arccos(-\kappa \cos 3\bar{\theta})\right] \sin 3\bar{\theta}}{\sqrt{1-\kappa^2 \cos^2 3\bar{\theta}}} & (\cos 3\bar{\theta} < 0) \end{cases} \tag{6.72}$$

$$\frac{\partial \bar{\theta}}{\partial \bar{\sigma}} = \frac{\sqrt{3}}{2|\sin \bar{\theta}|} \left(J_2^{-\frac{3}{2}} \frac{\partial \bar{J}_3}{\partial \bar{\sigma}} - \frac{3\bar{J}_3}{2\bar{J}_2^{\frac{3}{2}}} \frac{\partial \bar{J}_2}{\partial \bar{\sigma}} \right) \tag{6.73}$$

$$\frac{\partial \bar{J}_3}{\partial \bar{\sigma}} = \bar{s} \cdot \bar{s} - \frac{2}{3} \bar{J}_3 I;\ \frac{\partial \bar{J}_2}{\partial \bar{\sigma}} = \bar{s} \tag{6.74}$$

$$\begin{aligned} \frac{\partial^2 \bar{g}_p}{\partial \bar{\sigma} \otimes \partial \bar{\sigma}} = & \left(\frac{\partial^2 \bar{g}_p}{\partial \bar{\xi}^2} \frac{\partial \bar{\xi}}{\bar{\sigma}} + \frac{\partial^2 \bar{g}_p}{\partial \bar{\xi} \partial \bar{\rho}} \frac{\partial \bar{\rho}}{\bar{\sigma}} \right) \otimes \frac{\partial \bar{\xi}}{\partial \bar{\sigma}} + \frac{\partial^2 \bar{g}_p}{\partial \bar{\xi}} \frac{\partial^2 \bar{\xi}}{\partial \bar{\sigma} \otimes \partial \bar{\sigma}} + \\ & \left(\frac{\partial^2 \bar{g}_p}{\partial \bar{\xi} \partial \bar{\rho}} \frac{\partial \bar{\xi}}{\bar{\sigma}} + \frac{\partial^2 \bar{g}_p}{\partial \bar{\rho}^2} \frac{\partial \bar{\rho}}{\bar{\sigma}} \right) \otimes \frac{\partial \bar{\rho}}{\bar{\sigma}} + \frac{\partial \bar{g}_p}{\partial \bar{\rho}} \frac{\partial^2 \bar{\rho}}{\partial \bar{\sigma} \otimes \partial \bar{\sigma}} \end{aligned} \tag{6.75}$$

$$\frac{\partial^2 \bar{\xi}}{\partial \bar{\sigma} \otimes \partial \bar{\sigma}} = 0;\ \frac{\partial^2 \bar{\rho}}{\partial \bar{\sigma} \otimes \partial \bar{\sigma}} = \frac{1}{\rho} \left(\delta_{ik} \delta_{jl} - \frac{1}{3} I \otimes I \right) - \frac{\bar{s} \otimes \underline{s}}{\bar{\rho}^3} \tag{6.76}$$

需要补充几点说明，依式（6.72），对于平面应力问题有 $\bar{\rho} =$

$\sqrt{\frac{\sigma_1^2-\sigma_1\sigma_2+\sigma_2^2}{3}}$，无论两个主应力比例关系如何，都满足条件 $\bar{\rho}\neq 0$，即 $\sigma_1=\sigma_2$，$\bar{\rho}=\sqrt{\frac{2}{3}}\sigma_1\neq 0$。

3. 损伤部分

将式（6.43）代入式（6.49）中，得到能量释放率表达式为

$$Y^{\pm}=Y_e^{\pm}+Y_\rho^{\pm} \tag{6.77}$$

式中：$Y_e^{\pm}$、$Y_\rho^{\pm}$ 分别为能量释放率的弹性和塑性部分，$Y_e^{\pm}=\psi_{e0}^{\pm}$、$Y_\rho^{\pm}=\psi_{p0}^{\pm}$。

初始弹性 Helmhohz 比自由能可以取作弹性变形能[16]：

$$\psi_{p0}^{\pm}=\frac{1}{2}\bar{\sigma}^{\pm}:\varepsilon^{e}=\frac{1}{2}\bar{\sigma}^{\pm}:C_0:\bar{\sigma} \tag{6.78}$$

式中：C_0 为初始柔度张量。

Wu 等[17]研究时将塑性 Helmhohz 比自由能定义成塑性功 $\int\bar{\sigma}:\mathrm{d}\varepsilon^{p}$。根据式（6.49）的第3式可以看出，塑性 Helmhohz 比自由能也与硬化参量相关。因此为了更全面地反映热力学相容条件，本书在确定塑性 Helmhohz 比自由能时增加了 $-\int\bar{h}\mathrm{d}\bar{q}$ 项，即定义 ψ_{p0} 为

$$\psi_{p0}=\int\bar{\sigma}:\mathrm{d}\varepsilon^{p}-\int\bar{h}\mathrm{d}\bar{q} \tag{6.79}$$

将式（6.79）代入到式（6.49）的第3式，其关系方可成立，不等式（6.48）也才可满足。

将式（6.62）和式（6.63）分别代入到式（6.79）中得到

$$\int\bar{\sigma}:\mathrm{d}\varepsilon^{p}=\lambda_m[2a\bar{p}^2+b\bar{h}\bar{p}+c\bar{\xi}] \tag{6.80}$$

$$\int\bar{h}\mathrm{d}\bar{q}=\begin{cases}\dfrac{f_c}{1+\alpha}\left(\bar{q}+\dfrac{\alpha\bar{q}^3}{\bar{q}_0}-\dfrac{2\alpha\bar{q}^3}{3\bar{q}_0^2}\right) & (\bar{q}\leqslant\bar{q}_0)\\ \dfrac{(3+\alpha)}{3(1+\alpha)}f_c\bar{q}_0+f_c(\bar{q}-\bar{q}_0) & (\bar{q}>\bar{q}_0)\end{cases} \tag{6.81}$$

参数 λ_m 可依单轴压缩和双轴等强度压缩下，式（6.82）中 $Y_{R0}^{\pm}$ 相等的条件来确定，即

$$Y^{\pm}\Big|_{\bar{q}=0}^{\text{单轴压缩}}=Y^{\pm}\Big|_{\bar{q}=0}^{\text{双轴压缩}}=Y_{RO}^{\pm} \tag{6.82}$$

从而可得

$$\lambda_m=\frac{3[f_{bc}-2(1-v_0)f_{bs}^2]}{2E_0[4a(f_{bs}^2-f_{cs}^2)+\sqrt{6}bf_{cs}(f_{bs}-f_{cs})-\sqrt{3}c(2f_{bs}-f_{cs})]} \tag{6.83}$$

式中：E_0、v_0 分别为初始弹性模量和泊松比；f_{bs} 为双轴压缩初始屈服应力。

根据式（6.54），为了确定损伤变量的演化规律需要明确损伤准则的表达。损伤面的定义有应变型、应力型等。基于能量释放率定义损伤面为

$$g_d^{\pm}=Y^{\pm}-Y_{R0}^{\pm}+\frac{Y_{R0}^{\pm}}{m^{\pm}}\ln\left[\frac{Y^{+}}{Y_{R0}^{\pm}}(1-\omega^{\pm})\right] \tag{6.84}$$

式中：$Y_{R0}^{\pm}$ 为初始损伤能量释放率门槛值，由式（5.82）确定。$m^{\pm}$ 为损伤面形状参数。

参数 $m^{\pm}$ 实质上控制了混凝土的软化特性，可以表达成[18]

$$m^{\pm}=\left[\frac{G_f^{\pm}E_0}{lf_{s0}^{\pm 2}}-\frac{1}{2}\right]\geqslant 0 \tag{6.85}$$

式中：$G_f^{\pm}$ 为断裂能。

断裂能参数 $G_f^{\pm}$ 在模型中是一个非常敏感的参数，决定了混凝土不同的软化规律，由此而导致应力-应变关系表现出不同的软化行为。Bāzant 等[19]研究指出混凝土断裂能具有尺寸效应并依赖于粗骨料的最大粒径 d_{max}。Trunk 等[20]通过试验给出混凝土拉伸断裂能 G^+ 与 d_{max} 之间的关系，即 $G^+=\alpha d_{max}^{\beta}$，其中 α 和 β 是两个材料常数。压缩断裂能 G^- 理解成应力-位移曲线下包围的面积，根据众多国内外试验数据整理对比，可以设定成 50～100G^+。l 为特征长度，一般可以取有限单元网格中较小的尺寸。Bazant 给出了特征长度和最大骨料粒径的关系为 $l=2.7d_{max}$。此外，式中 $f_{s0}^-=f_{cs}$，$f_{s0}^+=f_{ts}$，f_{cs} 和 f_{ts} 分别为拉伸、压缩初始屈服应力；当拉伸不考虑塑性变形时，$f_{s0}^+=f_t$。

损伤一致性条件可写成

$$\dot{g}_d^{\pm}=\frac{\partial g_d^{\pm}}{\partial Y^{\pm}}\dot{Y}^{\pm}+\frac{\partial g_d^{\pm}}{\partial \omega^{\pm}}\dot{\omega}^{\pm}=0 \tag{6.86}$$

将式（6.84）代入式（6.86）中，得到损伤的演化方程为

$$\dot{\omega}^{\pm}=-\frac{\dfrac{\partial g_d^{\pm}}{\partial Y^{\pm}}}{\dfrac{\partial g_d^{\pm}}{\partial \omega^{\pm}}}\dot{Y}^{\pm}=y^{\pm}(\omega^{\pm})\dot{Y}^{\pm}\geqslant 0 \tag{6.87}$$

$$y^{\pm}(\omega^{\pm})=\frac{(1-\omega^{\pm})(m^{\pm}Y^{\pm}+Y_{RO}^{\pm})}{Y^{\pm}Y_{RO}^{\pm}} \tag{6.88}$$

6.3.3　率相关弹塑性损伤本构模型

混凝土的率敏感性已经被大量试验所证实，因此必须发展一个率相关的损伤本构模型来模拟这一力学现象。通过对损伤演化条件进行黏性化处理来考虑率混凝土的率敏感性，在率不相关模型基础上拓展其成为率相关的损伤模型。已有的黏性损伤模型已经能很好地反映峰值强度、软化段的率敏感性，但不能

描述弹性性质的率相关性，因此，可利用一个附加的弹性率相关条件来考虑弹性的率相关特性。对比考虑 Perzyna[21] 黏性化和 Duvaut 等[22] 黏性化两种方法的优缺点，由于某些情况下 Perzyna 黏性化不能退化成率不相关模型[23]，下面采用 Duvaut - Lions 黏性化方法，黏性条件写成

$$\dot{\varepsilon}_{v}=\frac{1}{\eta}C_{v}:[\sigma-M_{v}:\bar{\sigma}] \tag{6.89}$$

式中：$\dot{\varepsilon}_{v}$ 为非弹性应变张量；C_v、M_v 分别为柔度张量和损伤效应张量；$\bar{\sigma}$ 为从率不相关骨架模型中计算得到的有效应力；η 为黏性系数，用来刻画黏性松弛时间；下标 v 代表经黏性规则化处理的物理量。

在式（6.55）中，用来代替并结合式（6.42）得到考虑率效应的应力-应变关系为

$$\sigma=D_{v}:(\varepsilon-\varepsilon_{v}) \tag{6.90}$$

$$D_{v}=[I-(\omega_{v}^{+}N^{+}+\omega_{v}^{-}N^{-})]:D_{v0}=M_{v}:D_{v} \tag{6.91}$$

式中：D_v 为刚度张量；D_{v0} 为考虑率效应初始刚度张量。

可将式（6.68）中 D_0 的分量中 E_0 换成式（6.92）中的 E_{v0} 来获得。

根据混凝土的动力试验结果，给出一个附加弹性条件，用以考虑弹性的率相关效应：

$$E_{v0}=E_{0s}\left[1.0+\zeta\ln\left(\frac{\dot{\varepsilon}}{\dot{\varepsilon}_{s}}\right)\right] \tag{6.92}$$

式中：E_{v0} 为当前应变速率 $\dot{\varepsilon}$ 所对应的弹性模量；ζ 为弹性附加常数，由试验确定；下标 s 为相应的准静态物理量。

结合式（6.89）、式（6.90）得到黏性非弹性应变率为

$$\dot{\varepsilon}_{v}=\frac{1}{\eta}(\varepsilon_{p}-\varepsilon_{v}) \tag{6.93}$$

类似地，损伤变量经过黏性化处理得到的率形式可写为

$$\dot{\omega}_{v}^{+}=\frac{1}{\eta}(\omega^{\pm}-\omega_{v}^{\pm}) \tag{6.94}$$

式中：$\omega^{\pm}$ 为损伤变量，通过率不相关模型求得。

6.4　混凝土随机损伤本构模型

为了科学地描述混凝土材料性质的随机性并反映混凝土材料的随机损伤机制，Breysse 等[24]、Kandarpa 等[25] 将确定性损伤力学扩展，通过随机的损伤演化法则描述混凝土随机的损伤演化过程，基于微弹簧模型发展了早期的混凝土随机损伤本构模型。细观随机断裂损伤本构模型，将材料细观损伤的产生与发展凝练、抽象为简单的力学模型，并由此给出损伤演化法则。然而，在这样

的抽象过程中，一方面简化了模型，另一方面也使得损伤发展过程中材料内部应力的复杂演化关系被简单化处理，从而使模型对复杂物理过程的反应能力受到了削弱。

随着计算力学、多尺度方法的发展，学者们试图直接从材料微缺陷入手、给出裂纹发展与损伤演化之间的定量关系，发展了多尺度损伤模型。早期的多尺度损伤模型，将不均匀材料考虑为两相介质复合材料用以研究纤维增强材料。随着研究的深入，研究重点则逐渐变为由细观尺度微裂缝演化得到宏观尺度损伤演化的多尺度损伤模型，其中难点在于如何确定混凝土这类脆性材料的细观损伤模型中最基本的3个问题，即损伤变量的选取、裂纹扩展区方向和基于微裂纹开展的多尺度损伤本构模型。对混凝土材料而言，通过对其细观结构进行客观描述，从细观微缺陷的发展导致应力重分布的角度研究损伤演化，同时考虑细观组分与微缺陷分布的随机性对损伤演化的影响，从而给出具有明确物理机制的损伤表示，是对细观随机断裂损伤本构模型的合理发展。

6.4.1 多尺度随机损伤演化

1. 多尺度损伤表示

如图6.1所示，混凝土宏观结构体是由非均匀的细观结构组成的。将宏观结构所在的坐标系定为 $x=(x_1, x_2)$，细观结构所在的坐标系定为 $y=(y_1, y_2)$。同时，给出宏观坐标和细观坐标之间的转换关系如下：

$$y=\frac{x}{\lambda} \tag{6.95}$$

式中：λ 为尺度参数，表示细观结构尺寸与宏观结构之间的关系，λ 一般为一个较小的值，对于规则的宏观和细观结构，λ 可以表示为 $\lambda=\frac{L_{\text{micro}}}{L_{\text{macro}}}$，其中 L_{micro} 为细观单元的尺寸；L_{macro} 为宏观单元的尺寸。

图6.1所示的两尺度问题，宏观尺度上固体材料所占据的区域为 Ω，其边界为 Γ。边界面力作用于宏观结构体边界 Γ_t 上；边界位移作用于宏观结构体边界 Γ_u 上，且 $\Gamma_t \cap \Gamma_u \in \Gamma$ 宏观结构由大量细观单元构成，细观单元所占据的区域为 Ω_y，其内部含有的微缺陷（微孔洞、微裂缝）边界为 Γ_c，在裂纹表面上作用面力为 h。

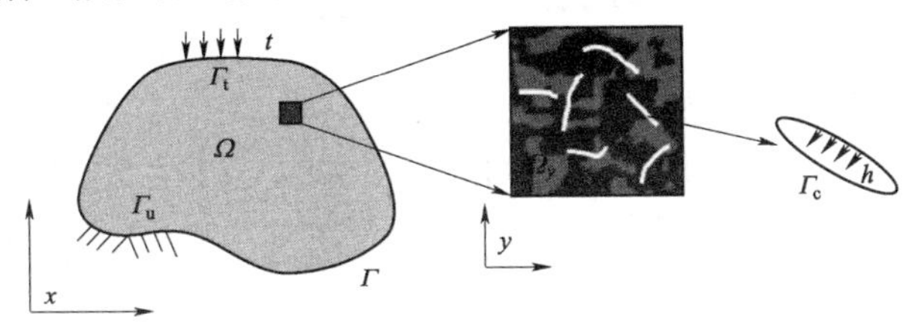

图6.1 宏观与细观结构

对于不考虑体力的情况，可给出宏观单元的平衡方程以及边界条件如下：

$$\nabla\sigma^{\lambda}=0 \text{在} \ \Omega \ \text{中} \tag{6.96}$$

$$\sigma^{\lambda}n=t \ \text{在} \ \Gamma_{t} \ \text{上} \tag{6.97}$$

$$u=\bar{u} \ \text{在} \ \Gamma_{u} \ \text{上} \tag{6.98}$$

$$\sigma^{\lambda}n=h \ \text{在} \ \Gamma_{c} \ \text{上} \tag{6.99}$$

式中：σ^{λ} 为同时考虑宏观坐标和细观坐标的宏观应力。换言之，求解式（6.99）所得的 σ^{λ} 为宏观坐标系的函数且包含了细观结构的影响。然而，直接对式（6.96）～式（6.99）求解需采用并行多尺度方法[26]，计算量难以承受，往往采用均匀化方法[27]对该问题进行求解。

如图 6.2 所示，均匀化应力、应变可以分别表示为单元体边界上总的外力形成的张力和单元体边界上的总位移在单元体内部的平均，二者均为细观单元体的外部表现。对于式（6.96）～式（6.99）给出的无体力问题，有均匀化应力、应变表示为

$$\bar{\sigma}=\frac{1}{V_{y}}\oint_{\partial\Omega_{y}}(t^{\lambda}\otimes x)\mathrm{d}\Omega \tag{6.100}$$

$$\bar{\varepsilon}=\frac{1}{2V_{y}}\oint_{\partial\Omega_{y}}(u^{\lambda}\otimes n+n\otimes u^{\lambda})\mathrm{d}\Gamma \tag{6.101}$$

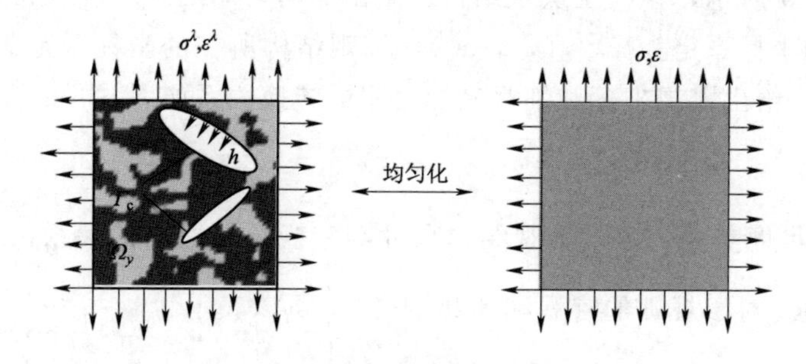

图 6.2　含缺陷材料的均匀化

同时，引入细观单元内的平均化应力、应变的表达式为

$$\langle\sigma^{\lambda}\rangle=\frac{1}{V_{y}}\int_{\Omega_{y}}\sigma^{\lambda}\mathrm{d}\Omega \tag{6.102}$$

$$\langle\varepsilon^{\lambda}\rangle=\frac{1}{V_{y}}\int_{\Omega_{y}}\varepsilon^{\lambda}\mathrm{d}\Omega \tag{6.103}$$

考虑到内部微裂缝表面作用的应力（内聚应力）为自平衡力系，即裂纹开展方向两侧的内聚应力大小相同方向相反。因此，可以给出均匀化应力与平均化应力之间的关系如下：

$$\bar{\sigma}=\langle\sigma^{\lambda}\rangle \tag{6.104}$$

式（6.104）表示对于含有微裂缝的材料，均匀化应力与平均化应力相等。

同理，给出均匀化应变与平均化应变之间的关系，即

$$\langle \varepsilon^{\lambda} \rangle = \bar{\varepsilon} - \frac{1}{2V_y} \oint_{\Gamma_c} (u^{\lambda} \otimes n + n \otimes u^{\lambda}) \mathrm{d}\Gamma \tag{6.105}$$

式（6.105）表明对于含有微裂缝的材料，均匀化应变等于平均化应变与裂纹张开位移沿着裂纹表面积分之和。

进一步考虑平均化弹性 Helmholtz 自由能势与均匀化弹性 Helmholtz 自由能势之间的关系，即多尺度能量积分，有

$$\bar{\psi}^{e} = \frac{1}{V_y} \left(\int_{\Omega_y} \psi^{\lambda} \mathrm{d}\Omega + \frac{1}{2} \oint_{\Gamma_c} u^{\lambda} h \, \mathrm{d}\Gamma \right) \tag{6.106}$$

根据弹塑性损伤理论框架[28]，混凝土的基本损伤机制为受拉损伤和受剪损伤，可以给出受拉、受剪损伤变量的表达式，即

$$d^{\pm} = 1 - \frac{\bar{\psi}^{e\pm}}{\bar{\psi}_0^{\ e\pm}} \tag{6.107}$$

式中：上标“±”分别代表受拉、受剪应力状态；$\psi_0^{\pm}$ 为弹性 Helmholtz 自由能势，表示为

$$\psi_0^{e+} = \frac{1}{2} \varepsilon^{e+} E_0 \varepsilon^{e+} \tag{6.108}$$

由式（6.108）可知，通过建立典型意义上的基本分析单元、并在单元上施加不同的边界条件，通过数值方法获得损伤演化的能量变化过程。

2. 受拉损伤演化

在拉应力为主的应力状态下，混凝土宏观力学性能的劣化应用受拉损伤变量来描述。混凝土对于受拉损伤单元，存在 $\sigma = \sigma^{+}$，$\sigma^{-} = 0$。在受力过程中，有 $\psi_0^{e-} = 0$，$d = 0$。

根据式（6.107），受拉损伤变量可以表示为

$$d^{+} = 1 - \frac{\bar{\psi}^{e+}}{\psi_0^{e+}} \tag{6.109}$$

在受拉应力状态下，脆性材料发生受拉损伤，产生垂直于最大主拉应力方向的裂缝，由此导致单元内部应力-应变重分布过程。可以通过细观单元分析给出细观度上的应力、应变演化过程，利用上述多尺度能量积分，可得 ψ^{e+}（ε^{e}，d^{+}），并由式（6.109）给出受拉基本单元的损伤演化过程。

3. 受剪损伤演化

在压应力为主的应力状态下，在偏量空间内不存在拉应力，混凝土宏观力学性能的劣化用受剪损伤变量来描述。

对细观单元施加纯剪边界条件，有 $\sigma^{+} = 0$，$\psi_0^{e+} = 0$，$d^{+} = 0$ 纯剪情况下的受剪损伤变量可以表示为

$$d^{+}=1-\frac{\overline{\psi}^{e_s}}{\psi_0^{e_s}} \tag{6.110}$$

式中：$\psi_0^{e_s}$ 为受剪状态下的初始 Helmholtz 自由能势，而 $\psi^{e+}(\tau, d_s)$ 则可以按多尺度分析方式给出。

值得注意的是，还需要建立式（6.110）给出的受剪损伤和受压应力状态的关系。在单向受压状态下，混凝土细观单元内的损伤产生和演化如图 6.3 所示。

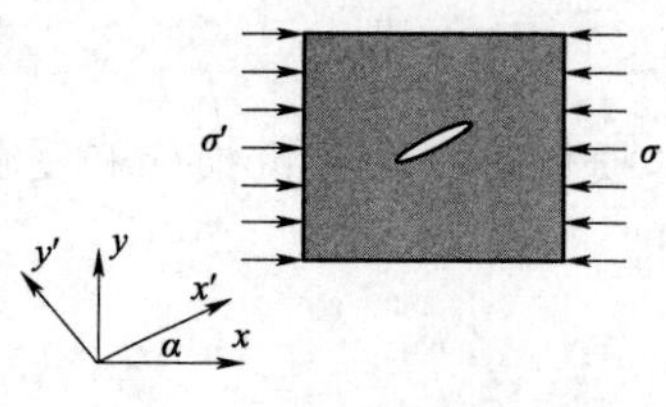

图 6.3　单向受压损伤表示

细观单元在压应力下，其中裂缝产生和开展的方向与压应力方向夹角为 α。首先，将应力投影到与裂缝正交的坐标系 $x'y'$ 内，即

$$\begin{cases}\sigma_x'=\sigma\cos^2\alpha\\ \sigma_y'=\sigma\sin^2\alpha\\ \tau'=\dfrac{\sigma\sin(2\alpha)}{2}\end{cases} \tag{6.111}$$

可见，在与裂缝正交的坐标系内，不仅有正应力，也有剪应力。由于两个方向的正应力 σ_x' 与 σ_y' 均为压应力，它们不会在裂缝端部产生应力集中，也不会引起对应方向上受压刚度的退化。根据胡克定律，计算对应方向上的应变，有

$$\begin{cases}\varepsilon_x'=\dfrac{1}{E}[\sigma\cos^2\alpha-\nu\sigma\sin^2\alpha]\\ \varepsilon_y'=\dfrac{1}{E}[\sigma\sin^2\alpha-\nu\sigma\cos^2\alpha]\end{cases} \tag{6.112}$$

式中：ν 为泊松比。

应力投影得到的剪应力 τ'，会引起微裂缝的产生和开展、并导致细观单元的损伤演化。利用应力等效原理，考虑细观受剪单元的静力平衡不难给出

$$\tau=(1-d_s)G\gamma \tag{6.113}$$

利用应变转轴公式，可以得到在原坐标系 x、y 中与加载方向对应的应变为

$$\begin{aligned}\varepsilon&=\left[1-\frac{1+\nu}{2}\sin^2(2\alpha)\right]\frac{\sigma}{E}+\left[\frac{1+\nu}{2(1-d)}\sin^2(2\alpha)\right]\frac{\sigma}{E}\\ &=\left[1+\left(\frac{d^-}{1-d^-}\right)\frac{1+\nu}{2}\sin^2(2\alpha)\right]\frac{\sigma}{E}\end{aligned} \tag{6.114}$$

简化式（6.114），可以将受压状态下损伤应力-应变关系可以表示为

$$\sigma=(1-d^-)E\varepsilon \tag{6.115}$$

式中：d^- 为受压状态下的受剪损伤变量，可以写为

其中

$$d^-=\frac{(1-\beta)d_s}{1-\beta d_s} \tag{6.116}$$

$$\beta=1-\frac{1+\nu}{2}\sin^2(2\alpha) \tag{6.117}$$

在细观单元模拟中，夹角 α 可以通过模型主裂纹开展方向与压应力加载方向之间的夹角确定。

将 d^- 定义为与受压应力状态对应的受剪损伤变量。由式（6.116）可知，$d_s=0$，$d^-=0$ 且 $d_s=1$ 时，$d^-=1$，说明 d^- 满足作为损伤变量的基本条件。

因此，通过基本单元受剪的模拟，可以获得受剪损伤演化曲线并通过式（6.116）将其转换至压应力空间。

6.4.2 简化随机损伤演化公式

定义统一受拉、受剪损伤公式表示为

$$d^{\pm}=1-\frac{\rho_t/c}{\alpha_{t/c}x_{t/c}^{1.1n_t/n_c}+\rho_t/c} \tag{6.118}$$

$$\frac{\rho_t}{c}=\frac{f_{t/c}}{E\varepsilon_{t/c}} \tag{6.119}$$

$$n_{t/c}=\frac{E\varepsilon_{t/c}}{E\varepsilon_{t/c}-f_{t/c}} \tag{6.120}$$

$$x_{t/c}=\frac{\varepsilon}{\varepsilon_{t/c}} \tag{6.121}$$

式中：$\alpha_{t/c}$为混凝土受拉、受剪损伤发展参数，用以控制应力-应变曲线下降段形式；$f_{t/c}$为混凝土抗拉、抗剪强度，可以根据实际分析取抗拉强度标准值、实测值或设计值；ε_t 为与单轴抗拉强度 f_t 以及单轴抗压强度 f_c 相应的混凝土峰值拉应变。

根据热力学基本原理，损伤演化方程并不是任意的，需满足某些基本条件，即

$$\begin{cases} d(0)=0 & \text{初始状态下,混凝土无损伤} \\ d(\infty)=1 & \text{完全损伤材料的损伤为1} \\ d>0 & \text{损伤不可恢复} \end{cases} \tag{6.122}$$

根据式（6.122）考察给出的实用受拉损伤演化公式为

$$d^{\pm}(0)=1-\frac{\rho_{t/c}}{\rho_{t/c}}=0 \tag{6.123}$$

$$d^{\pm}(\infty)=1-\frac{\rho_{t/c}}{\infty}=1 \tag{6.124}$$

$$d^{\pm}=\frac{\alpha_{t/c}(1.1n_{t/c}-1)\rho_{t/c}x_{t/c}^{(1.1n_t/n_c-1)}}{(\alpha_{t/c}x_{t/c}^{1.1n_{t/c}}+\rho_{t/c})^2}>0 \tag{6.125}$$

分析表明给出的实用损伤氧化关系满足损伤演化的基本原则。

式（6.118）中，在确定了 $\rho_{t/c}$和 $x_{t/c}$之后，损伤演化过程仅由参数 $\alpha_{t/c}$确定。

6.5　疲劳损伤本构模型

关于混凝土疲劳问题的研究用于设计的多是基于试验的方法，即通过试验获得应力与寿命之间的疲劳寿命曲线，并结合 Miner 疲劳损伤累积准则进行设计。这种方法既不能反映混凝土结构疲劳损伤之后的内部应力重分布，也难以反映疲劳问题中显著的离散性。建立基于物理机理分析的混凝土疲劳本构模型，分析结构整个寿命周期内的疲劳损伤演化和疲劳可靠度成为研究的热点。

混凝土疲劳机理的研究过程可分为 3 个层次的递进过程：试验的研究、基于断裂力学的疲劳研究和基于损伤力学的研究。通过试验研究，Holmen[29] 的研究给出了缓凝土在受压疲劳荷载作用下的疲劳寿命、不可逆变发展等工程中比较关心的问题答案，而且还给出在不同概率水平下对应的疲劳寿命的结果。但是从认识论的角度考察这些大量的试验研究，可见仍然只是对经验现象的总结，因此适用性有限，对于具体的问题，往往需要重新通过大量的试验获得比较可靠的经验结果。

从物理的角度考察，疲劳损伤的发展实际上对应着微裂纹和微缺陷的发展。由于准脆性材料的裂纹尖端有着显著的非线性特征，因此非线性断裂力学成为研究准脆性材料疲劳问题的一个主要工具。在各类非线性断裂力学模型的基础上，从数值模拟的角度研究混凝土中单个疲劳裂纹的扩展问题，得到不同的退化模型，但是退化模型大多是经验性的、且难以模拟大量裂缝存在的情况，而混凝土的疲劳破坏，恰恰是大量细、微裂纹不断发展、综合作用的结果。

为了反映大量疲劳裂纹引起的材料性能退化，损伤力学给出了一条可能解决问题的途径。在损伤力学中，把由于不同尺度下裂纹扩展引起的材料性能退化通过损伤变量引入到材料的本构关系当中，使得损伤变量的演化成为损伤力学的核心问题。在唯象的损伤力学模型中，通常类比于塑性力学中的塑性势函数建立损伤势函数，再通过正交流动法则获得损伤演化。但是唯象的损伤力学模型，不论是损伤面还是边界面，本质都是通过类比塑性力学中屈服面的概念引入的，并没有物理上的意义。而且归根结底，唯象的损伤力学模型并没有回答损伤力学的核心问题，即损伤内变量如何演化。无论经过如何繁复的推导，唯象的损伤力学模型最终都只能通过试验数据经验地给出损伤的演化法则。因此连续损伤疲劳本构模型在本质上仍然是经验性的结果。

6.5.1　纳米级颗粒间断裂的混凝土疲劳损伤

1. 混凝土材料纳米级裂纹尖端扩展的能量分析

在纳米尺度，水泥砂浆主要由水化硅酸钙颗粒组成。在裂纹尖端的纳米颗粒分布是杂乱的，裂纹的扩展对应着纳米颗粒之间的分离（在纳米尺度，水泥砂浆主要由水化硅酸钙颗粒)。在裂纹的尖端部分，由于分子热运动的影响，纳米微颗粒之间的联系可能会由于距离的扩大而被切断。反过来，这种相互之间联系已切断的微颗粒也有可能由于分子热运动而重新建立联系。若将这种联系用微弹簧比拟，上述情景可表示为弹簧的断裂与愈合。在没有外部作用施加于材料的情况下，这种断裂与愈合的可能性是相同的，因此大量微颗粒的总体表现处于稳定的状态。而当有外部载荷作用于材料时，这种稳定状态就会被打破。从能量的角度考察，由于颗粒之间的引力作用，两个颗粒之间想要分离就必须越过某个能量势垒 Q_0。发生断裂的过程相当材料的势能越过能量势垒 Π。越过这个能量势垒之后总势能有一个微小的下降 ΔQ，这个 ΔQ 就是外部作用的影响。

微颗粒间联系断裂后势能的变化 ΔQ 可以通过力学分析获得，而整个体系能够越过断裂过程中的能量势垒 Q_0 则依赖于微颗粒的分子热运动，否则材料中的微裂缝想要扩展就必须提供非常大的外部作用。材料内部微裂纹的扩展不仅取决于外部作用引起的势能差 ΔQ，且更依赖于微颗粒的分子热运动跨过局部的能量势垒 Q_0。换句话说，在裂纹的尖端分子热运动造成的波动既会使得微颗粒间联系发生断裂，也可以使已断裂的联系重新愈合，而外部作用引起的势能差改变了断裂和愈合所需要跨越的能量势垒，使得断裂的频率大于愈合的频率，从而决定了净断裂过程的速度。下面通过断裂力学分析获得这个过程的定量关系。

为了简便起见，考察三维情况下理想的圆盘状裂纹。根据线弹性断裂力学，在纳米层级的裂缝尖端，应力强度因子可表示为

$$K_a = \sigma_a \sqrt{l_a} k_a(\alpha) \tag{6.126}$$

式中：σ_a 为施加于纳米颗粒层次的应力，它与宏观应力 σ 通过纳米-宏观应力集中因子 c 联系在一起，$\sigma_a = c\sigma$；l_a 为纳米颗粒的特征尺寸；$\alpha = \frac{a}{l_a}$ 为裂纹相对尺寸，a 为裂纹半径；$k_a(\alpha)$ 为无量纲的应力强度因子，对于圆盘状裂纹，$k_a(\alpha) = 2\sqrt{\frac{\alpha}{\pi}}$。

因此，单位宽度裂纹扩展时的能量释放率为

$$G(\alpha) = \frac{K_a^2}{E_a} = \frac{k_a(\alpha) l_a c^2 \sigma^2}{E_a} \tag{6.127}$$

式中：E_a 为纳米尺度的弹性模量。

令 η 为几何常数使得 ηa 为裂纹尖端的宽度，则当裂纹扩展一个纳米微颗粒间间距 δ_a 时，释放的能量为

$$G(\alpha) = \frac{K_a^2}{E_a} = \frac{k_a(\alpha) l_a c^2 \sigma^2}{E_a} \tag{6.128}$$

$$\Delta Q_f = \delta_a (\eta a l_a) G(\alpha) = V_a(\alpha) \frac{c^2 \sigma^2}{E_a} \tag{6.129}$$

式中：$V_a(\alpha)=\delta_a \eta a l_a^2 k_a^2(\alpha)$为激活体积。

当裂纹尖端的微颗粒间联系破裂时，除了断裂能的释放外，还对应着新表面产生所引起的表面能增加。记裂纹扩展一个纳米微颗粒间间距 δ_a 时增加的表面能为 γ_0，则在微裂纹扩展的过程中释放的净能量为

$$\Delta Q_{net}=\Delta Q_f-\gamma_0 \tag{6.130}$$

根据经典的速率过程理论[30]，2个亚稳态之间的迁移速率取决于2个亚稳态之间的能量差异、能量壁垒以及外力作用等，可表示为

$$f=v\{e^{[-Q_0+(\Delta Q_f-\gamma_0)/2]/(kT)}-e^{[-Q_0-(\Delta Q_f-\gamma_0)/2]/(kT)}\}=2v\,e^{-Q_0/(kT)}\sinh\left(\frac{\Delta Q_f-\gamma_0}{kT}\right) \tag{6.131}$$

式中：v 为特征频率，$v=kT/h$；k 为 Boltzmann 常数；T 为绝对温度；h 为 Plank 常数。

令 $\Delta Q_f/(kT)=V_a(\alpha)/V_T, V_T=2E_a kT/(c^2-\sigma^2)$。对于激活体积 V_a，由于纳米微颗粒的距离一般在10^{-10}尺度，根据前面 V_a 的表达式可知其约$10^{-26}\,m^3$。V 是 E_a 和 $\sigma_a=c\sigma$ 的函数。一般地，应力集中系数 $c>10$，纳米尺度的弹性模量 E_a 约大于宏观的弹性模量 E 一个数量级。对于水泥凝胶体的纳米结构而言，若宏观应力在数十兆帕的水平，则 V_T 约为 $1\times10^{-25}\,m^3$。因此 $V_a/V_T<0.1$。注意到当 x 较小时有 $\sinh(x)\approx x$，则式（6.131）可以简化为

$$f=2v e^{-Q_0/(kT)}\frac{\Delta Q_f-\gamma_0}{kT} \tag{6.132}$$

式中：f 为裂纹尖端分子键的净破裂频率，即2个亚稳态之间的迁移速率。

而纳米层级的裂纹扩展速率则可以表示为裂纹尖端粒子的漂移，即

$$\dot{a}=\delta_a f \tag{6.133}$$

式（6.133）即为静力加载条件下混凝土材料的微裂纹尖端扩展速率基本表达式。

对于疲劳加载，实际情况与静力加载又有所不同。这种不同表现在宏观上，就是疲劳问题中材料的损伤发展比相应的静态载荷作用下要快。典型的例子是，材料在从 P_{max} 到 P_{min} 变化的动态载荷作用下，其疲劳损伤发展要比在以 P_{max} 为恒载作用下引起的徐变损伤发展快。

对于这个问题，通常唯象的解释是疲劳加载下裂纹尖端的某些指标量具有累积性，从而造成疲劳损伤的持续发展。如在黏聚裂纹模型中，裂纹尖端累积张开位移就是这样一个指标量。但是这些模型都难以解释这种指标量是如何具体地起作用的。

丁兆东等[31]研究认为，正是由于环境介质的参与，才导致疲劳载荷作用下微裂纹尖端的扩展速率相对静力加载情况要快。事实上，在混凝土中存在着

大量水分，因而在缺陷处也存在着大量的自由水分子。在裂纹尖端处水分子的存在，使得在疲劳加载情况下裂纹尖端的局部自由能处于一个不稳定的振荡状态，进而影响到裂纹的开展。水分子进入裂纹尖端黏聚区，改变了正在发生断裂的那部分混凝土的表面能，从而也影响到微裂纹尖端纳米微颗粒间的愈合。当尖端张开位移为水分子直径的整数倍时，水分子可以形成规律的排列，使得微裂纹尖端局部材料整体能量处于能量谷处；当尖端张开位移不是水分子直径的整数倍时，水分子间无法形成规律的排列，使得局部能量处于能量峰处。在能量峰处，材料之间的连接更容易发生断裂，从而使得局部材料总能量降低。而在能量谷处时，局部材料处于比较稳定的状态，所以不容易发生断裂。

在静力作用情况下，裂纹尖端断裂过程区尾部将相对稳定地处于能量谷，它的断裂就会耗时长，所以断裂过程相对变慢。而在疲劳载荷作用下，裂纹尖端断裂过程区纳米颗粒之间的连接会一直经历能量谷-能量峰-能量谷，这样的循环往复过程，而不会长时间停留在能量谷处。在这样的循环过程中，当处于能量峰处时相对容易发生断裂。因此在疲劳载荷作用下，微裂纹黏聚区尾部总是会经历能量峰，从而更容易发生断裂。这就是静力蠕变损伤和动态循环疲劳损伤过程不同的物理细观机理。值得指出的是，分子热运动的频率较高，在疲劳载荷作用下裂纹尖端的运动相对于分子来说可以看作准静态过程，因而水分子有充分的时间自由排列。

考虑这种效应，式（6.130）中的表面能实际上受裂纹断裂过程区尾部张开-闭合过程的影响。疲劳过程引起的微裂纹张开—闭合过程越快，单位时间内断裂过程区经历的能量峰就越多，其断裂速率就越快。根据 Horn 等[32]和 Maali 等[33]的研究，脆性材料在分离时其表面力的振荡过程峰值可以用一个指数衰减函数拟合，相应的能量积分也是相应的振荡形式。考虑局部应变率的影响，它从总体上对应着各个微裂纹的张开闭合过程。因此，表面能在疲劳循环载荷作用下的变化也采用一个指数衰减函数形式表征，即

$$\gamma^{*}(\dot{\varepsilon})=\gamma_{0}\mathrm{e}^{-\beta|\dot{\varepsilon}|} \tag{6.134}$$

式中：β 为一常系数。

这样，在疲劳过程中微裂纹尖端扩展时相应的净能量的释放可表示为

$$\Delta Q_{\mathrm{net}}=\Delta Q_{\mathrm{f}}-\gamma^{*}(\dot{\varepsilon})=\Delta Q_{\mathrm{f}}-\gamma_{0}\mathrm{e}^{-\beta|\dot{\varepsilon}|} \tag{6.135}$$

相应地，微裂纹扩展速率可以表示为

$$\dot{a}=\delta_{\mathrm{a}}f=2\delta_{\mathrm{a}}v\,\mathrm{e}^{-Q_{0}/(kT)}\frac{\Delta Q_{\mathrm{f}}-\gamma_{0}\mathrm{e}^{-\beta|\dot{\varepsilon}|}}{kT} \tag{6.136}$$

虽然混凝土中每个微裂纹局部的张开位移都各不相同，但从宏观上看其总体趋势是与宏观应变成正比，因此相应的能量的变化必然与宏观应变率有关系。为此，可以定义如下的能量等效应变，并以它的应变率作为微裂纹张开位移变化速率的度量：

$$\varepsilon_{eq}=\sqrt{\frac{2Y}{E_0}} \tag{6.137}$$

式中：Y 为损伤能释放率；E_0 为混凝土的初始弹性模量。

2. 疲劳损伤发展过程中的能量耗散

在其发展过程中，纳米尺度微裂纹不是演化成更高尺度的裂纹就是处于更高层级裂纹引起的应力卸载区内。而在同一层级，则大量存在且其尺度在同一量纲尺度范围内。因此，可以用统计平均量来表征低层的纳米尺度微裂纹，而不用考虑其个体的差异。假定微裂纹平均的初始尺寸和最终尺寸分别为 a_0 和 a_c，则在其寿命期间释放的断裂能平均值为

$$\Delta\widetilde{Q}_f=\frac{\int_{a_0}^{a_c}\Delta Q_f\mathrm{d}a}{a_c-a_0}=\widetilde{V}_a\frac{c^2\sigma^2}{E_a} \tag{6.138}$$

式中：$\widetilde{V}_a$ 为纳米层级微裂纹在其寿命期内的平均激活体积。

由于已经将纳米尺度微裂纹扩展过程中释放的断裂能在时间上平均化了，所以从损伤力学的角度看，当纳米层次的裂纹向前扩展时（对于混凝土来说就是 2 个纳米微颗粒间的间距），宏观损伤微小就是一个固定值。这意味着虽然在连续损伤力学中损伤变量是连续的，但考虑到物理背景，实际的损伤存在这样一个最小的损伤步。在这个过程中损伤能的释放为

$$\Delta Q_d=V\int_{d_0}^{d_0+\delta_d}Y\mathrm{d}d \tag{6.139}$$

式中：ΔQ_d 表示损伤能的变化；d_0 表示初始损伤；V 为损伤影响的体积，可视为经典损伤力学中被称为代表体积元的特征体积。

由于纳米微颗粒间破裂过程所经历的时间很短，因此可以认为在此期间损伤能释放率不变。而且，由于损伤和断裂都是描述同一个能量耗散过程，造成裂纹持续发展的能量差从损伤的角度可以表示为

$$\Delta\widetilde{Q}_f=\widetilde{V}_a\frac{c^2\sigma^2}{E_a}=\Delta Q_d\approx Y\delta_d V \tag{6.140}$$

因此，可以将式（6.136）中的纳米裂纹扩展速率的平均值通过损伤能释放率表示：

$$\dot{a}=\delta_a f=2\delta_a v\mathrm{e}^{-Q_0/(kT)}\frac{\Delta\widetilde{Q}_f-\gamma^*(\dot{\varepsilon}_{eq})}{kT}=2\frac{\delta_a\delta_d V}{h}[Y-\gamma(\dot{\varepsilon}_{eq})]\mathrm{e}^{-Q_O/(kT)} \tag{6.141}$$

相应的，平均能量释放率可表示为

$$G=\frac{\Delta\widetilde{Q}_f}{\delta_a\eta a_m}=\frac{Y\delta_d V}{\delta_a\eta a_m} \tag{6.142}$$

式中：a_{m} 为纳米微裂纹的平均尺寸。

单个纳米微裂纹扩展引起的能量耗散为

$$G\dot{a}=\frac{2\delta_{\mathrm{d}}^{2}V^{2}}{h\eta a_{\mathrm{m}}}Y[Y-\gamma(\dot{\varepsilon}_{\mathrm{eq}})\mathrm{e}^{-Q_0/(kT)}] \tag{6.143}$$

纳米级微裂纹的扩展如何发展为宏观裂纹的扩展，是一个很复杂的问题，它涉及多尺度问题的物理本质。裂纹的层级模型认为，一个宏观裂纹的尖端断裂过程区内包含着大量低一级尺度的次级裂纹，而在这个次级裂纹的尖端存在着类似的断裂过程区与更次级的裂纹，以此类推直至纳米尺度。

在裂纹的层级模型中，宏观裂缝的断裂过程区中含有 n_1 个次级裂纹，而每个次级裂纹下的断裂过程区有 n_2 个次级裂纹，以此类推直至纳米尺度的微裂纹。设其中有 p 个层次，则微裂纹总数可表示为

$$N=n_1 n_2\cdots n_p \tag{6.144}$$

在每个尺度上，裂纹的数量应该与这个尺度上相应的裂纹驱动力有关。显然，这个驱动力就是损伤能释放率 Y。另外，材料的固有表面能起着阻碍裂纹生成和扩展的作用。不妨假定各个尺度被激活的裂纹数量与损伤能释放率成正比、与表面能成反比，即

$$n_1=f\left[\frac{k_i Y}{\gamma(\dot{\varepsilon}_{\mathrm{eq}})}\right] \tag{6.145}$$

式中：f 为单调增函数；k_i 为各个层级的常系数。

进一步根据前述层级模型及损伤的分形特征，可认为各层级裂纹具有统计自相似的特征，即

$$n_i=f\left[\frac{k_i Y}{\gamma(\dot{\varepsilon}_{\mathrm{eq}})}\right]=\left[\frac{k_i Y}{\gamma(\dot{\varepsilon}_{\mathrm{eq}})}\right]^{q_i} \tag{6.146}$$

式中：q_i 为第 i 个尺度的分形指数。

于是，微裂纹总数可以表示为

$$N=n_1 n_2\cdots n_{\mathrm{p}}=\left(\prod_{i=1}^{\mathrm{p}}k_i\right)\left[\frac{Y}{\gamma(\dot{\varepsilon}_{\mathrm{eq}})}\right]^{q_1+q_2+\cdots+q_p} \tag{6.147}$$

而总的能量耗散为

$$E_f=2N\frac{\delta_{\mathrm{d}}^{2}V^{2}}{h\eta a_{\mathrm{m}}}Y[Y-\gamma(\dot{\varepsilon}_{\mathrm{eq}})]\mathrm{e}^{-Q_0/(kT)}=C_0 Y[Y-\gamma(\dot{\varepsilon}_{\mathrm{eq}})]\left[\frac{Y}{\gamma(\dot{\varepsilon}_{\mathrm{eq}})}\right]\mathrm{e}^{-Q_0/(kT)} \tag{6.148}$$

式中：$C_0=\dfrac{2\delta_{\mathrm{d}}^{2}V^{2}\left(\prod_{i=1}^{\mathrm{p}}k_i\right)}{h\eta a_{\mathrm{m}}}$，$m=q_1+q_2+\cdots+q_p$，均为材料常数。

显然这样的能量耗散表达式实际上综合了多尺度的特征。而每一层级的能

量耗散是在相应层级上的各裂纹尖端发生的。

式（6.147）是在所考虑体积内宏观裂纹密度一定的情况下得到的结果。但实际情况是在一定体积内的裂纹数量会随着损伤的发展发生变化，这是因为存在应力屏蔽效应以及裂纹群的发展会导致裂纹间的贯通。若不考虑这些效应，会导致损伤发展过快的问题。

为了定量地考虑上述效应，Johnston 等[34]曾设想，高密度的微裂纹应力屏蔽效应会引起活动微裂纹的减少，微裂纹的数量越多，因应力屏蔽而失活的微裂纹也就越多。这种设想类似于塑性材料中高密度位错的闭锁效应。

以损伤变量表征当前阶段的裂纹总量，则因损伤增加而引起的活动微裂纹减少可以用下式表示：

$$\frac{\partial N}{\partial d}=-\kappa N \tag{6.149}$$

式（6.149）的解为

$$N=N_0\mathrm{e}^{-\kappa N} \tag{6.150}$$

式中：N_0 为当前总的微裂纹数量，可根据式（6.147）获得；N 为活动微裂纹的数量；d 为当前损伤水平；κ 为材料常数。

考虑上式的修正，可得最终的疲劳过程能量耗散表达式为

$$E_{\mathrm{f}}=C_0\mathrm{e}^{-Q_0/(kT)}\mathrm{e}^{-\kappa d}Y[Y-\gamma(\dot{\varepsilon}_{\mathrm{eq}})]\left[\frac{Y}{\gamma(\dot{\varepsilon}_{\mathrm{eq}})}\right]^m \tag{6.151}$$

6.5.2　混凝土疲劳损伤的细观随机断裂模型

在唯象的损伤力学理论中，损伤演化律必然是通过试验拟合的经验函数。针对这一问题，丁兆东[31]等从损伤细观物理研究入手，逐步发展了一类细观随机断裂模型。将 6.5.1 节分析结果与这类模型相结合，以期建立完整的疲劳损伤演化模型。

以单轴受拉为例，首先将一维受力试件简化成一组串并联弹簧系统，其中每个弹簧代表一个次级的微观损伤单元，可以用一并联微弹簧系统表示，这个次级系统中的微弹簧具有线弹性-断裂特性，且断裂应变是随机的。

对于基本的损伤单元令微弹簧总数 N 趋于无穷，可将损伤变量表示为如下的随机积分形式：

$$d=\int_0^{-1}H[\varepsilon-\Delta(x)]\mathrm{d}x \tag{6.152}$$

式中：$\Delta(x)$ 为一维断裂应变随机场；x 为微弹簧所在随机场的空间坐标；$H(x)$为Heaviside 函数。

微弹簧的断裂应变或其等效断裂能的分布可取对数正态分布形式，即断裂应变场 $\Delta(x)$为对数正态随机场。

在上述细观随机断裂模型中，微弹簧的断裂阈值对应于代表体积元中有一条或几条主要裂纹发生动态失稳而瞬间贯穿那部分材料。而对于疲劳问题，外界载荷提供的能量不足以引发主要裂纹的瞬间动态失稳，而只是引起主要裂纹尖端断裂过程区中的纳米层级微裂纹发生扩展，从而使得主要的裂纹处于亚稳态。能量耗散表达式实际上是一个代表性体积元内的不同尺度微裂纹扩展而导致的能量耗散。因此，将获得的疲劳过程能量耗散表达式引入上述细观随机断裂模型中，损伤表达式（6.152）应改写成如下形式：

$$
\begin{cases}
d = \int_0^{-1} H(E_\mathrm{f} - E_\mathrm{s})\mathrm{d}x \\
E_\mathrm{f} = \int_0^{-t} C_0\ \mathrm{e}^{-Q_0/(\kappa T)}\ \mathrm{e}^{-\kappa d} Y[Y - \gamma(\dot{\varepsilon}_\mathrm{eq})]\left[\dfrac{Y}{\gamma(\dot{\varepsilon}_\mathrm{eq})}\right]^m \mathrm{d}t \\
E_\mathrm{s} = \dfrac{1}{2}E_0\Delta^2(x)
\end{cases}
\tag{6.153}
$$

式（6.153）中，Heaviside 函数说明在疲劳载荷作用下，当不同层级微裂纹的累积能量耗散超过了代表性体积元所保有的固有能量 E_s时，将导致疲劳损伤的发展。

6.6 热-力耦合条件下的本构模型

实际工程中，许多混凝土结构会暴露于高温环境中，如工业生产中的压力炉、烟囱、核反应堆等，也有一些突发状况使得混凝土结构承受高温荷载，如爆炸和火灾等。混凝土材料在高温下的性能变化，通常是通过试验的方法进行研究，从理论方面而言，研究混凝土材料在高温条件下力学性质的变化须建立混凝土热-力耦合条件下的本构模型。

按经典塑性力学的方法建立的本构方程通常是满足各种稳定性假设的，但通常都没有严格讨论过是否满足热力学定律。Drucker 公设是传统塑性力学的基础，但它并不与热力学第二定律等价。虽然大多数工程问题可认为是等温过程，但材料的变形与失效都涉及能量的平衡与耗散以及熵的改变，即可以用热力学第一定律与第二定律来描述。因此，基于热力学原理的混凝土本构模型具有较为严密的理论基础。

6.6.1 弹性应变与损伤变量的建立

假设弹塑性是非耦合的，基于此假设，可以将自由能密度看成是由 2 个独立部分组成的，其中一部分是弹性部分，且损伤与弹性部分耦合，另一部分是塑性部分，所以自由能密度 ψ 的表达式为

$$\psi=\psi(\varepsilon_{ij}^{e},T,d,K)=\psi^{e}(\varepsilon_{ij}^{e},T,d)+\psi^{p}(K,T) \tag{6.154}$$

式中：d 为损伤变量；T 为温度；K 为硬化参数。

按照热力学第二定律，对于任何采用的过程，熵率 $\dot{\eta}$ 必须是非负的，则

$$\dot{\eta}=\sigma_{ij}d\varepsilon_{ij}^{e}-\dot{\psi}\geqslant 0 \tag{6.155}$$

自由能对时间求导可得

$$\dot{\psi}=\frac{\partial\psi^{e}}{\partial\varepsilon_{ij}^{e}}\mathrm{d}\varepsilon_{ij}^{e}+\frac{\partial\psi^{e}}{\partial T}\mathrm{d}T+\frac{\partial\psi^{e}}{\partial d}\mathrm{d}d+\frac{\partial\psi^{p}}{\partial K}\mathrm{d}K+\frac{\partial\psi^{p}}{\partial T}\mathrm{d}T \tag{6.156}$$

将 $\dot{\psi}$ 的表达式代入式（6.155）得

$$\sigma_{ij}\mathrm{d}\varepsilon_{ij}^{e}-\left(\frac{\partial\psi^{e}}{\partial\varepsilon_{ij}^{e}}\mathrm{d}\varepsilon_{ij}^{e}+\frac{\partial\psi^{e}}{\partial T}\mathrm{d}T+\frac{\partial\psi^{e}}{\partial d}\mathrm{d}d+\frac{\partial\psi^{p}}{\partial K}\mathrm{d}K+\frac{\partial\psi^{p}}{\partial T}\mathrm{d}T\right)\geqslant 0 \tag{6.157}$$

整理式（6.157）得

$$\left(\sigma_{ij}-\frac{\partial\psi^{e}}{\partial\varepsilon_{ij}^{e}}\right)\mathrm{d}\varepsilon_{ij}^{e}-\frac{\partial\psi^{e}}{\partial T}\mathrm{d}T-\frac{\partial\psi^{e}}{\partial d}\mathrm{d}d-\frac{\partial\psi^{p}}{\partial K}\mathrm{d}K-\frac{\partial\psi^{p}}{\partial T}\mathrm{d}T\geqslant 0 \tag{6.158}$$

为了保证式（6.158）对于任意的 ε_{ij}^{e} 都严格成立，则

$$\sigma_{ij}=\frac{\partial\psi^{e}}{\partial\varepsilon_{ij}^{e}} \tag{6.159}$$

采用 Stabler 提出的适用于高温增量的弹性自由能表达式：

$$\left.\begin{aligned}&\psi^{e}=\frac{1}{2}\varepsilon_{ij}^{e}C_{ijkl}^{0}\varepsilon_{kl}^{e}-\vartheta(T-T_{0})\varepsilon_{ij}^{e}+c_{k}\left(T-T_{0}-T\ln\frac{T}{T_{0}}\right)\\&\vartheta=C_{ijkl}\beta_{kl}\end{aligned}\right\} \tag{6.160}$$

式中：ϑ 为热-弹性耦合张量；C_{ijkl} 为已损伤材料的弹性模量张量；β_{kl} 为未损伤材料的初始弹模张量；β_{kl} 为膨胀系数张量，各向同性时可表示为 $\beta_{kl}=\beta\delta_{kl}$；$T_0$ 为初始温度，取 20℃；c_k 为比热。

由损伤理论得到

$$C_{ijkl}=(1-d)C_{ijkl}^{0} \tag{6.161}$$

将弹性势能对弹性应变求导得到

$$\frac{\partial\psi^{e}}{\partial\varepsilon_{ij}^{e}}=C_{ijkl}^{0}\varepsilon_{ij}^{e}-(T-T_{0})(1-d)C_{ijkl}^{0}\beta_{kl} \tag{6.162}$$

则

$$\sigma_{ij}=C_{ijkl}^{0}\varepsilon_{ij}^{e}-(T-T_{0})(1-d)C_{ijkl}^{0}\beta_{kl} \tag{6.163}$$

损伤力学理论引入与损伤变量 d 有关的损伤力 Y，其定义式为

$$Y=-\frac{\partial\psi}{\partial d} \tag{6.164}$$

假设损伤变量只作用于弹性部分，则

$$Y=-\frac{\partial\psi^{e}}{\partial d}=(T-T_{0})\varepsilon_{ij}^{e}C_{ijkl}^{0}\beta_{kl} \tag{6.165}$$

假设 Helmholtz 比自由能 ψ 和耗散势函数 ψ^* 互为 Legendre 变换，将 ψ^* 在初始状态附近 Taylor 展开至二阶得

$$\psi^* = \psi^*(\sigma_{ij}, Y) = \psi_0^* + h_{ij}\sigma_{ij} + \omega_0 Y + \frac{1}{2}d_{ijkl}\sigma_{ij}\sigma_{kl} + b_{ij}\sigma_{ij}Y + \frac{1}{2}\omega Y^2 \quad (6.166)$$

所以

$$\dot{d} = \frac{\partial\psi^*}{\partial Y} = \omega_0 + b_{ij}\sigma + \omega Y \quad (6.167)$$

当 $\sigma_{ij}=0$，$Y=0$ 时，$\dot{d}=0$，所以 $\omega_0=0$。另外，在任意状态下，$\dot{d}\geqslant 0$。为了使 $\dot{d}\geqslant 0$ 严格成立，则 $b_{ij}=0$。那么式（6.167）变形为

$$\dot{d} = \frac{\partial\psi^*}{\partial Y} = \omega Y = \omega[(T-T_0)]C_{ijkl}^0\varepsilon_{ij}^{e}\beta_{kl} \quad (6.168)$$

将式（6.168）等号两边对时间 t 求积分，即得到损伤变量的表达式为

$$d = \omega[(T-T_0)C_{ijkl}^0\varepsilon_{ij}^{e}\beta_{kl}]t + C \quad (6.169)$$

由于 $t=0$ 时刻，损伤 0，则 $C=0$，所以，式（6.169）化简为

$$d = \omega[(T-T_0)C_{ijkl}^0\varepsilon_{ij}^{e}\beta_{kl}]t \quad (6.170)$$

采用国际标准化组织制定的 ISO0834 标准中火灾升温曲线公式：

$$T = 345\lg(8t+1) + T_0 \quad (6.171)$$

式中：t 为暴露时间。

6.6.2 塑性应变计算

根据正交流动法可得塑性应变增量为

$$\mathrm{d}\varepsilon_{ij}^{p} = \mathrm{d}\lambda\frac{\partial F}{\partial\sigma_{ij}} \quad (6.172)$$

塑性剪应变增量与塑性应变增量有如下关系：

$$\mathrm{d}\varepsilon_{d}^{p} = \left(\frac{2}{3}\mathrm{d}\varepsilon_{mn}^{p} : \mathrm{d}\varepsilon_{mn}^{p}\right)^{\frac{1}{2}} \quad (6.173)$$

联立式（6.172）和式（6.173）可得

$$d\varepsilon_{d}^{p} = \mathrm{d}\lambda\left(\frac{2}{3}\frac{\partial F}{\partial\sigma_{mn}} : \frac{\partial F}{\partial\sigma_{mn}}\right)^{\frac{1}{2}} \quad (6.174)$$

采用 Drucker - Prager 屈服函数：

$$F = \alpha I_1 + \sqrt{J_2} - K \quad (6.175)$$

构造硬化参数 K 的形式：

$$K = K(\varepsilon_{d}^{p}, T) = \frac{\varepsilon_{d}^{p}}{A + B\varepsilon_{d}^{p}} \quad (6.176)$$

式中：α 在本模型中取 0.01；A、B 为材料参数。

$$A=\frac{1}{G_0}$$

$$G_0=\frac{E^{\mathrm{T}}}{2(1+\nu)}$$

式中：G_0 为混凝土剪切模量；E^{T} 为混凝在温度 T 时的弹性模量；ν 为混凝土的泊松比。

对屈服函数求导可得

$$\mathrm{d}F=\frac{\partial F}{\partial \sigma_{ij}}\mathrm{d}\sigma_{ij}+\frac{\partial F}{\partial K}\frac{\partial K}{\partial \varepsilon_{\mathrm{d}}^{\mathrm{p}}}\mathrm{d}\varepsilon_{\mathrm{d}}^{\mathrm{p}} \tag{6.177}$$

将 $\mathrm{d}\varepsilon_{\mathrm{d}}^{\mathrm{p}}$ 的表达式代入式（6.177），得到

$$\frac{\partial F}{\partial \sigma_{ij}}\mathrm{d}\sigma_{ij}+\frac{\partial F}{\partial K}\frac{\partial K}{\partial \varepsilon_{\mathrm{d}}^{\mathrm{p}}}\mathrm{d}\lambda\left(\frac{2}{3}\frac{\partial F}{\partial \sigma_{mn}}:\frac{\partial F}{\partial \sigma_{mn}}\right)^{\frac{1}{2}}=0 \tag{6.178}$$

整理得

$$\mathrm{d}\lambda=\frac{-\dfrac{\partial F}{\partial \sigma_{ij}}\mathrm{d}\sigma_{ij}}{\dfrac{\partial F}{\partial K}\dfrac{\partial K}{\partial \varepsilon_{\mathrm{d}}^{\mathrm{p}}}\left(\dfrac{2}{3}\dfrac{\partial F}{\partial \sigma_{mn}}:\dfrac{\partial F}{\partial \sigma_{mn}}\right)^{\frac{1}{2}}} \tag{6.179}$$

将该式代入流动法则可得

$$\mathrm{d}\varepsilon_{ij}^{\mathrm{p}}=\frac{-\dfrac{\partial F}{\partial \sigma_{ij}}\mathrm{d}\sigma_{ij}}{\dfrac{\partial F}{\partial K}\dfrac{\partial K}{\partial \varepsilon_{\mathrm{d}}^{\mathrm{p}}}\left(\dfrac{2}{3}\dfrac{\partial F}{\partial \sigma_{mn}}:\dfrac{\partial F}{\partial \sigma_{mn}}\right)^{\frac{1}{2}}}\frac{\partial F}{\partial \sigma_{ij}} \tag{6.180}$$

总应变增量由弹性应变增量和塑形应变增量组成，即

$$\mathrm{d}\varepsilon_{kl}=\mathrm{d}\varepsilon_{kl}^{\mathrm{e}}+\mathrm{d}\varepsilon_{kl}^{\mathrm{p}} \tag{6.181}$$

即混凝土材料热-力耦合本构模型的表达式为

$$\begin{cases}\sigma_{ij}=C_{ijkl}^{0}\varepsilon_{ij}^{\mathrm{e}}-(T-T_0)(1-d)C_{ijkl}^{0}\beta_{kl}\\ d=\omega[(T-T_0)C_{ijkl}^{0}\varepsilon_{ij}^{\mathrm{e}}\beta_{kl}]t\\ \mathrm{d}\varepsilon_{ij}^{\mathrm{p}}=\dfrac{-\dfrac{\partial F}{\partial \sigma_{ij}}\mathrm{d}\sigma_{ij}}{\dfrac{\partial F}{\partial K}\dfrac{\partial K}{\partial \varepsilon_{\mathrm{d}}^{\mathrm{p}}}\left(\dfrac{2}{3}\dfrac{\partial F}{\partial \sigma_{mn}}:\dfrac{\partial F}{\partial \sigma_{mn}}\right)^{\frac{1}{2}}}\dfrac{\partial F}{\partial \sigma_{ij}}\\ \mathrm{d}\varepsilon_{kl}=\mathrm{d}\varepsilon_{kl}^{\mathrm{e}}+\mathrm{d}\varepsilon_{kl}^{\mathrm{p}}\end{cases} \tag{6.182}$$

参　考　文　献

[1] WILLAM K. Plasticity in reinforced concrete W. F. Chen (McGraw - Hill, New York, 1982) [J]. Computer Methods in Applied Mechanics and Engineering, 1982,

31 (3): 363 - 363.

[2] CHEN W F, SALEEB A F, DVORAK G J . Constitutive equations for engineering materials, volume I: elasticity and modeling [J]. Journal of Applied Mechanics, 1983, 50 (3): 269 - 271.

[3] 李瑞鸽,张耀庭,邹冰川,等. 基于正交异性材料的预应力梁频率的试验研究 [J]. 工程力学,2008,25 (2): 116 - 121.

[4] 白卫峰,张树珺,管俊峰,等. 混凝土正交各向异性统计损伤本构模型研究 [J]. 水利学报,2014,45 (5): 607 - 618.

[5] 黄光明,李云,顾冲时,等. 碾压混凝土坝横观各向同性黏弹性参数反演 [J]. 水利水运工程学报,2006 (4): 15 - 20.

[6] DARWIN D, PECKNOLD、D A W. Nonlinear biaxial stress - strain law for concrete [J]. Journal of the Engineering Mechanics Division, 1997, 103 (EM2): 229 - 241.

[7] ELWI A A, MURRAY D W. A 3D hypoelastic concrete Constitutive relationship [J]. Journal of the Engineering Mechanics Division, 1979, 105 (4): 623 - 641.

[8] 汤广来,赵坤. 全量式混凝土非线性本构模型分析 [J]. 安徽建筑工业学院学报:自然科学版,1998,6 (3): 39 - 41.

[9] 刘军,林皋. 适用于混凝土结构非线性分析的损伤本构模型研究 [J]. 土木工程学报,2012,45 (6): 50 - 57.

[10] 宋玉普. 多种混凝土材料的本构关系和破坏准则 [M]. 北京:中国水利水电出版社,2002.

[11] QRTIZ M. A constitutive theory for inelastic behavior of concrete [J]. Mechanics of Materials. Journal of Structure Division. 1985, 95 (12): 2535 - 2563.

[12] LOLAND K E. Concrete damage model for load - response estimation of Concrete [J]. Coment & Concrete Research. 1980, 10 (3): 392 - 492.

[13] GERSTLE K B, ZIMMERMAN R M, WINKLER H, et al. Behavior of concrete under multiaxial stress states [J]. Journal of the Engineering Mechanics Division. 1980, 106 (6): 1383 - 1403.

[14] 殷有泉. 岩石的塑性、损伤及其本构表述 [J]. 地质科学,1995,30 (1): 63 - 70.

[15] 陈惠发. 土木工程材料的本构方程:第二卷塑性与建模 [M]. 武汉:华中科技大学出版社. 2001.

[16] FARIA R, OLIVER J, CERVERA M. A strain - based plastic viscous - damage model for massive concrete structures [J]. International Journal of Solids and Structures, 1998, 35 (14): 1533 - 1558.

[17] WU J Y, LI J, FARIA R. An energy release rate - based plastic - damage model for concrete [J]. International Journal of Solids and Structures. 2006, 43 (3 - 4): 583 - 612.

[18] OÑATE E, OLLER S, OLIVER J, et al. A constitutive model of concrete based on the incremental theory of plasticity [J]. Engineering Computations, 1993, 5 (4): 309 - 319.

[19] BĀZANT, ZDENĚK P, PIJAUDIER - Cabot, et al. Measurement of Characteristic Length of Nonlocal Continuum [J]. Journal of Engineering Mechanics, 1989, 115

(4)：755 - 767.

[20] TRUNK B，WITTMANN F. Influence of size on fracture energy of concrete [J]. Materials and Structures，2001，34 (5)：260 - 265.

[21] PERZYNA P. Fundamental problems in visco - plasticity [J]. Advanced in Applied Mechanics，1996，9 (2)：243 - 277.

[22] DUVAUT G，LIONS J L，JOHN C W，et al. Inequalities in mechanics and physics [J]. Journal of Applied Mechanics，1976，44 (2)：364 - 378.

[23] LEE J，FENVES G L. Plastic - damage model for earthquake analysis of dams [J]. Earthquake Engineering and Structural Dynamics，1988，27 (9)：937 - 856.

[24] BREYSSE，DENIS. Probabilistic formulation of damage - evolution law of cementitious composites [J]. Journal of Engineering Mechanics，1990，116 (7)：1489 - 1510.

[25] KANDARPA S，KIRKNER D J，SPENCER B F，et al. Stochastic damage model for brittle materials subjected to monotonic loading [J]. Journal of Engineering Mechanics，1996，122 (8)：788 - 799.

[26] 范镜泓. 材料变形与破坏的多尺度分析 [M]. 北京：科学出版社，2008.

[27] LI J，REN X D. Homogenization - based multi - scale damage theory [J]. Science China Physics，Mechanics and Astronomy，2010，53 (4)：690 - 698.

[28] 李杰，陈建兵，吴建营. 混凝土随机损伤力学 [M]. 北京：科学出版社，2014.

[29] HOLMEN J O. Fatigue of concrete by constant and variable amplitude loading [J]. ACI Special Publication，Fatigue of Concrete Structures，1982，75 (4)：71 - 110.

[30] LE J L，BAZANT Z P，BAZANT M Z. Unified nano - mechanics based proba - bilistic theory of quasibrittle and brittle structures：I. Strength，static crack growth，lifetime and scaling [J]. Journal of the Mechanics and Physics of Solids，2011，59 (7)：1291 - 1321.

[31] 丁兆东，李杰. 基于微-细观机理的混凝土疲劳损伤本构模型 [J]. 力学学报，2014，46 (6)：911 - 919.

[32] HORN R G，ISRAELACHVILI J N. Direct measurement of structural forces between two surfaces in a nonpolar liquid [J]. The Journal of Chemical Physics，1981，75 (3)：1400 - 1411.

[33] MAALI A，COHEN - Bouhacina T，Couturier G，et al. Oscillatory dissipation of a simple confined liquid [J]. Physical Review Letters，2006，97 (8)：86 - 105.

[34] JOHNSTON W G，GILMAN J J. Dislocation velocities，dislocation densities，and plastic flow in lithium fluoride crystals [J]. Journal of Applied Physics，1959，30 (2)：129 - 144.

第7章　盐冻环境下混凝土结构损伤模拟

在我国西北地区先后修建了一批大型引水、提水灌溉工程，在大规模、长距离、跨流域输调水工程中，渡槽、出水塔等水工混凝土建筑物，成为西北地区灌区最常用的一种水工建筑物。但是由于这些建筑物长期地带负荷运行，以及特殊的地理环境特征，建筑物结构出现了不同程度的损伤，严重影响了结构的正常使用和安全运用。三维有限元软件能够较全面地模拟结构的受力特性，对于结构的复杂性问题，容易处理，计算精度较高。本章以甘肃省景泰川电力提灌工程中的渡槽排架和出水塔结构作为研究对象，结合其运行环境（长期与水接触并遭受盐冻侵蚀影响），开展盐冻条件下的结构耐久性能研究，通过三维有限元模拟软件，依据前面试验中得出的部分相关参数，分析渡槽排架和出水塔结构在盐冻环境影响下，承受不同荷载作用的应力应变特征。

7.1　有限元基本原理与方法

7.1.1　有限元基本原理

有限单元法是一种起源于结构矩阵分析的物理场数值计算方法，目前已经成为工程领域中不可或缺的计算机辅助分析方法，ANSYS 搭起了有限元理论和工程数值计算之间的桥梁，成为处理工程实际的一条有效途径。有限元通过连续体离散化的办法作为处理结构问题基本思路，把具有无限自由度的连续体，离散化为许多具有有限未知量的小块区域的集合体，使问题简单化为适合于数值求解的结构型问题，有限元的实现过程主要包括以下环节。

1. 结构的离散化

根据要分析结构选择合适的单元类型，并依据单元类型划分接近实际结构的有限单元网格，以划分好的网格模型代替原来的结构进行应力应变分析。

2. 位移函数的选择

为了分析离散化的结构模型，并用结点位移来表示结构的应力和位移变形，需要选择合适的位移函数，通常以单项式作为单元的位移函数，多项式的项数等于节点自由度数，位移函数矩阵如下：

$$\{f\}=[N]\{d\} \tag{7.1}$$

式中：$\{f\}$ 为单元内任一点的位移列阵；$[N]$ 为形函数矩阵；$\{d\}$ 为单元的节点位移列阵。

3. 单元力学特性分析

(1) 应变方程：

$$\{\varepsilon\}=[H]\{f\}=[H][N]\{d\}=[B]\{d\} \tag{7.2}$$

式中：$\{\varepsilon\}$ 为应变分量列阵；$[H]$ 为几何方程微分算符组成的矩阵；$[B]$ 为坐标函数。

(2) 应力方程：

$$\{\sigma\}=[D][B]\{d\}=[S]\{d\} \tag{7.3}$$

式中：$\{\sigma\}$ 为单元任一点应力分量列阵；$[D]$ 为材料弹性矩阵；$[S]$ 为应力转换矩阵。

(3) 节点力与节点位移关系式：

$$\{F\} = (\int_V [B]^{\mathrm{T}}[D][B]\mathrm{d}V)\{d\} = [K]\{d\} \tag{7.4}$$

式中：$[K]$ 为成为单元刚度矩阵。

4. 等效节点荷载计算

$$\{R_{\mathrm{e}}\}=[N]^{\mathrm{T}}\{P\} \tag{7.5}$$

式中：$\{R_{\mathrm{e}}\}$ 为等效节点荷载分量；$\{P\}$ 为单元任一点作用荷载。

5. 整体平衡方程及总刚度矩阵

$$[K]\{u\}=\{P\} \tag{7.6}$$

$$\{u\}=[u_1 u_2 u_3 \cdots u_q]^{\mathrm{T}} \tag{7.7}$$

$$[K]=\begin{bmatrix} K_{11} & K_{12} & \cdots & K_{1q} \\ K_{21} & K_{22} & \cdots & K_{2q} \\ \vdots & \vdots & \ddots & \vdots \\ K_{q1} & K_{q2} & \cdots & K_{qq} \end{bmatrix} \tag{7.8}$$

$$\{P\}=[P_1 P_2 P_3 \cdots P_q] \tag{7.9}$$

式中：$[K]$ 为总刚度矩阵；$\{u\}$ 为节点位移分量列阵；$\{P\}$ 为节点荷载分量列阵。

6. 节点位移及应力计算

通过上述计算公式解出节点位移，再依据给出的关系计算单元和位置节点的应变及应力。随着离散化单元体数量的不断增加，计算结果精度也会不断提高，直至最终收敛于精确解，最终整理并输出满足工程实际需要的结果。

7.1.2　ANSYS 结构建模

ANSYS 结构建模主要包括前处理、分析计算和后处理三大模块。前处理模块主要有建模和网络划分两部分，具有强大的建模功能，拥有灵活的 CAD 图形接口及 CAE 数据接口，分析计算模块主要用于结构分析、电磁场分析、多物理场等的耦合分析，并能够模拟多物理介质之间的相互作用，后处理模块是通过数据处理和图形两种方式显示，数据处理输出的计算结果以列表的形式列出，同时能够将数据进行排序、运算、路径结果运算及误差估计等多种处理。

混凝土结构模拟分析方法有整体式和分离式两种。整体式分析方法是将钢筋和混凝土作为一个整体考虑，采用此方法要求结构建模中将钢筋的布置情况考虑进去，建立实体模型，通过在钢筋上加载预应力和预应力钢筋与混凝土产生的耦合作用使预应力作用在混凝土构件上。整体式分析模型在分析混凝土和钢筋之间的相互作用和微观机理等方面有着突出的优势，应用非常广泛。分离式分析方法是将钢筋和混凝土当作是单独的个体来计算，通过公式换算法使预应力钢筋和混凝土的耦合作用效果转变为荷载，并加载到混凝土结构上。分离式法在快速分析结构性态方面具有一定的优势。

7.1.3 结构模态分析

精确的结构模态分析是结构动态分析的基础，通过模态分析获得结构自振频率和振型，反应结构内部状态及固有属性，其实质就是求解结构振动特征方程。

无阻尼结构自由振动方程为

$$[M]\{\ddot{X}(t)\}+[K]\{X(t)\}=\{0\} \tag{7.10}$$

式中：$[M]$ 为质量矩阵；$[K]$ 为刚度矩阵；$\{\ddot{X}(t)\}$ 为加速度向量；$\{X(t)\}$ 为位移向量。

假设振动为简谐振动：

$$\{X(t)\}=\{\phi\}\sin(\omega t+\theta) \tag{7.11}$$

式中：$\{\phi\}$ 为结构形状；θ 为相位角。

对式（7.11）二次求导得

$$\{\ddot{X}(t)\}=-\omega^2\{\phi\}\sin(\omega t+\theta) \tag{7.12}$$

代入式（7.10），得自由振动特征方程为

$$([K]-\omega^2[M])\{\phi\}=\{0\} \tag{7.13}$$

模态分析就是计算该特征方程的特征值 ω_i 及其对应的特征向量 $\{\phi_i\}$。

7.1.4 谱反应分析

反应谱分析法是以单质点弹性体系在实际地震过程中的反应为基础，来进行结构反应分析，它通过反应谱能够巧妙地使动力问题转化为静力问题，从而

使复杂结构的地震反应分析简单易行。根据模计算分析的振动特性，设计反应谱可根据场地类别和结构自振周期按图 7.1 所示采用。

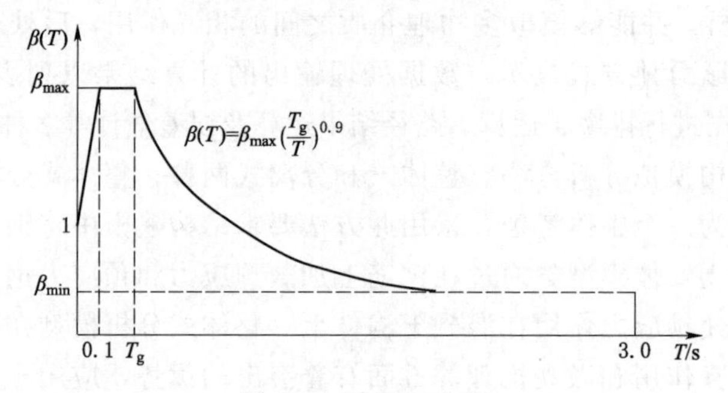

图 7.1　设计反应谱

反应谱曲线方程为

$$\beta=\begin{cases}1+10T(\beta_{\max}-1) & (0<T\leqslant 0.1)\\ \beta_{\max} & (0.1<T<T_g)\\ \left(\dfrac{T_g}{T}\right)^{0.9}\beta_{\max} & (T_g\leqslant T)\end{cases} \tag{7.14}$$

式中：β 为反应谱；$\beta_{\max}$ 为设计反应谱最大值，取值见表 7.1；T 为固有周期；T_0 为特征周期；T_g 为不同类别场地特征周期，取值参见表 7.2。

表 7.1　　设计反应谱最大值

建筑物类型	重　力　坝	水闸、进水塔及其他混凝土建筑物	拱　　坝
$\beta_{\max}$	2.00	2.25	2.25

表 7.2　　特 征 周 期 值

地 震 分 组	场 地 类 别				
	Ⅰ$_0$	Ⅰ$_1$	Ⅱ	Ⅲ	Ⅳ
第一组	0.20	0.25	0.35	0.45	0.65
第二组	0.25	0.30	0.40	0.55	0.75
第三组	0.30	0.35	0.45	0.65	0.90

7.2　渡槽结构的有限元分析

7.2.1　工程概况及模型材料参数

1. 工程概况

以景泰川电力提灌区二期工程总干渠所属输水建筑物 5 号 U 形渡槽为

研究对象，建立 ANSYS 有限元模型进行结构应力及变形研究。该渡槽为钢筋混凝土 U 形薄壁结构，渡槽底端与地基直接相连，为盆式橡胶型支座。渡槽单跨长度为 12.0m，底板厚度为 0.5m，渡槽顶部至制作底端距离为 17.0m，该渡槽过水时的设计水深为 3.05m，加大水深为 3.4m。渡槽下部排架的横断面尺寸为 1.4m×1.1m，渡槽的基础尺寸为 7.4m×4.0m×1.6m，渡槽槽身端部及跨中结构图如图 7.2 和图 7.3 所示，渡槽排架结构图如图 7.4 所示。

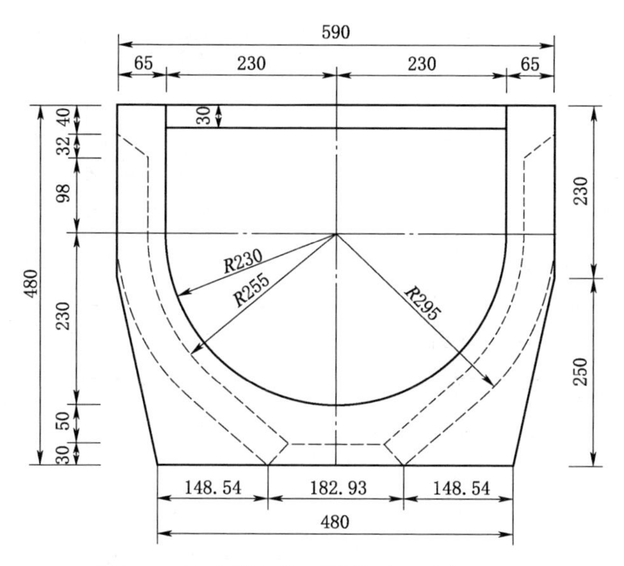

图 7.2 渡槽槽身端部结构图（单位：cm）

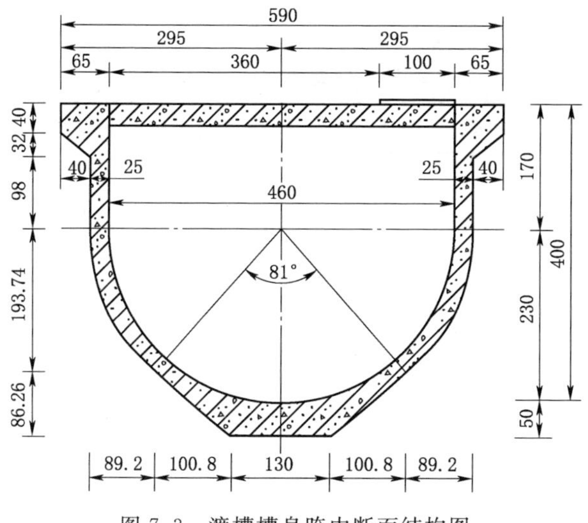

图 7.3 渡槽槽身跨中断面结构图

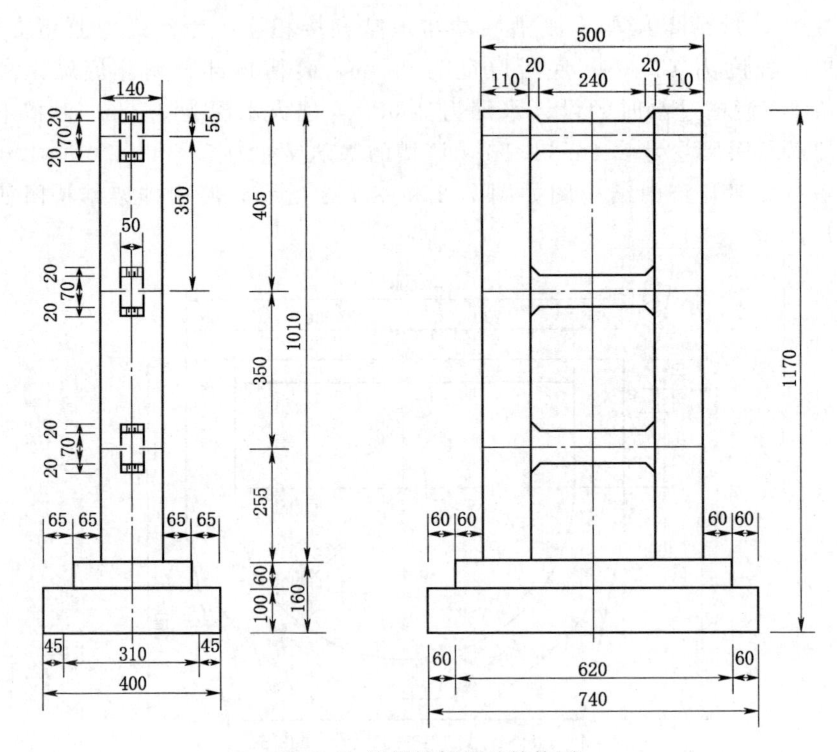

图7.4　渡槽排架基础结构图

渡槽跨中断面面积为38030cm²，其中配筋断面面积为294.49275cm²，混凝土断面面积为37735.50725cm²，断面配筋计算见表7.3，断面配筋如图7.5所示。

表7.3　　渡槽跨中断面配筋计算表

编　号	钢筋半径/cm	钢筋直径/cm	钢筋数量/个	单根面积/cm²	总面积/cm²
1	1	2	6	3.14	18.84
2	0.6	1.2	8	1.1304	9.0432
3	0.6	1.2	14	1.1304	15.8256
4	0.6	1.2	8	1.1304	9.0432
5	0.6	1.2	25	1.1304	28.26
6	1.25	2.5	6	4.90625	29.4375
7	1.25	2.5	7.5	4.90625	36.796875
总计					147.246375

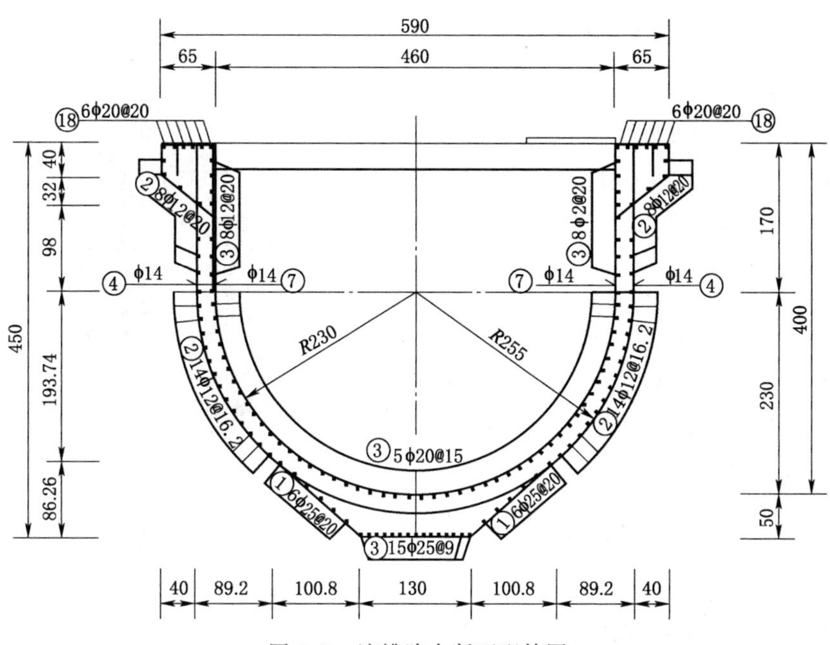

图 7.5 渡槽跨中断面配筋图

2. 材料参数

渡槽槽身及排架结构、底部支座采用 C30 混凝土，其各项参数指标为：密度 $\rho=2510\mathrm{kg/m^3}$；动弹性模量 $E_1=4.04\times10^4\mathrm{MPa}$；静弹性模量 $E_2=3.11\times10^4\mathrm{MPa}$（动弹性模量=1.3 倍静弹性模量）；泊松比 $\nu=0.167$。渡槽底部盆式橡胶支座各项参数指标为：密度 $\rho=2500\mathrm{kg/m^3}$；弹性模量 $E=0.368\times10^4\mathrm{MPa}$；泊松比 $\nu=0.35$。为探究渡槽排架结构在盐冻作用下的受力及变形情况，选择在复合溶液侵蚀下冻融循环 100 次的混凝土试验数据，作为渡槽排架结构破坏后的参数，其各项参数指标为：密度 $\rho=2420\mathrm{kg/m^3}$；动弹性模量 $E_1=1.74\times10^4\mathrm{MPa}$；静弹性模量 $E_2=1.34\times10^4\mathrm{MPa}$；泊松比 $\nu=0.167$，渡槽各部分材料属性见表 7.4。

表 7.4　　渡槽各部分材料属性表

组成部分	材料		密度/(kg/m³)	动弹性模量/(10⁴MPa)	静弹性模量/(10⁴MPa)	泊松比
槽身	C30 混凝土		2510	4.04	3.11	0.167
排架	C30 混凝土	试验前	2510	4.04	3.11	0.167
		试验后	2420	1.74	1.34	0.167

注 灌区中硫酸盐侵蚀与冻融循环破坏主要作用于渡槽排架部位，故模拟中只考虑改变排架材料参数。

7.2.2　有限元模型建立与计算荷载

1. 模型建立

本次建立的渡槽 ANSYS 有限元模型为规则性状的 U 形渡槽，应用 Solid45 三维实体单元，其中直角坐标系的 X 方向为渡槽横向，Y 方向为垂直竖向，Z 方向为渡槽纵向。模型以映射网格方式划分，划分单元总数为 24712 个，节点总数为 30205 个。渡槽有限元模型如图 7.6 所示，渡槽网格划分如图 7.7 所示。

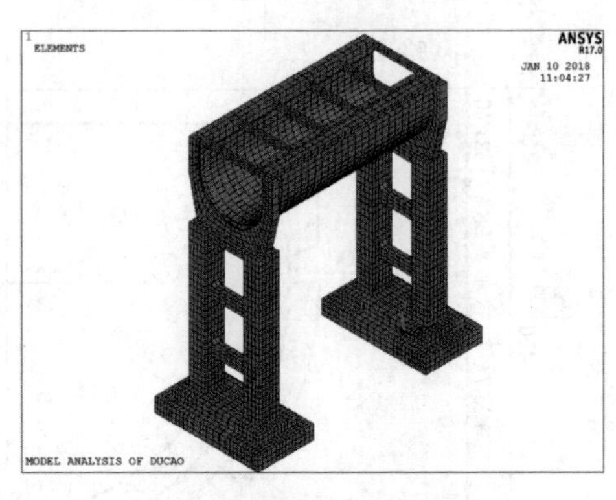

图 7.6　渡槽有限元模型

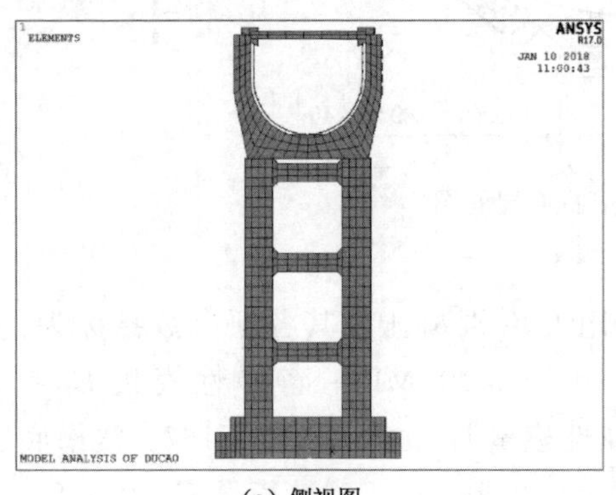

(a) 侧视图

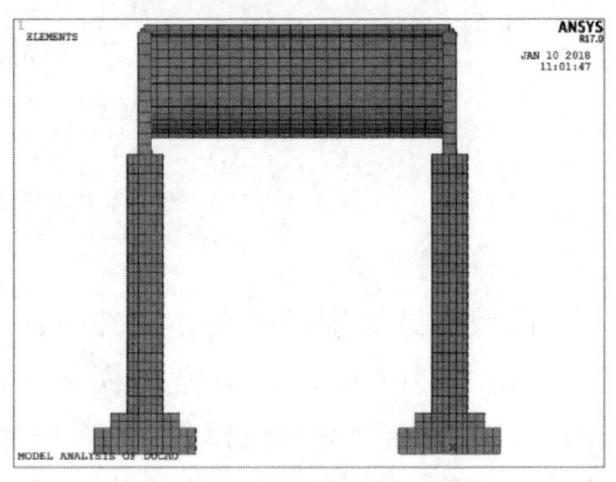

(b) 立视图

图 7.7　渡槽网格划分图

对渡槽排架结构进行静力分析，对比盐冻作用前后渡槽结构的受力情况并设计两种工况。

工况 1：盐类侵蚀-冻融循环作用前自重＋静水压力＋人群荷载＋风荷载。

工况 2：盐类侵蚀-冻融循环作用后自重＋静水压力＋人群荷载＋风荷载。

2. 模型计算荷载

模型分析所采用的 ANSYS 单元为 Solid45 单元。该模型单元用于构建三维实体结构，单元内共有 8 个节点，每个节点均具有 X、Y、Z 3 个方向位移的自由度。Solid45 单元具有可塑性、蠕变、膨胀、应力强化、反应大变形和大应变等优点，适合构建渡槽排架结构模型。模型计算荷载及约束条件描述如下。

(1) 荷载。

1) 自重。模型自重作为体积力计算，通过对模型添加 Y 向的加速度值来施加重力荷载。

2）静水压力。渡槽内水的容重 $\gamma=10\text{kN/m}^3$，静水压力作用于渡槽槽壳单元内表面，槽身内设计水深为 3.05m，加大水深为 3.4m。

3）风荷载。风荷载垂直作用于渡槽结构模型侧面，依据《建筑结构荷载规范》(GB 50009—2012)，计算风荷载公式为

$$W_k=\beta_z\mu_s\mu_z W_0 \tag{7.15}$$

式中：W_k 为风荷载标准值；β_z 为高度 z 处的风振系数，取值 $\beta_z=1$；μ_s 为风荷载体型系数，取值 $\mu_s=1.4$；μ_z 为风压高度变化系数，取值 $\mu_z=1.2$；W_0 为基本风压，景泰川电力提灌区地区取值 $W_0=0.4$。

则式（7.15）为：$W_k=1\times1.4\times1.2\times0.4=0.672\ (\text{kN/m}^2)$。

4）人群荷载。人群荷载作用于渡槽槽身顶端两边的人行道板上，取值 $\sigma=2.5\text{kN/m}^2$。

5）地震荷载。依据《建筑结构荷载规范》(GB 50009—2012)，渡槽排架结构最大反应谱值为 $\beta_{max}=2.25$，依据《中国地震动参数区划图》(GB 18306—2015)，景泰川电力提灌区特征周期取值 0.35。

(2) 约束条件。渡槽结构模型约束作用于排架基础底部的节点，从 X、Y、Z 3 个方向上对每个节点施加约束。

7.2.3　渡槽排架结构钢筋混凝土材料等效处理

水工渡槽结构主要由钢筋和混凝土组成，因此在构建渡槽模型时应考虑两者对应关系。如果分别设定两者参数，会导致模型复杂化且单元体位移及自由度大大增加，不利于计算分析，故将钢筋假定为均匀材料并对其弹性模量等参数做等效处理，最终将钢筋与混凝土视为同一个整体考虑来构建模型。

1. 弹性模量等效处理

结构整体所受合力为

$$N_{cr}=N_c+N_s \tag{7.16}$$

$$A_{cs}=A_c\sigma_c+A_s\sigma_s \tag{7.17}$$

依据纵向变形协调条件得

$$A_{cs}E_{cs}=A_cE_c+A_sE_s \tag{7.18}$$

整理式（7.16）~式（7.18）得

$$E_{cs}=\frac{A_cE_c+A_sE_s}{A_c+A_s} \tag{7.19}$$

由于

$$A_c+A_s\approx A_c \tag{7.20}$$

将式（7.20）代入式（7.19）可得

$$E_{cs}=\frac{A_c E_c+A_s E_s}{A_c+A_s}=E_c+\frac{A_s}{A_c}E_s=E_c+\mu E_s \tag{7.21}$$

2. 容重等效处理

结构容中计算式：

$$\rho_{cs}A_{cs}=\rho_c A_c+\rho_s A_s \tag{7.22}$$

整理式（7.22）可得

$$\rho_{cs}=\frac{\rho_c A_c+\rho_s A_s}{A_c+A_s} \tag{7.23}$$

式中：E_c 为混凝土弹性模量；A_c 为混凝土面积；ρ_c 为混凝土容重；E_s 为钢筋弹性模量；A_s 为钢筋面积；ρ_s 为钢筋容重；E_{cs}为钢筋混凝土等效弹性模量；A_{cs}为钢筋混凝土等效面积；ρ_{cs}为钢筋混凝土等效容重。

7.2.4　渡槽结构静态分析

工况 1 和工况 2 大主应力云图如图 7.8 所示。工况 1 中的大主应力最大值出现在渡槽槽身低端与底座支架连接部位，应力最大值为拉应力即 2.22MPa，在槽身两侧出现最小值，为压应力即 0.59MPa。工况 2 中最大应力与最小应力值位置未发生较大变动，其拉应力值为 2.14MPa，压应力值为 0.56MPa。两种工况下受力变形并不明显，说明盐类侵蚀与冻融循环作用对渡槽结构大主应力影响很小。

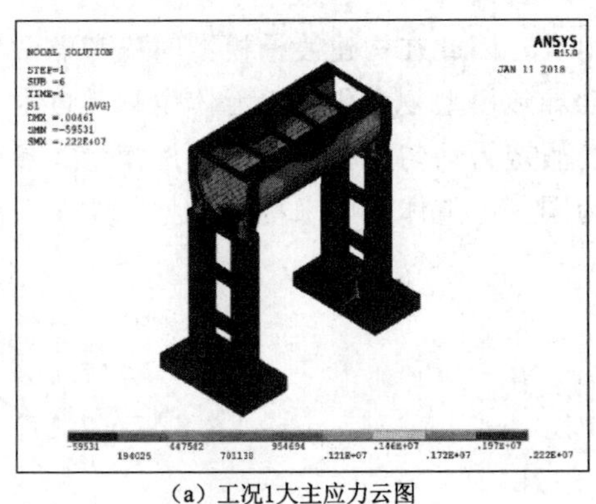

(a) 工况1大主应力云图

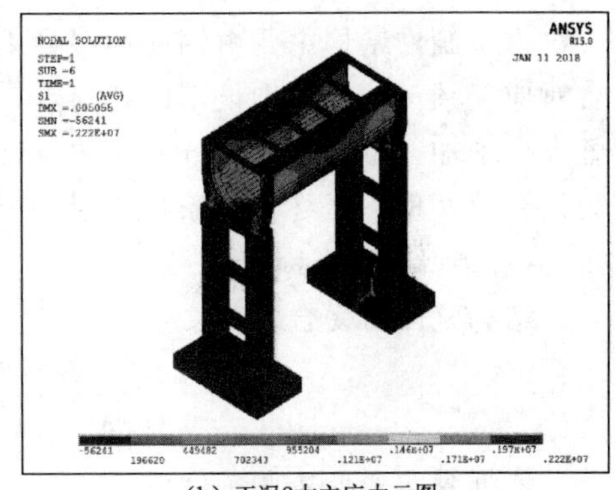

(b) 工况2大主应力云图

图 7.8　工况 1 和工况 2 大主应力云图

工况 1 和工况 2 小主应力云图如图 7.9 所示。工况 1 中小主应力最大值出现在槽身底板外壁跨中部位，应力最大值为拉应力即 0.031MPa，最小值出现在槽身两端底部与支座接触的部位，最小值为压应力即 0.664MPa。工况 2 小主应力中最大值位置及数值较工况 1 未发生变化，应力最小值仍为槽身两端底部与支座接触的部位，其压应力值为 0.506MPa。上述情况表明盐冻作用对渡槽排架结构小主应力的影响主要集中在受压区，在渡槽运行过程中应注意槽身两端底部与支座接触的部位，防止其发生破坏。

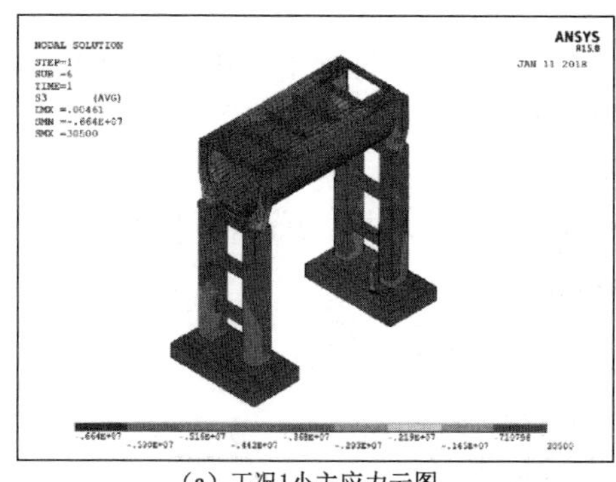

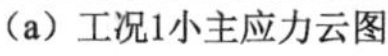
(a) 工况1小主应力云图

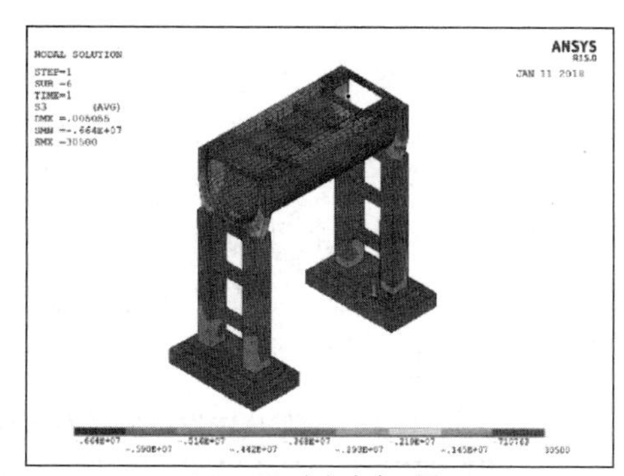

(b) 工况2小主应力云图

图 7.9 工况 1 和工况 2 小主应力云图

工况 1 和工况 2 总位移分布云图如图 7.10 所示。工况 1 中渡槽结构最大位移出现在渡槽现在槽身拉杆中部，位移值为 0.461mm，工况 1 中渡槽结构最大位移出现在渡槽人行道板中部，其最大值为 0.506mm。表明在盐类侵蚀与冻融循环作用前后，渡槽结构总位移发生变化，盐冻作用前由于静水压力槽身拉杆出现大位移，盐冻作用后渡槽结构受人群荷载明显，最大位移出现在人行道板中部。

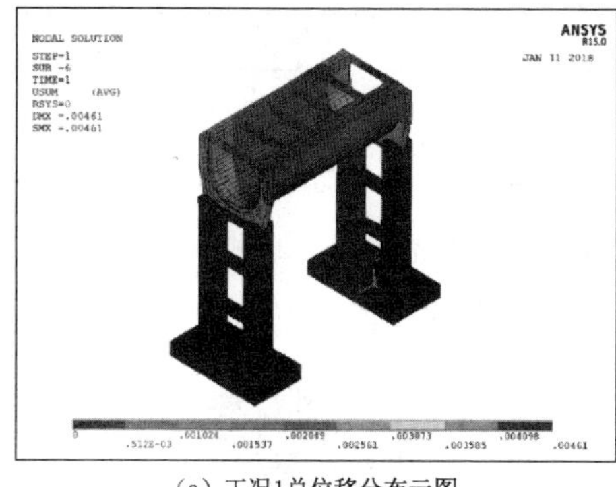

(a) 工况1总位移分布云图

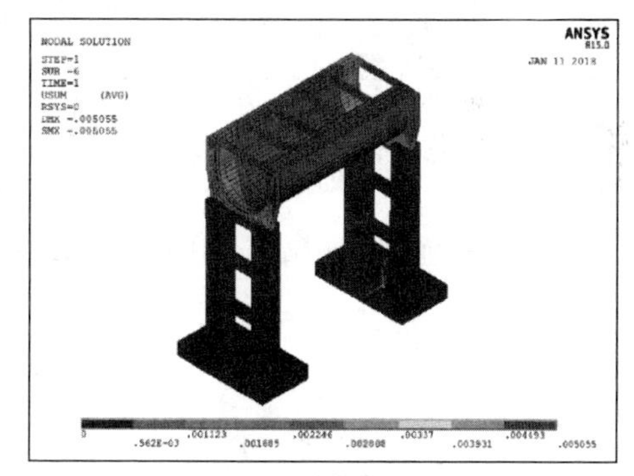

(b) 工况2总位移分布云图

图 7.10 工况 1 和工况 2 总位移分布云图

7.2.5 渡槽结构动态分析

位于我国西北部的景泰川电力提灌区地震烈度为Ⅶ度，因此需分析在地震情况下渡槽排架结构的受力及变形情况，故设计两种工况作为研究对比。

工况 3：盐类侵蚀-冻融循环作用前地震荷载＋自重＋静水压力＋人群荷

载＋风荷载。

工况 4：盐类侵蚀-冻融循环作用后地震荷载＋自重＋静水压力＋人群荷载＋风荷载。

对渡槽的地震分析采用反应谱分析法，在地震分析过程中以单质点弹性体系的反应为基础，进行渡槽结构应力变形分析。

1. *渡槽排架结构模态分析*

本次渡槽模型的结构模态分析采用 Block Lanczos 法，以解得模型的自振频率，渡槽模型遭受盐类侵蚀与冻融循环作用前后的自振频率分别见表 7.5 和表 7.6。

表 7.5　　盐冻作用前渡槽结构自振频率计算结果

振型阶数	频率/Hz	振型阶数	频率/Hz	振型阶数	频率/Hz	振型阶数	频率/Hz
1	3.9686	5	11.413	9	16.422	13	22.355
2	5.2941	6	12.930	10	18.342	14	22.360
3	7.7447	7	13.981	11	21.407	15	25.426
4	11.385	8	16.244	12	21.917	16	27.140

表 7.6　　盐冻作用后渡槽结构自振频率计算结果

振型阶数	频率/Hz	振型阶数	频率/Hz	振型阶数	频率/Hz	振型阶数	频率/Hz
1	2.7078	5	11.332	9	15.069	13	19.787
2	4.1015	6	12.512	10	17.492	14	21.606
3	5.5769	7	12.696	11	17.818	15	22.321
4	9.6896	8	14.518	12	18.081	16	23.142

盐类侵蚀与冻融循环作用后渡槽模型的前 6 阶振型图如图 7.11～图 7.16 所示。

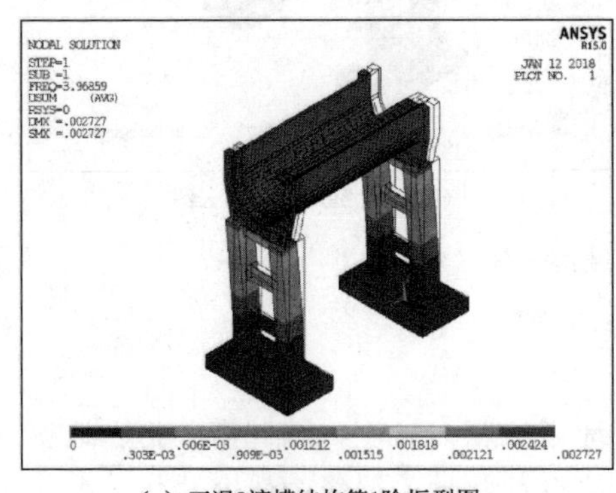

(a) 工况3渡槽结构第1阶振型图

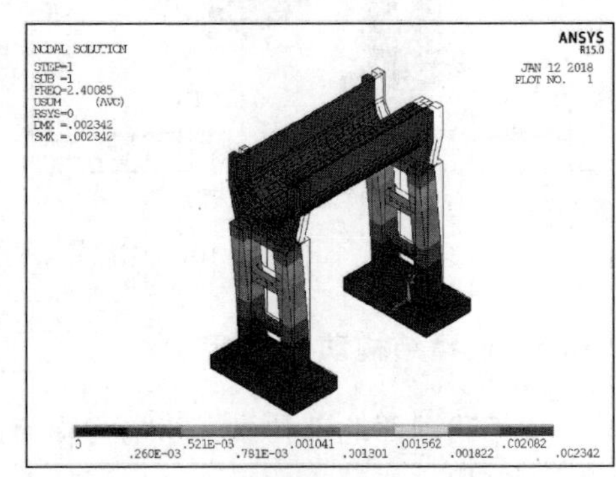

(b) 工况4渡槽结构第1阶振型图

图 7.11　工况 3 和工况 4 渡槽结构第 1 阶振型图

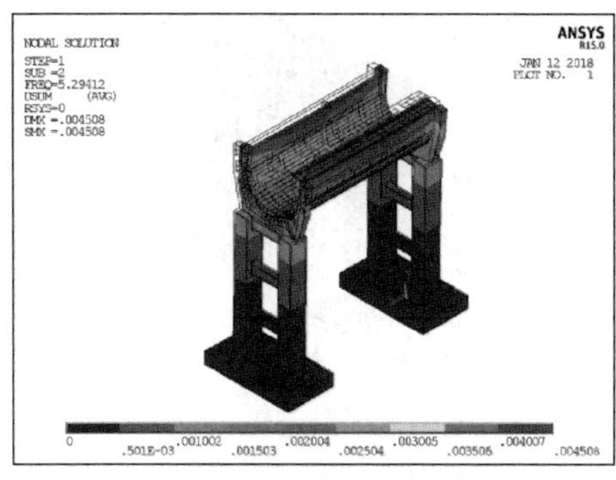

（a）工况3渡槽结构第2阶振型图

（b）工况4渡槽结构第2阶振型图

图 7.12　工况 3 和工况 4 渡槽结构第 2 阶振型图

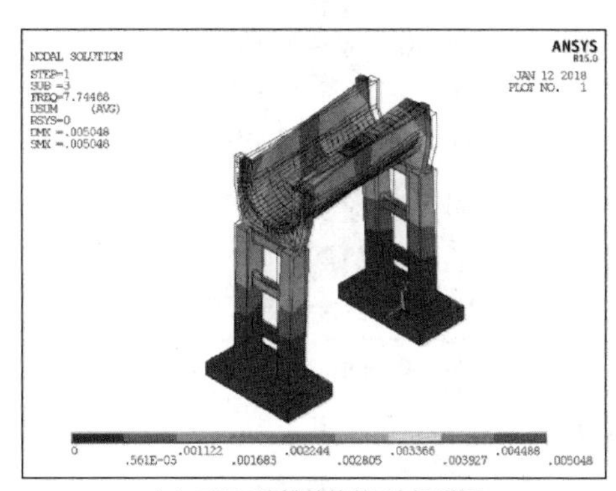

（a）工况3渡槽结构第3阶振型图

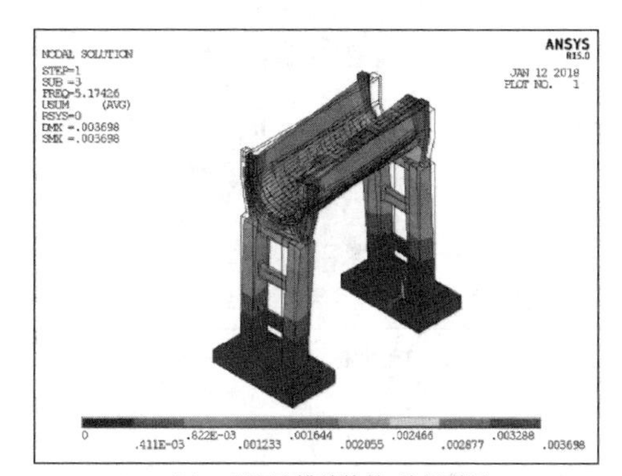

（b）工况4渡槽结构第3阶振型图

图 7.13　工况 3 和工况 4 渡槽结构第 3 阶振型图

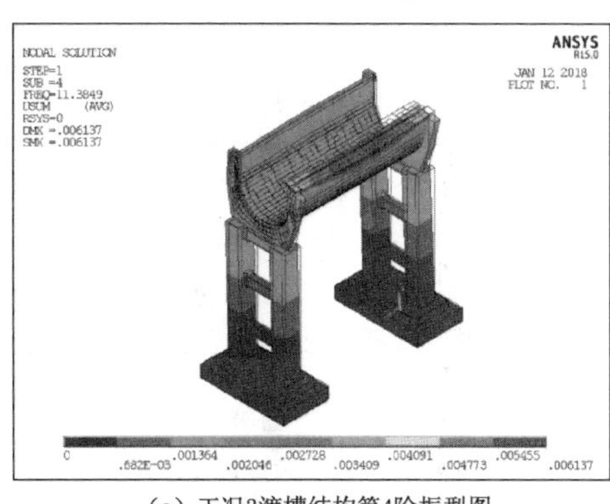

（a）工况3渡槽结构第4阶振型图

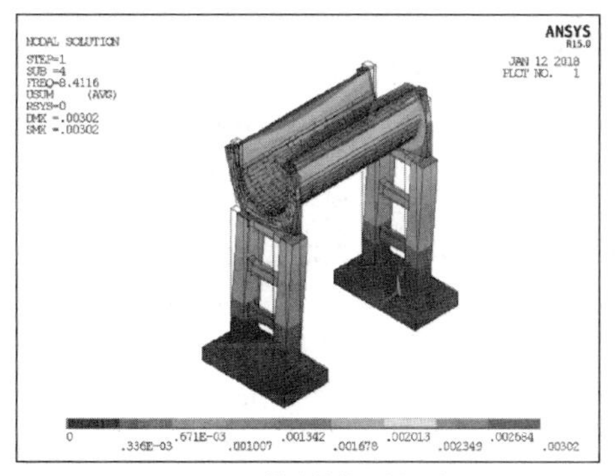

（b）工况4渡槽结构第4阶振型图

图 7.14　工况 3 和工况 4 渡槽结构第 4 阶振型图

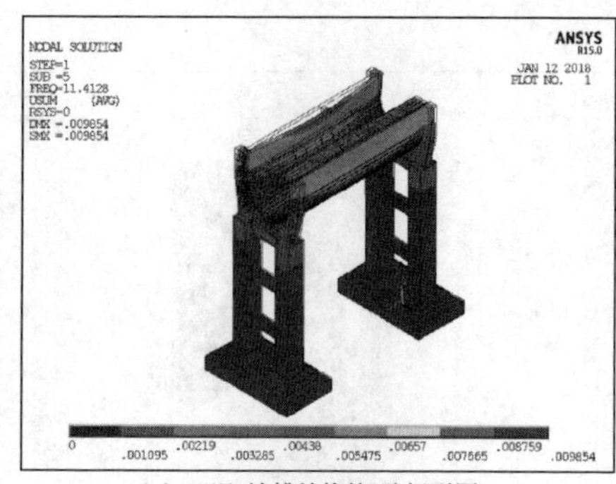

（a）工况3渡槽结构第5阶振型图

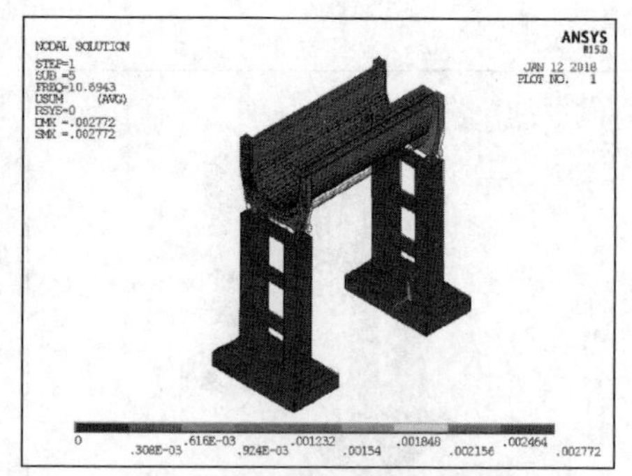

（b）工况4渡槽结构第5阶振型图

图 7.15　工况 3 和工况 4 渡槽结构第 5 阶振型图

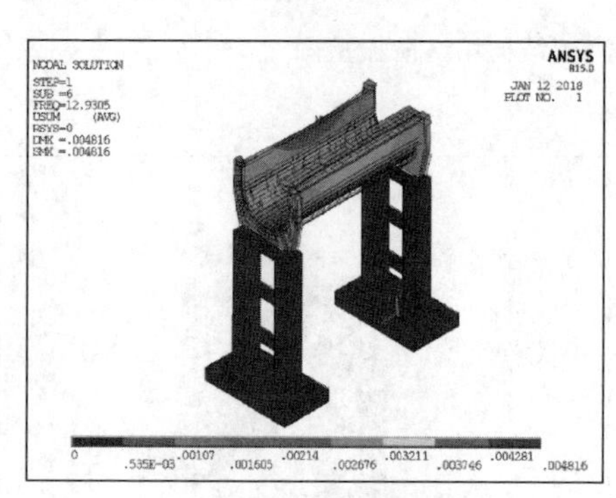

（a）工况3渡槽结构第6阶振型图

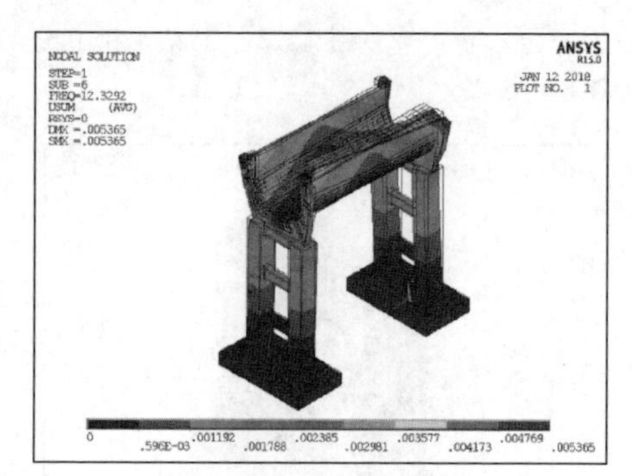

（b）工况4渡槽结构第6阶振型图

图 7.16　工况 3 和工况 4 渡槽结构第 6 阶振型图

通过上述 1～6 阶渡槽排架结构振型图，可以看出其振型特性，见表 7.7。

表 7.7　　　　渡槽结构前 6 阶振型特性

盐冻破坏作用前		盐冻破坏作用后	
振型阶数	振动特性	振型阶数	振动特性
1	槽身结构沿输水方向振动	1	槽身结构沿输水方向振动
2	槽身结构沿垂直输水方向做横向振动	2	槽身结构沿垂直输水方向做横向振动
3	槽身绕竖轴做横向扭转振动	3	槽身绕纵轴做横向扭转振动
4	槽身绕纵轴做扭转振动	4	槽身绕纵轴做扭转振动
5	槽身做竖直方向上下振动	5	槽身顶部做竖直方向上下振动
6	槽身绕纵轴做反向扭转振动	6	槽身顶部绕纵轴做反向扭转振动

从图 7.11～图 7.16 及表 7.7 中可知，1～6 阶振动过程中渡槽结构在低阶振动时均表现为横向振动，然后做竖直方向上的扭转振动，再做竖直方向上的上下振动，这表明渡槽结构的横向水平刚度小于其竖向刚度及扭转刚度。盐类侵蚀与冻融循环作用对渡槽结构低阶振动影响较小，未改变结构的低阶振型特性，只导致同阶的自振频率降低，盐冻作用对渡槽结构高阶振动影响较大，对结构安全运行存在不利影响。

2. 地震荷载下渡槽结构反应谱分析

如表 7.5 和表 7.6 所列，以渡槽排架结构模型前 16 阶振型数据为基础，可计算出其振动周期，再依据式（7.14）计算前 16 阶的反应谱值，结果见表 7.8 和表 7.9。

表 7.8　　盐冻作用前渡槽结构设计反应谱计算结果

阶数	频率/Hz	周期/s	谱值	阶数	频率/Hz	周期/s	谱值
1	3.9686	0.2519	2.2500	9	16.422	0.0609	1.7611
2	5.2941	0.1889	2.2500	10	18.342	0.0545	1.6814
3	7.7447	0.1291	2.2500	11	21.407	0.0467	1.5839
4	11.385	0.0878	2.0979	12	21.917	0.0456	1.5703
5	11.413	0.0876	2.0952	13	22.355	0.0447	1.5591
6	12.930	0.0773	1.9667	14	22.360	0.0446	1.5580
7	13.981	0.0715	1.8940	15	25.426	0.0393	1.4916
8	16.244	0.0616	1.7695	16	27.140	0.0368	1.4605

表 7.9　　耦合破坏后渡槽结构设计反应谱计算结果

阶数	频率/Hz	周期/s	谱值	阶数	频率/Hz	周期/s	谱值
1	3.9686	0.2519	2.2500	9	16.422	0.0608	1.7611
2	5.2941	0.1888	2.2500	10	18.342	0.0545	1.6814
3	7.7447	0.1291	2.2500	11	21.407	0.0467	1.5839
4	11.385	0.0878	2.0979	12	21.917	0.0456	1.5703
5	11.413	0.0876	2.0952	13	22.355	0.0447	1.5591
6	12.930	0.0773	1.9667	14	22.360	0.0447	1.5590
7	13.981	0.0715	1.8940	15	25.426	0.0393	1.4916
8	16.244	0.0615	1.7695	16	27.140	0.0368	1.4605

工况 3 和工况 4 大主应力云图如图 7.17 所示。工况 3 中最大正值拉应力出现在渡槽槽身两端与排架支座连接部位，最大应力值为 0.813MPa，最大负值压应力出现在排架底部与地基连接处，最大应力值为 0.219MPa，工况 4 中

最大拉应力与最大压应力出现位置没有发生改变，其最大拉应力、最大压应力值分别为 0.813MPa、0.217MPa。

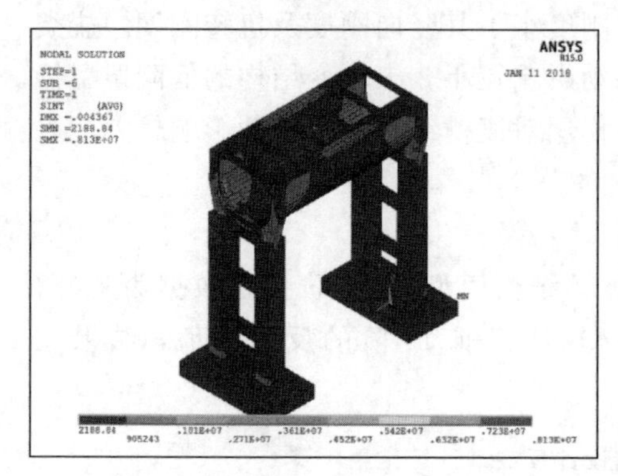

(a) 工况3大主应力云图

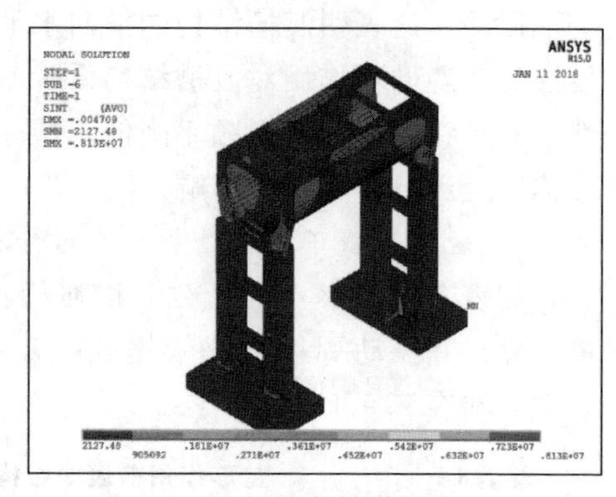

(b) 工况4大主应力云图

图 7.17　工况 3 和工况 4 大主应力云图

工况 3 和工况 4 小主应力云图如图 7.18 所示。工况 3 中最大正值拉应力出现在渡槽排架支座两端，最大应力值为 1.21MPa，最大负值压应力出现在渡槽槽身底部跨中部位，最大应力值为 0.254MPa，工况 4 中最大拉应力出现位置及拉应力都未发生变化，依旧在渡槽排架支座两端，拉应力值为 1.21MPa，最大负值压应力出现在渡槽槽身底部跨中部位，最大应力值为 0.257MPa。可以看出渡槽排架结构在盐冻作用前后受动荷载下其大主应力和小主应力变化幅度较小，说明破坏作用对结构的应力情况影响不大。

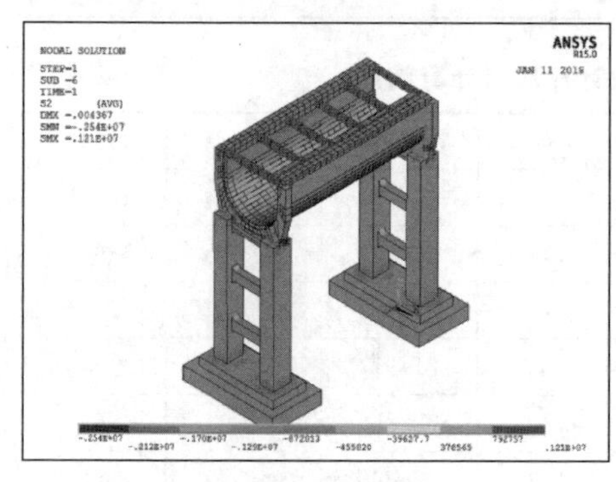

(a) 工况3小主应力云图

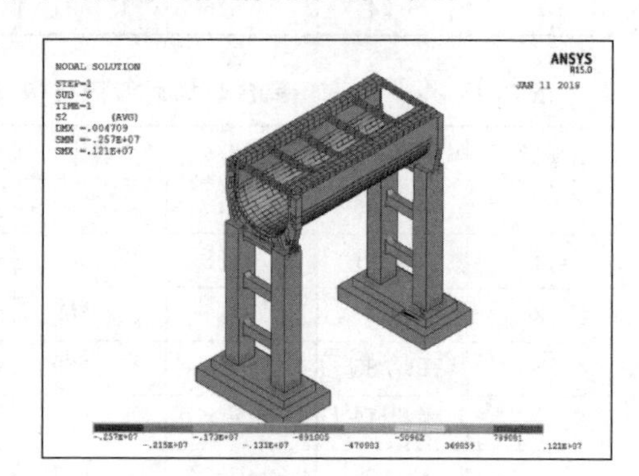

(b) 工况4小主应力云图

图 7.18　工况 3 和工况 4 小主应力云图

工况 3 和工况 4 总位移云图如图 7.19 所示。工况 3 最大位移变形出现在渡槽中部拉杆与渡槽槽身两端连接处，最大位移值为 4.367mm，工况 4 最大位移变形出现在渡槽槽身人行道板中部，最大位移值为 4.709mm，这说明渡槽排架结构在盐冻破坏作用前后位移变形由中心向两端移动，最大位移值也逐渐增大。

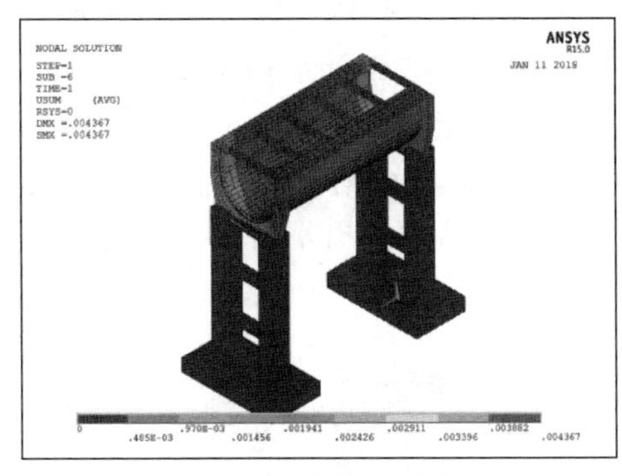

（a）工况3总位移分布云图

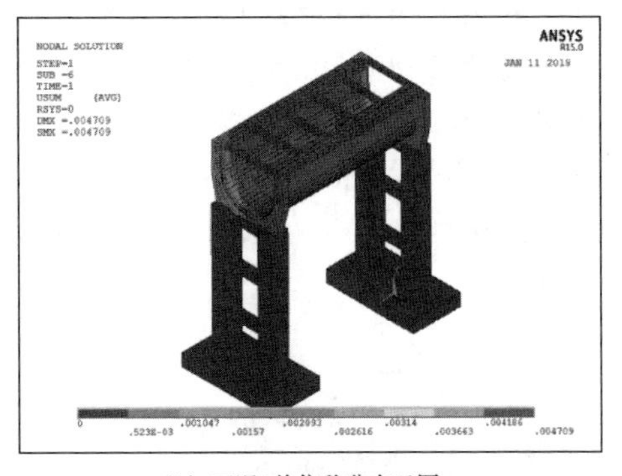

（b）工况4总位移分布云图

图 7.19　工况 3 和工况 4 总位移分布云图

7.2.6　渡槽有限元分析结果

对渡槽排架结构进行静态分析，通过对比工况 1 和工况 2 的大主应力、小主应力、总位移云图可知，两种工况下渡槽结构大主应力受力变形并不明显，说明盐类侵蚀与冻融循环作用对渡槽结构大主应力影响很小；盐冻作用对渡槽排架结构小主应力的影响主要集中在受压区，盐类侵蚀与冻融循环作用前后，渡槽结构总位移发生变化，盐冻作用前由于静水压力槽身拉杆出现大位移，盐冻作用后渡槽结构受人群荷载明显，最大位移出现在人行道板中部。在渡槽运行过程中应重点关注槽身两端底部与支座接触的部位，防止其发生破坏。

对渡槽排架结构进行动态分析，通过对比工况 3 和工况 4 可知，盐类侵蚀与冻融循环作用对渡槽结构低阶振动影响较小，低阶振型特性未发生改变，但渡槽结构同阶的自振频率降低，盐冻作用对渡槽结构高阶振动影响较大，对结构安全运行存在不利影响。

在地震荷载作用下，工况 3 和工况 4 中的拉应力多集中在渡槽槽身两端与排架支座连接部位，压应力多出现在排架底部和排架基础部位盐冻作用前后其大主应力和小主应力变化幅度较小，位移变形由中心向两端移动，最大位移值也逐渐增大，说明破坏作用对结构应力情况影响不大，对结构位移有一定的影响。

7.3　出水塔结构的有限元分析

7.3.1　工程概况及模型材料参数

出水塔是一种竖井式泄水建筑物，是高扬程梯级泵站的重要组成部分，出水塔底部与地基直接接触，采用桩基布置型式。以景泰川电力提灌区二期总干六泵站出水塔结构型式为例进行 ANSYS 有限元模拟计算分析。出水塔地面高程 1580.00m，顶部高程 1598.79m，按高程将出水塔分为三部分：高程 1580.00～1585.09m 为出水塔底层，底板半径 5.4m；1585.09～1594.09m 为出水塔中层；1594.09～1597.69m 为出水塔上层，上层圆筒混凝土结构外半径 5.0m，内径 4.7m。出水塔现场结构及出水塔模拟结构如图 7.20 所示。

(a) 出水塔现场结构图

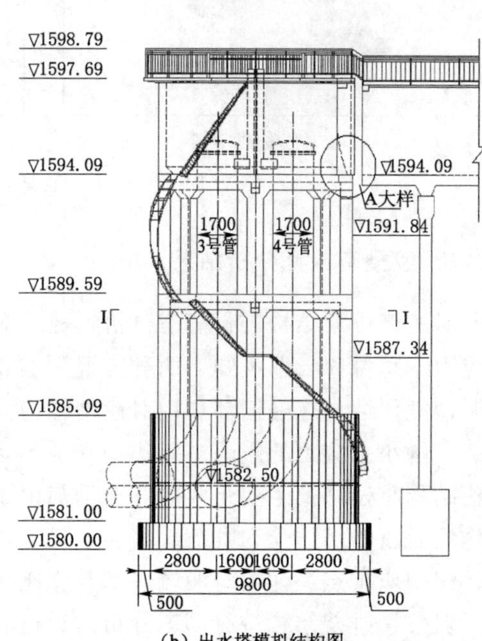

(b) 出水塔模拟结构图

图 7.20　出水塔现场结构及模拟结构图（高程单位为 m；尺寸单位为 mm）

出水塔结构基础部分混凝土出水塔混凝土采用 C30，密度 $\rho=2525\text{kg/m}^3$，动弹性模量 $E=4.16\times10^4\text{MPa}$，静弹性模量 $E=3.2\times10^4\text{MPa}$（动弹性模量=1.3 倍静弹性模量），泊松比 $\nu=0.167$；牛腿部分混凝土，密度 $\rho=2500\text{kg/m}^3$，动弹性模量为 $4.03\times10^4\text{MPa}$，静弹性模量 $E=3.10\times10^4\text{MPa}$，泊松比为 0.167。为了便于对比分析出水塔结构在遭受盐冻破坏对结构抗盐冻耐久性能的影响，选取复合溶液中冻融循环 100 次的混凝土试块试验数据作为出水塔混凝土耦合破坏后的参数，即：密度 $\rho=2420\text{kg/m}^3$，动弹性模量 $E=1.74\times10^4\text{MPa}$，静弹性模量 $E=1.34\times10^4\text{MPa}$，泊松比 $\nu=0.167$。

7.3.2　有限元模型建立以及计算荷载

在有限元模型中，X 轴为垂直压力管道的法向，Y 轴为压力管道径向，Z 轴为竖直方向，坐标原点位于结构底层中心处，距地面高度 5.0m。整个出水塔结构全部采用三维实体单元 Solid45 来模拟，整个结构划分三维有限元单元网格 112725 个，结点 32348 个，结构整体采用线弹性考虑。出水塔有限元模型及模拟网格划分如图 7.21 所示。

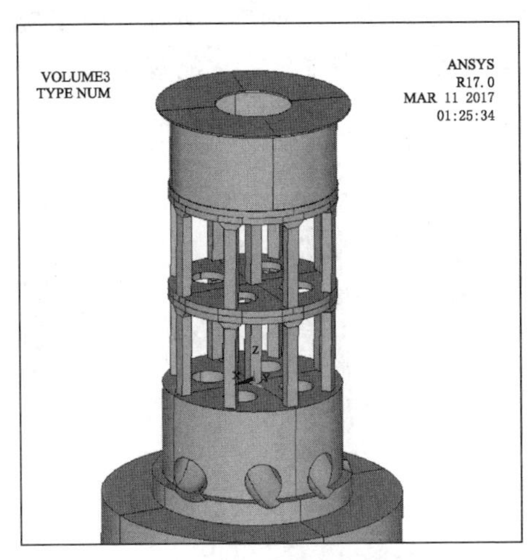

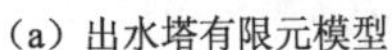
(a) 出水塔有限元模型

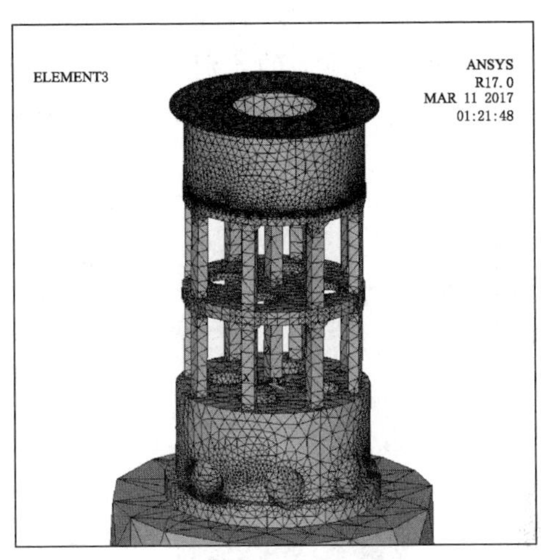

(b) 出水塔有限元模拟网格划分

图 7.21　出水塔结构有限元模型及模拟网格划分图

根据《建筑结构荷载规范》(GB 50009—2012)，计算出作用于出水塔结构侧面的风荷载为 0.682kN/m^2；作用于出水塔顶层的人群荷载为 2.5kN/m^2；自重荷载主要为沿 Z 向加速度值对整个模型施加重力荷载；地震荷载依据规范最大反应谱值 β_{max} 取为 2.25，根据《中国地震动参数区划图》(GB 18306—2015)，特征周期取值为 0.35。

约束主要作用于地基上，地基取圆柱形地基，深度取与出水塔高度相同，直径为出水塔底座直径的 1.5 倍，圆柱形地基沿侧面受径向约束，底面受 X、Y、Z 方向的约束。

7.3.3　出水塔结构静态分析

为了对比在冻融循环作用下复合盐对混凝土结构性能的影响，对比盐冻侵蚀作用前的混凝土结构的有限元静态分析结果，同样设计两种工况。

工况 1：盐冻作用前自重＋人群荷载＋风荷载。

工况 2：盐冻作用后自重＋人群荷载＋风荷载。

在自重、人群荷载、风荷载的作用下，盐冻循环前后出水塔结构的大主应力、小主应力及总位移云图分别如图 7.22～图 7.24 所示。

由图 7.22 第 1 主应力云图可知，工况 1 出水塔结构的在出水塔顶部的人群荷载作用的部位出现了应力值最大值，最大值为 0.353MPa（正值受拉），即为受拉区；在牛腿与基础接触的部位的应力值出现了应力最小值，最小值为－0.213MPa（负值受压），即受压区。工况 2 出水塔结构的最大主应力值，即最大拉应力也是出现在出水塔顶部的人群荷载作用的部位，最大值为 0.285MPa；在牛腿与基础接触的部位出现应力最小值为－0.195MPa。两工况作用下第 1 主应力的差别不大，且在受拉区与受压区表现出一致的规律，说明盐冻侵蚀对出水塔结构的第 1 主应力影响不显著。

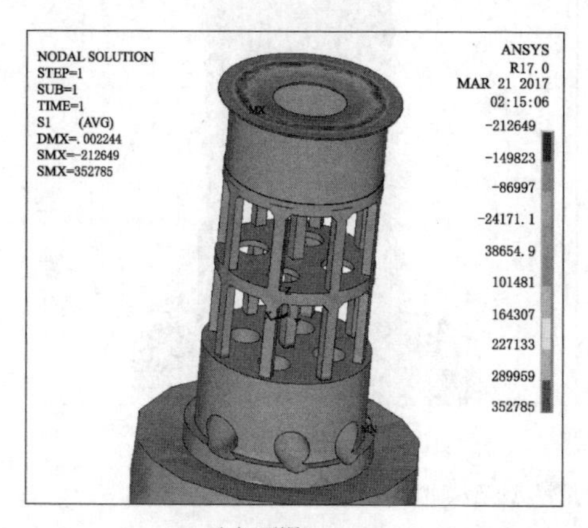

（a）工况1　　（b）工况2

图 7.22　工况 1 和工况 2 大主应力云图

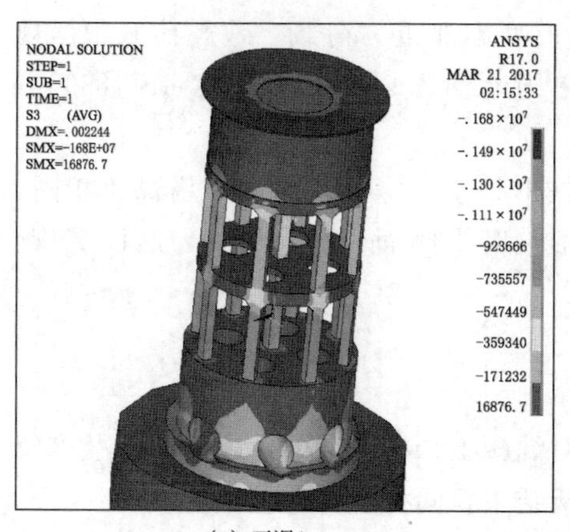

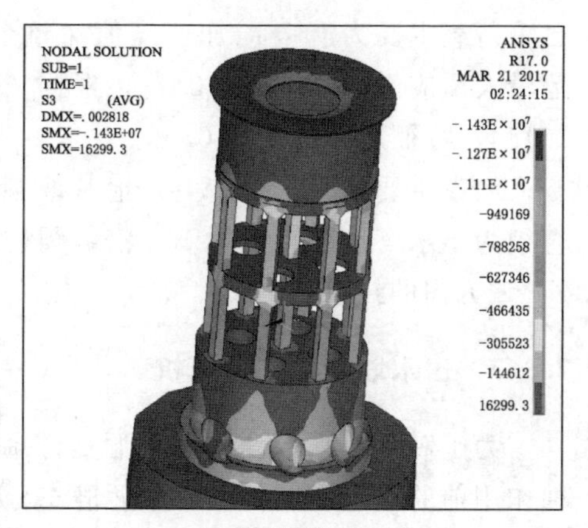

（a）工况1　　（b）工况2

图 7.23　工况 1 和工况 2 小主应力云图

如图 7.23 第 3 主应力云图所示，对于小主应力，工况 1 出水塔结构的最大受拉区位于出水塔中间部分与牛腿接触的部位，最大拉应力为 0.017MPa，最大压应力区域位于出水塔基础与地基接触的部位，其值为－1.68MPa；工况 2 出水塔结构的最大受拉区同样也位于出水塔中间部分与牛腿接触的部位，最大拉应力为 0.016MPa，最大压应力位于牛腿与基础接触的部位，其值为 −1.43MPa，盐冻作用后出水塔的最大压应力由基础与地基接触部位向牛腿与基础接触部位移动，说明耦合作用后牛腿底部容易受到不良应力影响，需要注意在运行过程中，对牛腿采取一定的防护措施。其他各部位盐冻侵蚀破坏前后出水塔结构各部位应力状态相对比较一致。

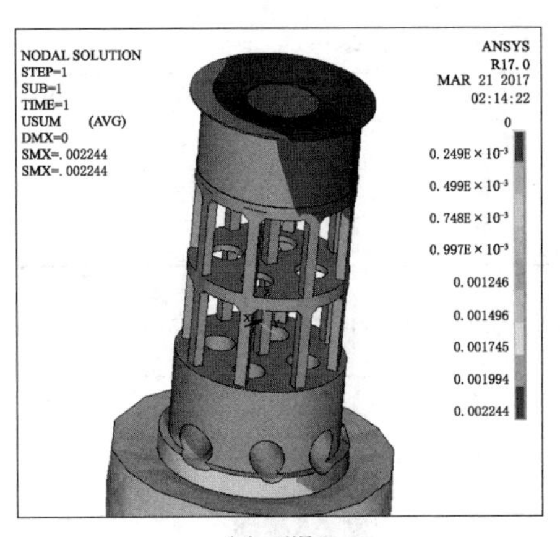

(a) 工况1

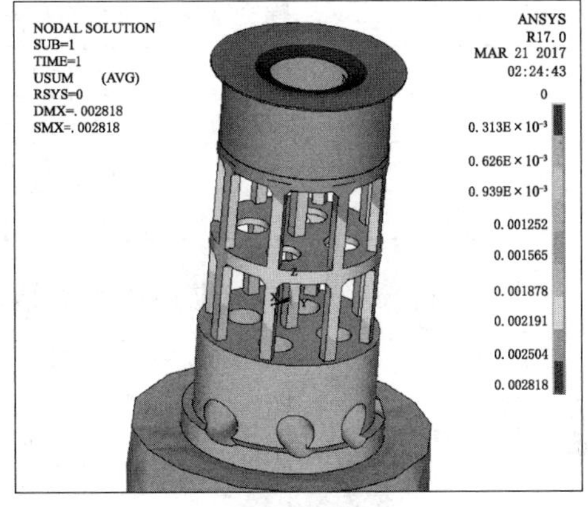

(b) 工况2

图 7.24　工况 1 和工况 2 总位移分布云图

由图 7.24 总位移分布云图可知，工况 1 作用下出水塔结构的最大位移为 2.24mm，最大位移出现在出水塔顶部，且迎风面的位移值普遍较大；工况 2 作用下出水塔结构的最大位移为 2.82mm，最大位移部位出现在出水塔顶部人群荷载作用的部位，变形总体上呈现从下到上、由小变大的趋势，说明盐冻侵蚀作用前后，出水塔结构的最大位移部位发生变化，盐冻作用前，风荷载对位移影响较大，致使整个结构的位移较大，盐冻作用后人群荷载对唯一影响较大，但位移增量幅度较大，且集中于出水顶部，需要特别注意出水塔顶部的稳定。

7.3.4　出水塔结构动态分析

甘肃省景泰地区地震烈度为Ⅶ度，为了维持结构的安全运行，对该区域的出水塔结构进行抗震性能分析尤为重要，共设计两种工况。

工况 3：盐冻作用前自重＋人群荷载＋风荷载＋地震荷载。

工况 4：盐冻作用后自重＋人群荷载＋风荷载＋地震荷载。

本次地震分析采用反应谱法，以单质点弹性体系在实际地震过程中的反应为基础，来进行结构反应的分析。

1. 出水塔结构模态分析

采用 Block Lanczos 法分别对耦合破坏作用前后的渡槽结构进行模态分析。出水塔结构在盐冻循环作用前后的 10 阶自振频率分别见表 7.10、表 7.11。

表 7.10　　耦合破坏前出水塔结构的自振频率计算结果

振型阶数	频率/Hz	振型阶数	频率/Hz	振型阶数	频率/Hz	振型阶数	频率/Hz
1	5.3208	4	12.590	7	26.846	10	35.919
2	5.3629	5	18.114	8	26.929		
3	9.1481	6	18.266	9	31.790		

表 7.11　　耦合破坏前出水塔结构的自振频率计算结果

振型阶数	频率/Hz	振型阶数	频率/Hz	振型阶数	频率/Hz	振型阶数	频率/Hz
1	4.0347	4	13.494	7	18.281	10	27.866
2	4.0638	5	15.634	8	18.334		
3	6.0964	6	15.800	9	23.773		

前 6 阶盐冻侵蚀破坏前后出水塔结构的振型图如图 7.25～图 7.30 所示。

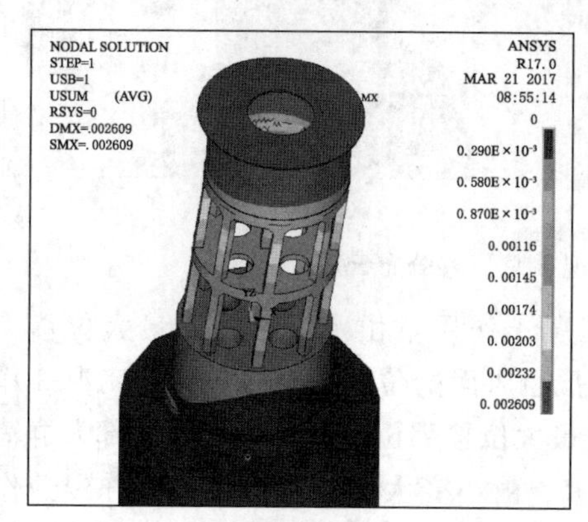

(a) 工况2

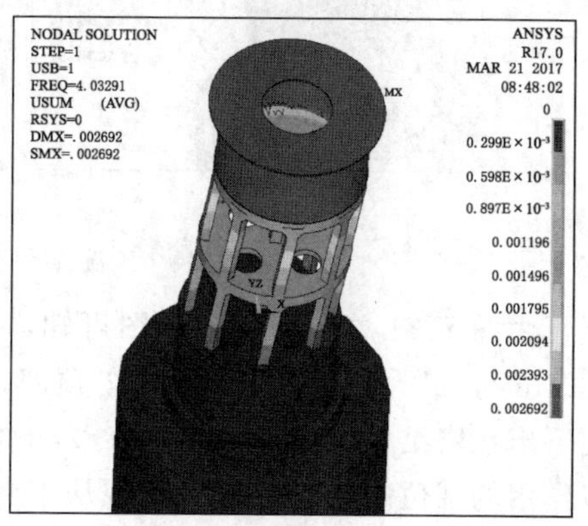

(b) 工况4

图 7.25　出水塔结构第 1 阶振型图

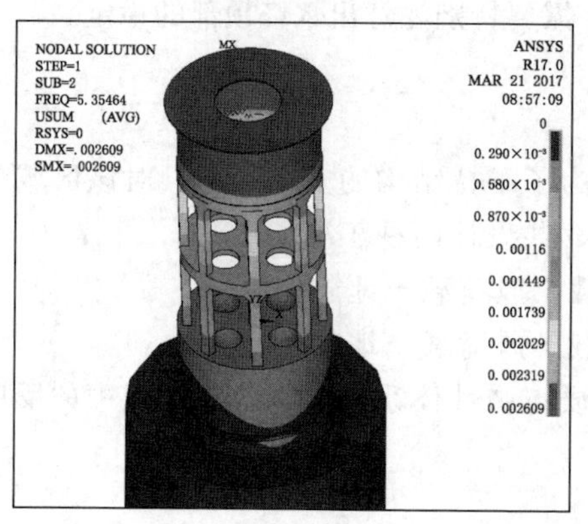

(a) 工况3

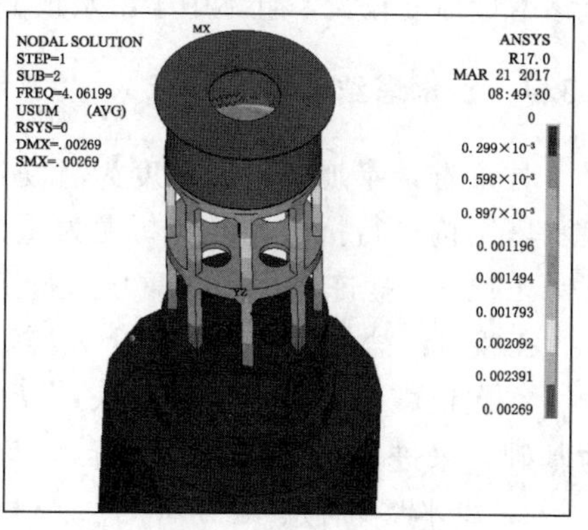

(b) 工况4

图 7.26　出水塔结构第 2 阶振型图

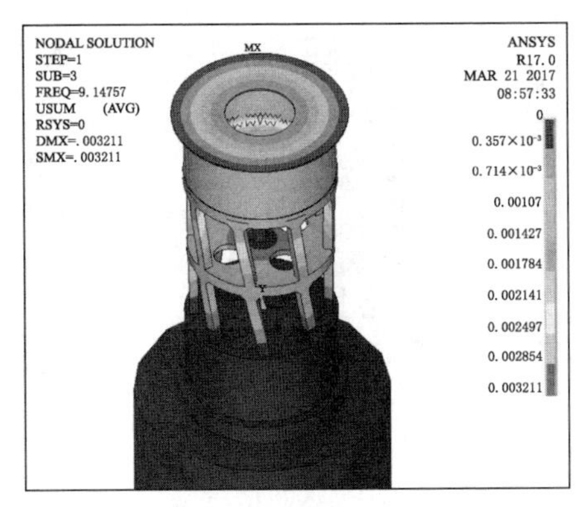

(a) 工况3

(b) 工况4

图 7.27 出水塔结构第 3 阶振型图

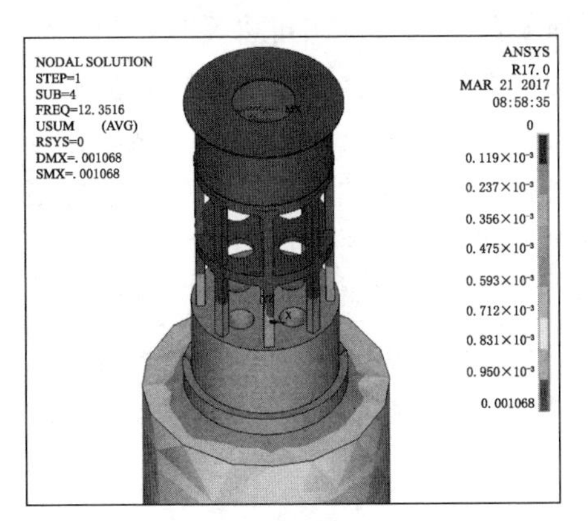

(a) 工况3

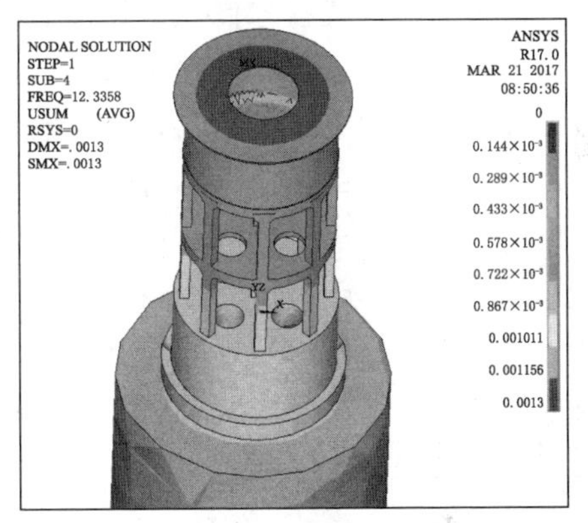

(b) 工况4

图 7.28 出水塔结构第 4 阶振型图

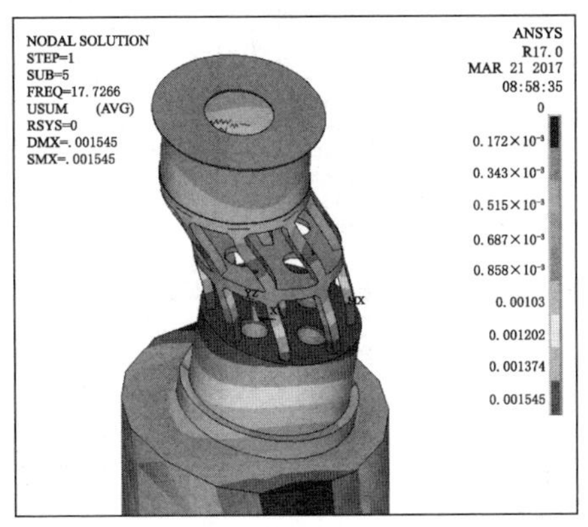

(a) 工况3

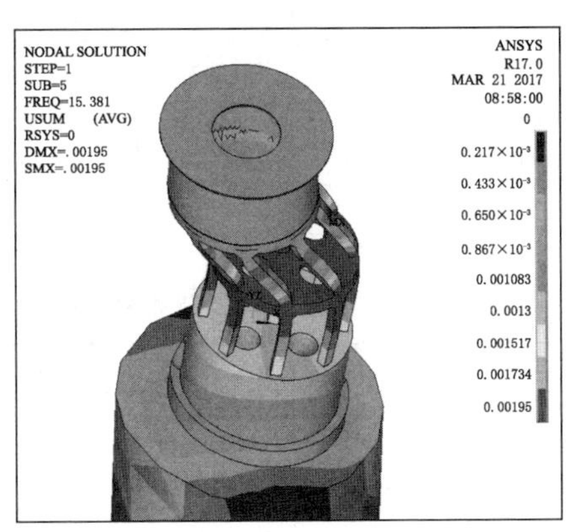

(b) 工况4

图 7.29 出水塔结构第 5 阶振型图

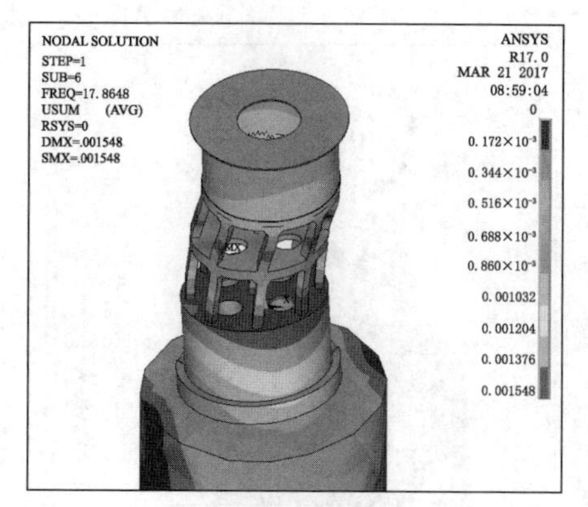

(a) 工况3

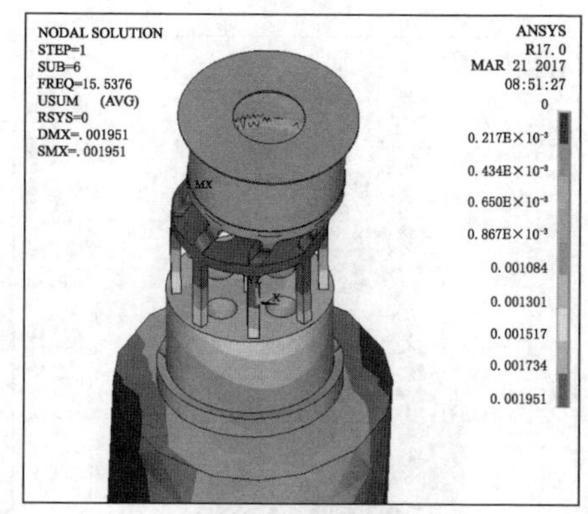

(b) 工况4

图 7.30　出水塔结构第 6 阶振型图

通过对比上述盐冻侵蚀破坏前后的前 6 阶振型特性图可以发现，出水塔结构由低阶向高阶振动时，先做水平向振动，然后做沿竖直方向的扭转振动，最后做竖直方向的上下振动，说明出水塔的横向水平刚度小于竖向刚度，盐冻侵蚀对出水塔结构的低阶振动特性并没有产生太大的影响，越高阶振动盐冻侵蚀对出水塔结构的影响就越大，对结构带来不利。

2. *出水塔结构反应谱分析*

根据模态分析所计算的 10 阶振型的频率值，可以计算出相应的周期，并根据反应谱曲线方程式（7.14），计算出出水塔结构在耦合破坏前后前 10 阶的反应谱，见表 7.12、表 7.13。

表 7.12　　耦合破坏前渡槽结构设计反应谱计算结果

阶数	频率/Hz	周期/s	谱值	阶数	频率/Hz	周期/s	谱值
1	5.3208	0.187942	2.25	6	18.266	0.054747	1.684332
2	5.3629	0.186466	2.25	7	26.846	0.037249	1.465619
3	9.1481	0.109312	2.25	8	26.929	0.037135	1.464184
4	12.590	0.073584	1.919794	9	31.790	0.031456	1.393205
5	18.114	0.055206	1.690074	10	35.919	0.02784	1.348005

表 7.13　　耦合破坏后渡槽结构设计反应谱计算结果

阶数	频率/Hz	周期/s	谱值	阶数	频率/Hz	周期/s	谱值
1	4.0347	0.24785	2.25	6	15.800	0.063291	1.791139
2	4.0638	0.246075	2.25	7	18.281	0.054702	1.68377
3	6.0964	0.164031	2.25	8	18.334	0.054543	1.681793
4	13.494	0.074107	1.926338	9	23.773	0.042065	1.525807
5	15.634	0.063963	1.799539	10	27.866	0.035886	1.448575

出水塔结构，在地震荷载作用下，盐冻侵蚀作用前后出水塔的最大主应力、最小主应力及总位移如图 7.31～图 7.33 所示。

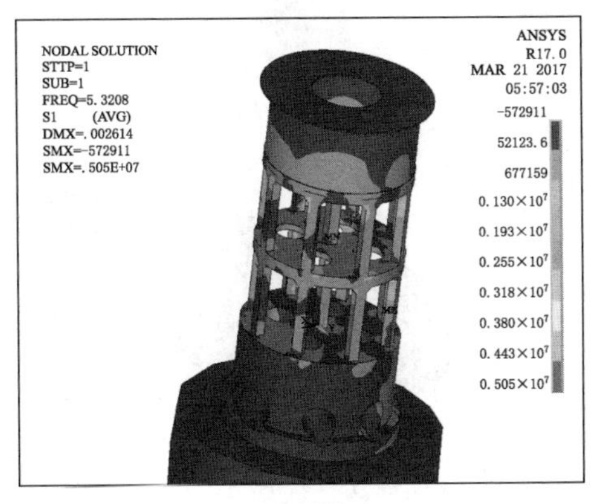

(a) 工况3

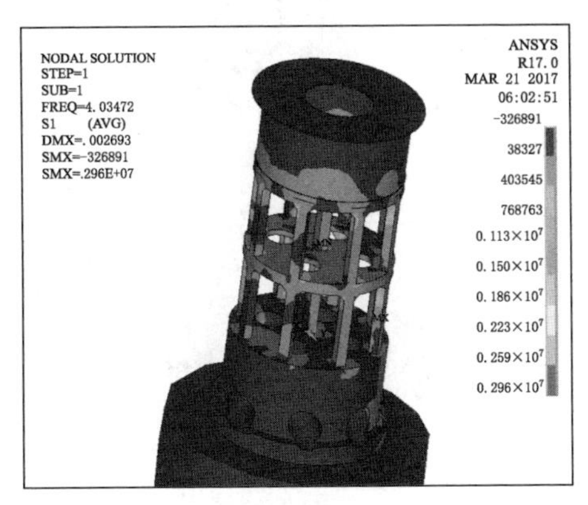

(b) 工况4

图 7.31 出水塔结构工况 3 和工况 4 最大主应力云图

由图 7.31 第一主应力云图可知，工况 3 的最大拉应力为 5.05MPa，最大拉应力出现在牛腿与基础的接触面上，最大压应力为－0.573MPa，出现在最中间的牛腿与中间层的交界面上；工况 4 的最大拉应力的值为 2.96MPa，最大压应力为－0.327MPa，最大拉应力与最大压应力出现的位置均与工况 3 相同。

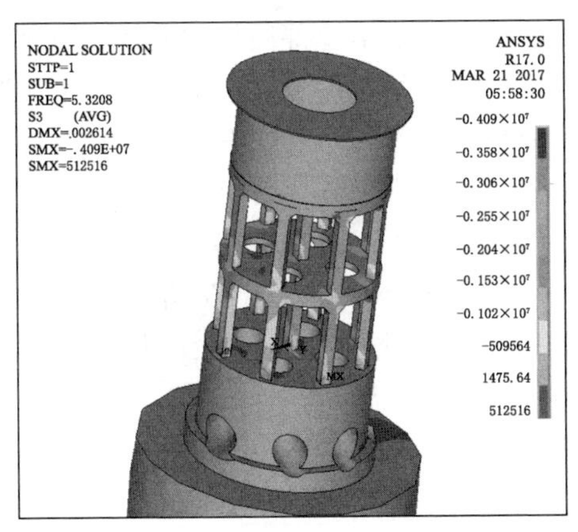

(a) 工况3

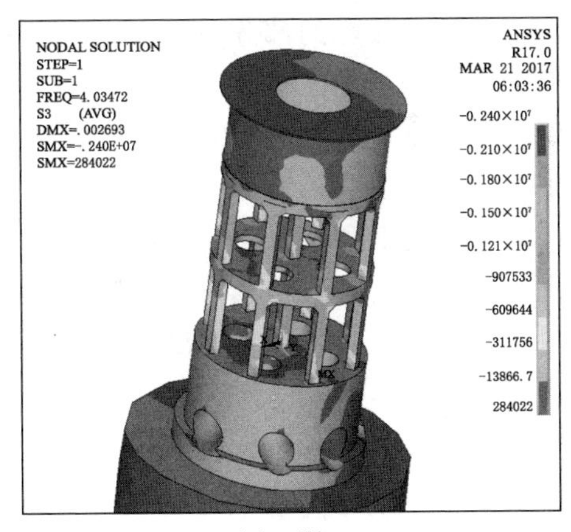

(b) 工况4

图 7.32 出水塔结构工况 3 和工况 4 最小主应力云图

由图 7.32 第 3 主应力云图可知，工况 3 的最大拉应力为 0.512MPa，最大压应力为－4.09MPa，均出现在牛腿与基础的接触面上；工况 4 的最大拉应力为 0.284MPa，最大压应力为－2.4MPa，均出现在牛腿与基础的接触面上，说明牛腿与地基的接触部位是出水塔结构的相对薄弱部位，需要注意加强维护。

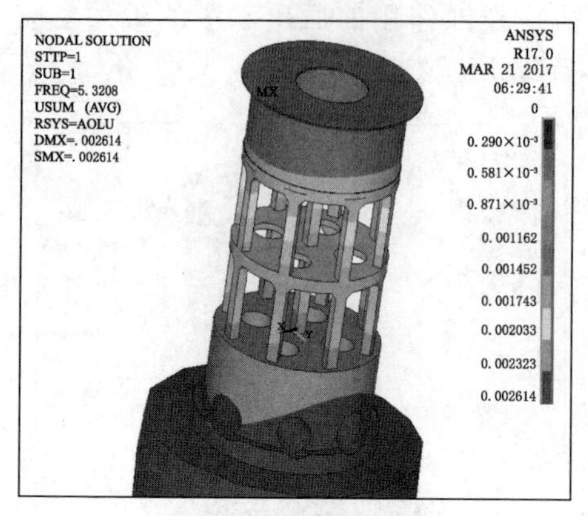

(a) 工况3

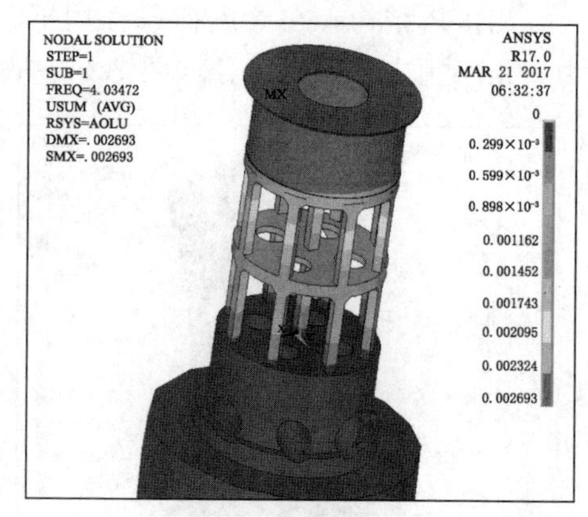

(b) 工况4

图 7.33　出水塔结构工况 3 和工况 4 总位移分布云图

由图 7.33 总位移分布云图可知，工况 3 的最大的位移为 2.614mm，出现在出水塔最上面的人群荷载作用处；工况 4 的最大位移为 2.69mm，也出现在出水塔最上面的人群荷载作用处，出水塔沿高度增加位移逐渐增大，但是位移变化范围均很小。

7.3.5　出水塔有限元分析结果

有工况 1 和工况 2 对比可知，出水塔结构顶层的承受人群荷载层面、牛腿底部和基础接触的部分一般应力比较大，并且在出水塔顶部结构的变形也比较明显，故需要加强对出水塔顶部和牛腿与地基接触部位的重点维护，排除安全隐患；但是盐冻循环前后出水塔的应力应变差值并不大，说明在静力荷载作用下，盐冻侵蚀破坏对出水塔结构的应力应变影响并不十分显著。

有工况 3 和工况 4 对比可知，在动力荷载作用下，出水塔结构的横向水平刚度小于竖向刚度，且随着振型阶数的提高，盐冻循环破坏对出水塔的影响效果越明显，故应特别注意出水塔在过水过程动力荷载对出水塔安全性的影响，并适当配筋。

第8章　混凝土抗盐冻耐久性评估

我国西北地区大型灌区内的水工混凝土建筑物由于长期遭受盐类侵蚀、干湿交替、冻融、碳化等多种环境因素的影响，混凝土结构的损伤劣化现象较为严重，大量水工混凝土建筑物未达到设计寿命就过早地破坏。西北地区灌区水工混凝土的抗盐冻耐久性与很多因素有关，基本可分为内部因素和外部因素两大类。内部因素主要是混凝土自身的掺合料（粉煤灰、矿粉等）以及各种外加剂（引气剂、减水剂等），外部因素主要在于是否遭受有害盐离子的侵蚀、碳化以及干湿循环等，这些影响因素与混凝土的抗盐冻耐久性都有一定的关系，但是其中各个影响因素对抗冻评价指标的影响程度并不确定。

通过本书前面试验数据可以看出，试验过程中混凝土质量损失率始终没有达到5%，但是混凝土的耐久性却已经经历由强到弱的过程。动弹性模量小于60%时，混凝土的抗压强度耐蚀系数却没有同时小于70%，由此可见，混凝土耐久性的评价由单一指标进行评价存在一定不足。耐久性评价还没有公认的理想评价指标，现有研究多采用单一评价指标，多数认为只要混凝土在抗渗、抗干湿、抗碳化、抗侵蚀等方面的评价指标均较好就是耐久性好的混凝土，但是混凝土的耐久性并不能将各单个耐久性指标简单叠加，而应该是根据混凝土服役环境的不同，在规范要求的评价指标基础上，提出混凝土耐久性综合性指标，对混凝土耐久性进行总体上进行评价。

本章调查分析了影响寒冷地区水工混凝土结构抗冻耐久性的主要因素，以混凝土室内冻融加速试验为基础，基于灰色关联度和粗糙集理论，对影响混凝土抗盐冻耐久性的因素进行评价。基于模糊可拓理论，以景泰川电力提灌区某渡槽为研究对象，从服役环境及渡槽材料的角度对其进行耐久性综合评价。

8.1　基于灰色关联度的混凝土抗盐冻影响因素评价

8.1.1　灰色关联度理论模型

灰色关联度分析是一种系统分析的方法，以灰色系统理论为基础。它是一种对系统变化发展态势的定量描述和比较的方法，依托空间理论的数学基础，确定参考因素序列和相关因素序列之间的几何相似程度，从而确定关联度。

灰色关联分析的基本思想是根据序列曲线的相关程度来判断其联系是否紧密，两个曲线越相关，相应序列之间的关联度就越大，反之则越小。灰色关联度评价模型计算过程如下。

（1）设 $X_0=[x_0(1),x_0(2),\cdots,x_0(m)]$ 为系统参考序列，参考序列是根据能充分反映混凝土的抗冻耐久性指标来确定的。本节将质量、动弹模量、抗压强度损失率 3 个反应混凝土试块抗冻抗侵蚀耐久性指标作为模型参考序列。设

$$\begin{cases} X_1=[x_1(1),x_1(2),\cdots,x_1(m)] \\ X_2=[x_2(1),x_2(2),\cdots,x_2(m)] \\ \quad\vdots \\ X_n=[x_n(1),x_n(2),\cdots,x_n(m)] \end{cases} \tag{8.1}$$

式（8.1）模型的 n 个相关因素序列。影响混凝土耐久性因素包括干湿循环、碳化、冻融循环、复合盐离子侵蚀、盐溶液浓度、混凝土掺合料、添加剂和水胶比等，本试验考虑 3 个影响因素，即 $n=3$，冻融循环次数和硫酸盐侵蚀天数为外部影响因素，混凝土试块水胶比为内部影响因素。

（2）对各参考序列和比较序列进行累减。

$$\begin{cases} \Delta_0(k)=x_0(k)-x_0(k-1) \\ \Delta_i(k)=x_i(k)-x_i(k-1) \end{cases} \tag{8.2}$$

（3）对参考序列和比较序列计算其均值和方差。

$$\begin{cases} \overline{X_0}=\dfrac{1}{n}\sum\limits_{k=1}^{n}x_0(k) \\ \overline{X_i}=\dfrac{1}{n}\sum\limits_{k=1}^{n}x_i(k) \end{cases} \tag{8.3}$$

$$\begin{cases} S_0=\sqrt{\dfrac{1}{n}\sum\limits_{k=1}^{n}\left[x_0(k)-\overline{X_0}\right]^2} \\ S_i=\sqrt{\dfrac{1}{n}\sum\limits_{k=1}^{n}\left[x_i(k)-\overline{X_i}\right]^2} \end{cases} \tag{8.4}$$

（4）对各参考序列计算灰色关联系数。

$$\gamma_{0i}(k)=\frac{\operatorname{sgn}(k)}{1+\left|\dfrac{\Delta_i(k)}{S_i}-\dfrac{\Delta_0(k)}{S_0}\right|}(k=2,3,\cdots,m;i=1,2,\cdots,n) \tag{8.5}$$

其中，$\operatorname{sgn}(k)=\begin{cases} 1 & (\Delta_0(k)\Delta_i(k)\geqslant 0) \\ -1 & (\Delta_0(k)\Delta_i(k)<0) \end{cases}$ 为关联符号函数。

（5）对各参考序列进行灰色关联度计算。

$$\gamma_{0i}=\frac{1}{n-1}\sum_{k=2}^{n}\gamma_{0i}(k) \tag{8.6}$$

则称 γ_{0i} 为 X_i 对 X_0 的关联度。

8.1.2 基于灰色关联度法的混凝土抗冻耐久性影响因素评价

结合景泰川电力提灌区总干七泵站工程建设实际情况，依据《普通混凝土配合比设计规程》(JGJ 55—2011)，设计水胶比分别为 0.35、0.45、0.55 的 3 种混凝土试块，混凝土配合比见表 8.1。采取快速冻融及人工加速盐离子侵蚀的方法开展试验。

表 8.1　　混凝土配合比设计

编　号	混凝土材料用量					
	水泥 /(kg/m³)	水 /(kg/m³)	中砂 /(kg/m³)	碎石 (5～20mm) /(kg/m³)	水胶比	粉煤灰 /%
A1	327	176	708	498	0.35	20
A2	327	176	708	498	0.45	20
A3	327	176	708	498	0.55	20

1. 混凝土质量损失与各影响因素关联度分析

冻融循环 0 次、100 次、200 次、250 次，实施硫酸盐浸泡试验 20d、40d、60d、80d，当试块质量损失率超过 5%时，则停止试验。其中，取 $n=3$，$m=24$。经冻融循环破坏和硫酸盐侵蚀条件下混凝土质量损失率变化过程如图 8.1、图 8.2 所示。

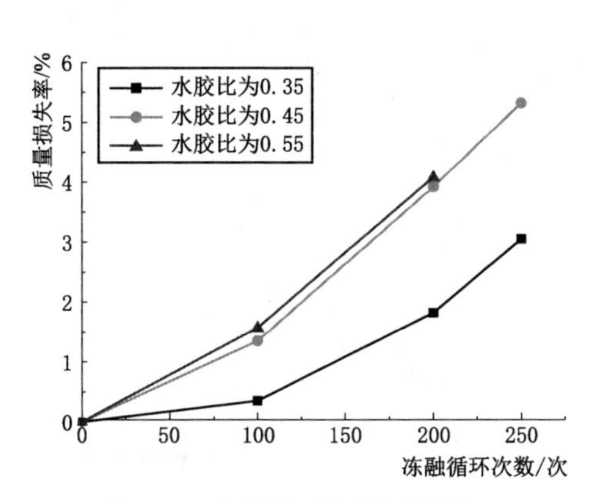

图 8.1　冻融循环条件下混凝土质量损失率变化过程

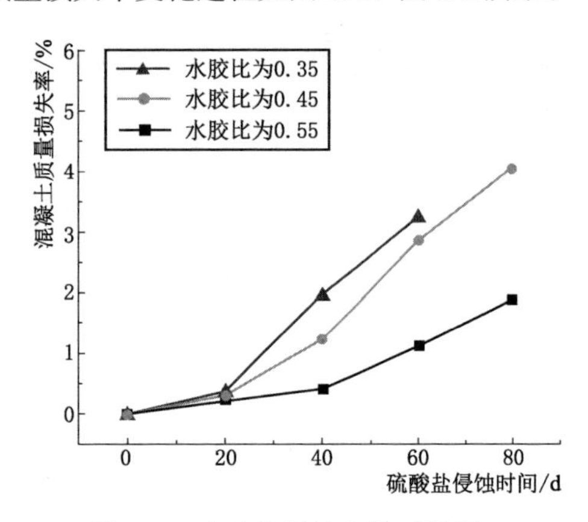

图 8.2　硫酸盐侵蚀条件下混凝土质量损失率变化过程

将以水胶比为影响因素序列的 3 个比较序列与参考序列质量损失率之间的灰色关联度系数初值代入灰色关联度模型进行计算，得出混凝土抗冻抗侵蚀耐久性与 3 个影响因素之间的灰色关联度系数。计算结果见表 8.2。

表 8.2　混凝土质量损失率与抗冻抗侵蚀耐久性各影响因素间灰色关联度系数

模型序列编号	X1	X2	X3
比较序列影响因素	冻融循环次数/次	硫酸盐侵蚀时间/d	水胶比
灰色关联度系数 γ_{0i}	0.684	0.628	0.583

由表 8.2 的灰色关联度系数可以看出，混凝土的质量损失与内部、外部影响因素均存在关系。其质量损失率与冻融循环次数、硫酸盐侵蚀时间以及水胶比数值成正相关。随着外部因素冻融循环次数的增加和硫酸盐侵蚀时间的增长，混凝土的质量损失越大，且呈现逐渐增大的趋势；随着内部因素水胶比的增大，混凝土质量损失率逐渐增大。因此，在寒旱地区应选用水胶比较小的混凝土配合比以增强其抗冻抗侵蚀耐久性能。3 个影响因素的灰色关联度系数大小为：冻融循环次数（0.684）＞硫酸盐侵蚀时间（0.628）＞混凝土水胶比（0.583）。这表明外部环境因素对混凝土质量损失率的影响要大于混凝土内部因素；冻融循环破坏对混凝土抗冻抗侵蚀耐久性的影响要比硫酸盐侵蚀破坏的影响强烈。

2. 混凝土动弹模量损失与各影响因素关联度分析

当试块动弹模量损失率超过 40%时，则停止试验。其中，取 $n=3$，$m=24$。混凝土试块冻融循环和硫酸盐侵蚀条件下动弹模量损失率变化过程如图 8.3 和图 8.4 所示。

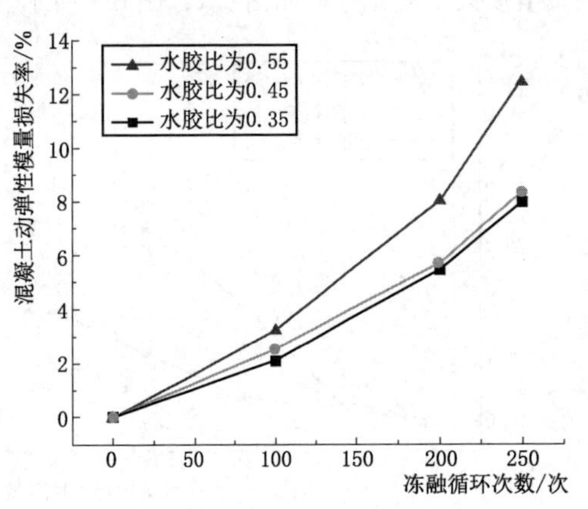

图 8.3　冻融循环条件下混凝土动弹性模量损失率变化过程

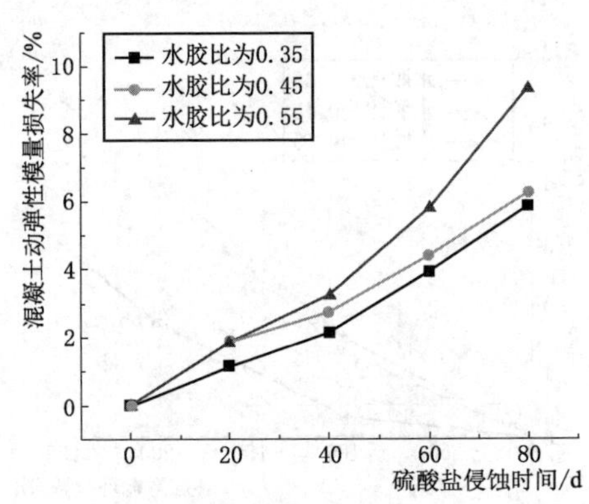

图 8.4　硫酸盐侵蚀条件下混凝土动弹性模量损失率变化过程

将以 3 个比较序列与参考序列动弹模量损失率之间的灰色关联度系数初值，代入灰色关联度模型进行计算。经计算得出混凝土抗冻抗侵蚀耐久性与 3 个影响因素之间的灰色关联度系数，结果见表 8.3。

表 8.3 混凝土动弹模量损失率与抗冻抗侵蚀耐久性各影响因素间灰色关联度系数

模型序列编号	X1	X2	X3
比较序列影响因素	冻融循环次数/次	硫酸盐侵蚀时间/d	水胶比
灰色关联度系数 γ_{0i}	0.693	0.657	0.681

由表 8.3 中灰色关联度系数可以得出，混凝土的动弹模量损失与内部、外部影响因素均存在正相关关系。即随着外部因素冻融循环次数的增加以及硫酸盐侵蚀时间的增长，水工混凝土结构的动弹模量损失越大，且两者呈现互相影响、互相促进的趋势；随着内部因素水胶比的增大，混凝土动弹模量损失率逐渐增大。3 个影响因素的灰色关联度系数大小为：冻融循环次数（0.693）＞混凝土水胶比（0.681）＞硫酸盐侵蚀时间（0.657）。表明冻融循环破坏对混凝土动弹模量的影响最为明显，要大于其他影响因素；硫酸盐侵蚀破坏对混凝土动弹模量的影响较小；水胶比对混凝土动弹模量有一定的影响。因此，对于寒旱地区水工混凝土结构应着重提高其抗冻耐久性能，在设计配合比时选择适宜且较小的水胶比。

3. 混凝土抗压强度损失与各影响因素关联度分析

当试块抗压强度损失率超过 25%时，则停止试验。其中，取 $n=3$，$m=24$。冻融循环破坏和硫酸盐侵蚀条件下混凝土抗压强度损失率变化过程如图 8.5 和图 8.6 所示。

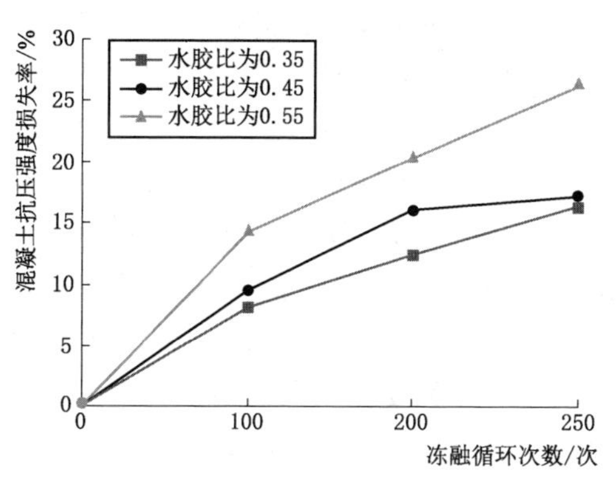

图 8.5 冻融循环条件下混凝土抗压强度损失率变化过程

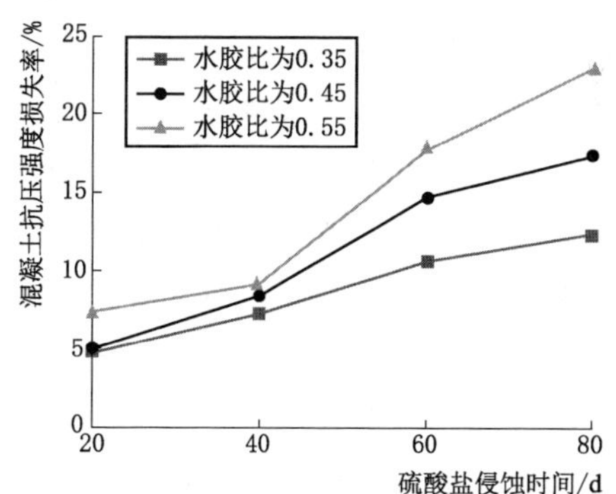

图 8.6 硫酸盐侵蚀条件下混凝土抗压强度损失率变化过程

将 3 个比较序列与参考序列质量损失率之间的灰色关联度系数初值代入灰色关联度模型进行计算，得出混凝土抗冻抗侵蚀耐久性与 3 个影响因素之间的灰色关联度系数，计算结果见表 8.4。

表8.4 混凝土抗压强度损失率与抗冻抗侵蚀耐久性各影响因素间灰色关联度系数

模型序列编号	X1	X2	X3
比较序列影响因素	冻融循环次数/次	硫酸盐侵蚀时间/d	水胶比
灰色关联度系数 γ_{0i}	0.712	0.691	0.675

由表8.4中灰色关联度系数可以得出，混凝土的抗压强度损失与内部、外部影响因素均存在一定的正相关关系。随着外部因素冻融循环次数的增加以及硫酸盐侵蚀时间的增长，水工混凝土结构的抗压强度衰减损失越多，并表现为逐渐增加的趋势；同时随着内部因素水胶比的增大，混凝土抗压强度衰减率逐渐增大。3个影响因素的灰色关联度系数大小为：冻融循环次数（0.712）＞硫酸盐侵蚀时间（0.691）＞混凝土水胶比（0.675），且外部影响因素明显大于水胶比，这说明外界环境对混凝土结构抗压强度影响较大，尤其是冻融循环对混凝土抗压强度的破坏非常严重，要大于其他影响因素；硫酸盐侵蚀破坏对混凝土抗压强度的有一定的影响；水胶比对混凝土抗压强度相对影响较小。

8.2 基于粗糙集理论的混凝土抗盐冻影响因素评价

8.2.1 粗糙集论理论基础

粗糙集理论是最早由Pawlak等[1]于1982年提出的一种对于研究不完整和不确定知识或数据的学习、归纳的方法。粗糙集理论延拓了经典的集合理论，它把集合分为上近似集和下近似集，上近似集就表示可能属于该集合的所有对象的集合，而下近似集表示的是肯定属于该集合的所有对象的集合。因此，下近似集是上近似集的子集，上近似集的对象大于等于下近似集的对象数。某个对象如果不属于某个下近似集，那么它一定属于两个或者多个上近似集。其可在保持分辨能力不变的前提下，对数据进行约简，从而导出问题决策或者分类的规则，在粗糙集方法里面，采取先除去一个属性，再考虑除去该属性后分类会怎样变化的思想，如果除去该属性后相应的分类变化较大，则该属性的重要程度较大，否则，该属性的重要程度较小，并且通过约简可以求出属性的权重。粗糙集理论可对不完整、不确定或者不一致的数据进行有效的分析与处理，从中发现隐含的知识与潜在的规律，不需要问题的数据集合之外的任何先验信息，可避免专家经验知识的影响，进而保证数据的客观准确性。

在粗糙集理论中，知识被认为是一种分类能力。设$U \neq \varnothing$是目标建筑物所组成的离散空间，称之为论域，X是U的子集，即$X \subseteq U$，设R是一种等价关系，则知识就是R对U分类的结果，而知识库就是一个等价关系系统。

存在一组数据 U 与一等价关系 R，利用 R 对 U 的划分即为知识，记为 U/R，而属于 R 中所有关系对 U 的划分称为知识库，表示为 $K=(U,R)$。

在决策表 $S=(U,C,D,V,f)$ 中，U 为论域，C 为条件属性集，D 为决策属性集，V 为属性值的集合，f 为信息函数。基于信息表示的粗糙集理论中的知识是从信息熵的角度来定义的，信息熵从信息的不确定性和概率测度的角度来表征信源的不定度。基于条件信息熵的粗糙集属性权重确定的相关定义如下。

定义 1[2]：在决策表 $S=(U,C,D,V,f)$ 中，设 U 是一个论域，可以把 U 中的任意一个属性集合认为是被定义在论域 U 上的所有子集组合成的一个代数上的随机量，其概率分布见式（8.7）：

$$[S:p]=\begin{bmatrix} S_1 & S_2 & \cdots & S_t \\ p(S_1) & p(S_2) & \cdots & p(S_t) \end{bmatrix} \tag{8.7}$$

其中，$p(S_j)=|S_j|/|U|, j=1,2,\cdots,t$。

定义 2[3]：在决策表 $S=(U,C,D)$ 中，决策属性 $D(U/D)=\{D_1,D_2,\cdots,D_k\}$ 相对于条件属性集 $C(U/C)=\{C_1,C_2,\cdots,C_m\}$ 的条件信息熵为

$$I(D\mid C)=\sum_{i=1}^{m}\frac{|C_i|^2}{|U|^2}\sum_{j=1}^{k}\frac{|D_j\cap C_i|}{|C_i|}\left(1-\frac{|D_j\cap C_i|}{|C_i|}\right) \tag{8.8}$$

条件属性集的信息熵具有单调下降性质。根据这一性质，可得属性重要度的定义和权重的计算公式。

定义 3[2]：在决策表 $S=(U,C,D,V,f)$ 中，$\forall c\in C$，则条件属性 c 的重要度定义为

$$\mathrm{sig}(c)=I(D\mid C-\{c\})-I(D\mid C)+I(D\mid\{c\}) \tag{8.9}$$

定义 4[2]：在决策表 $S=(U,C,D,V,f)$ 中，$\forall c\in C$，则条件属性 c 的权重为

$$W(c)=\frac{\mathrm{sig}(c)}{\sum_{a\in C}\mathrm{sig}(a)} \tag{8.10}$$

在该定义中，$\mathrm{sig}(c)$ 充分说明了在决策表中，条件属性 C 所占的重要度到底有多大，这个重要度是相对于整个条件属性集而言。对于混凝土材料抗冻耐久性的各影响因素，其重要度越大，对混凝土抗冻性能的影响程度越大。应用粗糙集理论评判各影响指标对混凝土材料抗冻性能的权系数大小，首先需要建立关系数据模型，确定条件属性和决策属性，对属性值进行特征化处理，形成决策表。

8.2.2 基于粗糙集理论的混凝土抗盐冻耐久性影响因素评估实例

试验选取景泰川电力提灌区普遍采用的混凝土等级及配合比作为混凝土冻融试验设计依据分别设计 5 组不同配合比的混凝土，具体配合比见表 8.5。

以相对动弹性模量为评价指标，每隔 25 次冻融循环对混凝土试块进行测试，测试结果见表 8.6。

表 8.5　　混凝土配合比设计

编号	原材料用量/（kg/m³）						矿粉/%	粉煤灰/%
	水泥	水	细骨料	粗骨料	粉煤灰	矿粉		
1	409	176	708	1107	0	0	0	0
2	368	176	708	1107	41	0	0	10
3	327	176	708	1107	82	0	0	20
4	286	176	708	1107	0	123	30	0
5	245	176	708	1107	0	164	40	0

表 8.6　　混凝土抗冻耐久性的影响因素与相对动弹模量损失率初始值汇总表

编　号	冻融次数	浓度	碳化	粉煤灰	矿粉	相对动弹模量
1	0	0	0	0	0	100
2	25	0	0	0	0	100.08
3	50	0	0	0	0	90.17
4	75	0	0	0	0	72.92
5	100	0	0	0	0	62.85
6	125	0	0	0	0	52.25
7	0	3	7	0	0	100
8	25	3	7	0	0	102.15
9	50	3	7	0	0	88.09
10	75	3	7	0	0	72.88
11	100	3	7	0	0	59.89
12	0	3	14	0	0	100
13	25	3	14	0	0	103.15
14	50	3	14	0	0	89.08
15	75	3	14	0	0	67.4
16	100	3	14	0	0	53.68
17	0	8	7	0	0	100
18	25	8	7	0	0	104.18
19	50	8	7	0	0	91.58
20	75	8	7	0	0	69.87
21	100	8	7	0	0	42.58
22	0	8	14	0	0	100
23	25	8	14	0	0	104.85
24	50	8	14	0	0	90.57
25	75	8	14	0	0	62.94
26	100	8	14	0	0	38.18
27	0	3	0	10	0	100
28	25	3	0	10	0	100.05
29	50	3	0	10	0	73.48
30	75	3	0	10	0	50.5
31	100	3	0	10	0	30.18

续表

编　号	冻融次数	浓度	碳化	粉煤灰	矿粉	相对动弹模量
32	0	3	0	20	0	100
33	25	3	0	20	0	95.15
34	50	3	0	20	0	31.39
35	0	8	0	10	0	100
36	25	8	0	10	0	100.18
37	50	8	0	10	0	43.86
38	0	8	0	20	0	100
39	25	8	0	20	0	100.03
40	50	8	0	20	0	20.48
41	0	3	0	0	30	100
42	25	3	0	0	30	102.15
43	50	3	0	0	30	93.18
44	75	3	0	0	30	79.38
45	100	3	0	0	30	63.54
46	125	3	0	0	30	51.57
47	0	3	0	0	40	100
48	25	3	0	0	40	101.38
49	50	3	0	0	40	92.76
50	75	3	0	0	40	76.08
51	100	3	0	0	40	64.48
52	125	3	0	0	40	57.28
53	0	8	0	0	30	100
54	25	8	0	0	30	103.58
55	50	8	0	0	30	90.98
56	75	8	0	0	30	68.19
57	100	8	0	0	30	50.18
58	0	8	0	0	40	100
59	25	8	0	0	40	103.14
60	50	8	0	0	40	91.48
61	75	8	0	0	40	69.48
62	100	8	0	0	40	53.89

应用粗糙集理论评判各影响指标对混凝土材料抗冻性能的权系数大小，首先需要建立关系数据模型，确定条件属性和决策属性，对属性值进行特征化处理，形成决策表。将混凝土耐久性的各影响因素视为条件属性，则条件属性的集合 $C=\{C_1,C_2,C_3,C_4\}$，分别代表硫酸盐浓度、粉煤灰掺量、矿粉掺量和碳化时间；将相对动弹性模量视为决策属性，则决策属性的集合为 $D=\{D\}$；由各种参数构成的知识库视为样本集合 X，$X=\{x_1,x_2,\cdots,x_n\}$。

为计算各影响因素的权重，要对样本集合 X 进行分类以建立集合中的知识表达体系，按照特征化标准对属性值进行赋值，即根据属性值的最大值和最小值的范围进行等级划分建立知识的表达体系。依据表 8.7 中各条件属性和决策属性离散区间特征值，得到相对动弹模量及其影响因素决策表，结果见表 8.8。

表 8.7　　条件属性和决策属性的离散区间

离散值	硫酸盐浓度 C_1	碳化天数 C_2	粉煤灰掺量 C_3	矿粉掺量 C_4	相对弹模 D
1	0	0	0	0	100%～90%
2	3%	7d	10%	30%	90%～80%
3	8%	14d	20%	40%	80%～70%
4	—	—	—	—	70%～60%
5	—	—	—	—	<60%

表 8.8　　基于粗糙集的相对动弹模量及其影响因素决策表

编号	浓度	碳化	粉煤灰	矿粉	相对动弹模量
	C_1	C_2	C_3	C_4	D
1	1	1	1	1	1
2	1	1	1	1	2
3	1	1	1	1	1
4	1	1	1	1	3
5	1	1	1	1	4
6	1	1	1	1	5
7	2	2	1	1	1
…	…	…	…	…	…
25	3	3	1	1	4
26	3	3	1	1	5
27	2	1	2	1	1
28	2	1	2	1	1
29	2	1	2	1	3
30	2	1	2	1	5
31	2	1	2	1	5
32	2	1	3	1	1
33	2	1	3	1	1
34	2	1	3	1	5
35	3	1	2	1	1
36	3	1	2	1	1
37	3	1	2	1	5
38	3	1	3	1	1
…	…	…	…	…	…

续表

编号	浓度	碳化	粉煤灰	矿粉	相对动弹模量
	C_1	C_2	C_3	C_4	D
56	3	1	1	2	4
57	3	1	1	2	5
58	3	1	1	3	1
59	3	1	1	3	1
60	3	1	1	3	1
61	3	1	1	3	4
62	3	1	1	3	5

利用 ROSETTA 软件进行属性约简，并计算各条件属性和决策属性的等价类，依照式（8.8）～式（8.10）计算各因素相对于动弹性模量的权重系数，结果见表 8.9。

表 8.9　　基于粗糙集的相对动弹模量影响因素的权重系数

属　性	硫酸盐浓度 C_1	碳化时间 C_2	粉煤灰掺量 C_3	矿粉掺量 C_4
重要度	0.274	0.365	0.438	0.336
权重系数	0.194	0.258	0.310	0.238

由表 8.9 可知，在冻融作用下影响混凝土相对动弹模量的 4 个因素中，粉煤灰对混凝土作用的重要度最大，然后依次是碳化时间、矿粉掺量、硫酸盐浓度，对应的权重系数依次为：0.310（粉煤灰掺量）＞0.258（碳化时间）＞0.238（矿粉掺量）＞0.194（硫酸盐浓度）。

混凝土抗冻耐久性的影响因素有混凝土本身内在因素和环境作用的外部因素。由表 8.9 可知，比之外界环境因素混凝土自身材料组合对混凝土抗冻耐久性的影响更大，且混凝土掺合料及掺拌比例的不同对混凝土抵抗冻融破坏的程度也有所不同。粉煤灰掺量对混凝土相对动弹性模量变化的权重系数（0.310）要大于矿粉掺加量对混凝土相对动弹性模量变化的权重系数（0.238），而由试验结果来看，掺加粉煤灰的混凝土试块的冻融破坏程度要比同期掺加矿粉的混凝土试块严重得多，表明权重系数计算结果与试验结果一致。在混凝土工程中，为了节省造价及提高混凝土耐久性能会经常掺加必要的外掺合料，但掺合料类型不同、掺量不同对混凝土的耐久性能的影响也有所不同，对于有抗冻要求的混凝土建筑物一般不建议掺加粉煤灰。

在混凝土冻融破坏的外在环境因素中，碳化对混凝土相对动弹性模量变化的权重系数（0.258）大于硫酸盐浓度对混凝土动弹性变化的权重系数（0.194），与试验结果基本一致。说明碳化对于混凝土抗冻耐久性的影响程度要比硫酸盐侵蚀大，且损伤程度都大于单一冻融作用下的混凝土。因此，在对于有抗冻要求的混凝土建筑物，同时也要做好混凝土碳化及硫酸盐侵蚀方面的相关防护。

8.3　基于模糊可拓理论的混凝土盐冻耐久性等级评估

8.3.1　模糊可拓层次分析基本理论

1. 模糊综合评价模型

模糊集合是一种以模糊数学为基本原理的综合评价方法。综合评价是在综合考虑了受多种因素影响的条件下对事物进行总的评价，如果综合评价因素具有模糊性则称之为模糊综合评价。

模糊综合评价的基本思想是承认事物发展过程中所存在的模糊性，认为所研究的对象在集合件的过渡是逐步实现的，而非突变现象，把绝对属于的概念转换成了相对属于的概念，在进行评价时，将评价目标是否属于某个集合转变成了评价目标对某个集合的隶属度问题。并且，综合评价是通过在对目标的比较过程把握其量的变化规律，从大量单一因素相互作用于整体上而体现出来的模糊性上去把握目标，从而对目标进行综合的描述和评价。

在多级模糊综合评估中，前一级综合评估的输出结果可以作为后一级评估的输入数据，这样在满足了复杂事物评估要求的同时，使综合评判更加客观、准确，结果清晰，系统性强，评估结果是一个向量，可以用等级隶属度来表示。模糊评估可以进行多级评估，用前一级综合评估的结果作为后一级评估的输入数据，有利于客观描述被评估对象。影响混凝土材料耐久性的因素众多，单级模糊评估很难解决此类问题。因此，本节混凝土材料耐久性评估采用二级模糊综合评估，二级模糊综合评价流程图如图 8.7 所示。

（1）单因素模糊综合评价。当评价对象只有一个影响因素时，称为单因素模糊综合评价。单因素模糊综合评价的基本步骤如下所述。

1）确定因素集 $U=\{u_1,u_2,\cdots,u_n\}$。

2）确定评价集 $V=\{v_1,v_2,\cdots,v_m\}$。

3）确定单因素评判矩阵。即对单因素 $u_i=(i=1,2,\cdots,n)$进行评判，得到 V 上的模糊集$(r_{i1},r_{i2},\cdots,r_{in})$，其中 r_{i1}表示 u_i 对 v_1 的隶属度，则评判矩阵为

$$\boldsymbol{R}=(\boldsymbol{R}_1,\boldsymbol{R}_2,\cdots,\boldsymbol{R}_n)=(r_{ij})_{n\times m} \tag{8.11}$$

4）确定权重与单因素模糊综合评价模型。由可拓层次分析法得到权重矢量 $\boldsymbol{W}$，按照 $\boldsymbol{M}(\circ,+)$模型与评判矩阵 $\boldsymbol{R}$ 进行和成运算，可得单因素的模糊综合评价模型：

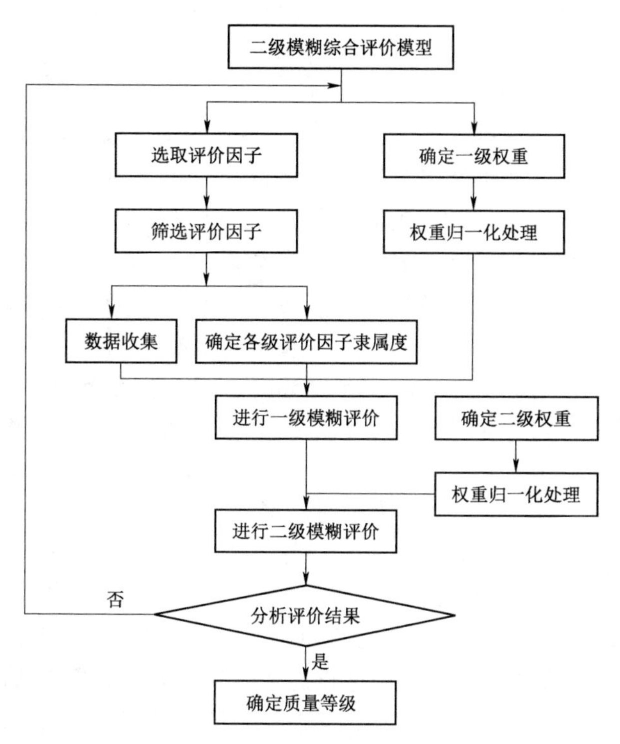

图 8.7 二级模糊综合评价流程图

$$\boldsymbol{B}=\boldsymbol{W}\circ\boldsymbol{R}=(\boldsymbol{b}_1,\boldsymbol{b}_2,\cdots,\boldsymbol{b}_m) \tag{8.12}$$

式中：b_j 为评判函数，$b_j=\sum_{i=1}^{n}w_i r_{ij}$，$j=1,2,\cdots,m$，$b_j$ 是 r_{1j}，r_{2j}，…，r_{ij} 的函数。

最后按照最大隶属度原则，通过 $b_j=\max(b_1,b_2,\cdots,b_m)$ 对应的等级 v_i 判定单因素等级。

（2）多级模糊综合评判。评价对象的影响因素有很多，或者某一个影响因素 u_i 又可以分为多个等级（u_{i1}，u_{i2}，…，u_{ik}），而这些等级的划分通常也具有一定的模糊性，此时应采用二级模糊评判、三级模糊评判等，以此类推，从而完成对事物的多级模糊评判。

二级模糊综合评判模型为

$$\boldsymbol{M}=\boldsymbol{W}_i\circ\boldsymbol{B}_i=(\boldsymbol{m}_1,\boldsymbol{m}_2,\cdots,\boldsymbol{m}_m) \tag{8.13}$$

式中：$\boldsymbol{W}_i$ 为第 i 个因素的等级权重集；$\boldsymbol{B}$ 为第 i 个因素的一级模糊评判结果；$\boldsymbol{M}$ 为因素间的模糊综合评判结果。

（3）计算综合评分。如果用分数来表示综合评价结果，根据事物得分越高越好的原则，取评价标准的隶属度集为 $\boldsymbol{\mu}$=(优，良，中，差，劣)，并附相应分数，$\boldsymbol{\mu}=(1.0, 0.8, 0.6, 0.4, 0.2)$，则各级指标的综合评价得分为

$$G=\boldsymbol{\mu}\boldsymbol{M} \tag{8.14}$$

2. *可拓层次分析模型*

层次分析法（Analytic Hierarchy Process，AHP）最早是由 Satty[4] 提出的一种应用网络系统理论和多目标综合评价层次权重决策分析方法。其基本原理是将一个复杂的多目标决策问题作为一个系统，将目标分解为多个目标或准则，进而分解成多目标、多准则或多约束的若干层次，并通过求解判断矩阵特征向量的方法，求解各层元素相对于上层元素的权重值，再采用加权和的方法计算各元素对总目标的最终权重值。层次分析法常用于解决具有分交错评价指标，且目标值又难以定量描述的多目标决策问题。在模糊综合评价过程中，因素的权重对评价结果的准确度影响较大，层次分析法是确定权重的常用方法。

采用层次分析法对事物进行决策的优点有：①系统性——将目标建筑物作为一个系统，依照分解、比较、判断、综合的思维来进行决策；②实用性——定量与定性相结合，能较好地处理传统的最优化方法无法解决的实际问题；③简洁性——计算简便，结果明确。同时传统的层次分析法也存在一些缺点：①囿旧性——只能在原有的方案中进行优选，不能为决策提供新的方案；②粗糙性——层次分析法中的比较、判断及结果的计算过程都是粗糙的，不适于精度较高的问题；③主观性——在判断矩阵的建立过程中，多采用 1～9 比例标定法，未考虑各指标因素的不确定性，且人为因素的影响较大，使得结果不易令人信服。

可拓学最早是由蔡文[5]创立的新学科，是一种采用形式化的模型研究事物拓展的可能性和开拓创新的规律与方法，已被广泛地应用于多目标综合判定问题。可拓集合是可拓学中用于描述事物可变性的定量化工具，可以根据事物关于特征的量值对其属于某集合的程度来进行判断。

将 AHP 与可拓学理论相结合形成可拓层次分析法（Extension Analytic Hierarchy Process，EAHP）。在构建判断矩阵过程中，采用比例区间代替单一比例指标，使用可拓学理论解决区间数值矩阵，可有效结合主观与客观因素，合理处理评估问题。并且可拓层次分析法省去了后期的异质性检验，简化了计算步骤，可直接得到各层指标的权重大小。

针对本章盐侵冻融循环作用下混凝土耐久性的评估而言，各评估指标既具有各自的代表性，又存在一定的相关性，对于混凝土耐久性综合评估来说是一个典型复杂决策问题，因此采用可拓层次分析法确定主观权重。

（1）建立层次指标评价体系。层次结构模型的建立是层次分析法中最重要的一步。在深入分析实际问题的基础上，按照不同属性将各个因素自上而下的

分解成若干层次，同一层次的各个因素从属于上一层的某个因素或对上一层的某个因素有影响，同时也支配下一层因素或受下一层因素的作用。

层次结构模型的最上层为目标层，通常只有一个元素，表示决策者想要达到的目标；中间一般有一个或几个层次，为准则层或子准则层，表示为实现总目标而采取的各种措施、方案所必须遵循的准则，也可称之为策略层或约束层；最底层为方案层或指标层，表示选用解决问题的各种措施、方案、指标等。采用层次结构模型可以清晰地表达这些因素之间的复杂关系，常见的层次结构模型如图8.8所示。

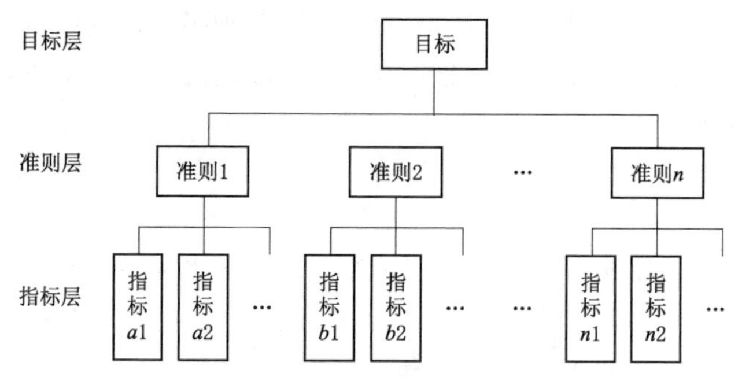

图8.8　层次结构模型

(2) 构造可拓判断矩阵。判断矩阵的构建过程就是信息标量化的过程，即按照一定的标度体系，将原始数据转化为可直接比较的格式的过程。本节采用1～9互反性标度法作为可拓区间的标量化方法。按照某一准则，专家对同一层次的各元素进行两两比较，从而建立可拓判断矩阵 $\mathbf{A}=(a_{ij})_{m\times n}$，其中 i，$j=1$，2，…，n，$\mathbf{A}$ 为正互反矩阵，即 $a_{ij}=1$，$a_{ij}=\dfrac{1}{a_{ji}}$，其中 $a_{ij}=\langle a_{ij}^-,a_{ij}^+\rangle$ 是一个可拓区间数，a_{ij}^-、a_{ij}^+ 分别是判断矩阵第 i 行和第 j 列可拓区间元素的上、下端点。为了便于把可拓判断矩阵中的元素定量化，可拓区间数的中点就是传统层次分析法中1～9标度中的整数，即 $\dfrac{a_{ij}^-+a_{ij}^+}{2}$。

(3) 计算综合可拓判断矩阵和权重矢量。可拓区间数判断矩阵 $\mathbf{A}=\langle\mathbf{A}^-,\mathbf{A}^+\rangle$，其中 $\mathbf{A}^-$ 为区间下端点构成的矩阵，$\mathbf{A}^+$ 为区间上端点构成的矩阵，即 $\mathbf{A}^-=|a_{ij}^-|$，$\mathbf{A}^+=|a_{ij}^+|$。综合可拓判断矩阵的权重矢量计算步骤具体如下。

1) 计算 $\mathbf{A}^-$、$\mathbf{A}^+$ 最大特征向量所对应的具有正分量的归一化特征向量 x^-、x^+，可拓判断矩阵的特征向量求解可采用方根法、求和法、和积法等。

2) 根据 $\mathbf{A}^-=(a_{ij}^-)_{m\times n}$、$\mathbf{A}^+=(a_{ij}^+)_{m\times n}$ 求解 k、m。

$$\begin{cases} k=\sqrt{\sum_{j=1}^{n}\left(\dfrac{1}{\sum_{i=1}^{n}a_{ij}^{+}}\right)} \\ m=\sqrt{\sum_{j=1}^{n}\left(\dfrac{1}{\sum_{i=1}^{n}a_{ij}^{-}}\right)} \end{cases} \tag{8.15}$$

式中，k、m 应为满足 $0<kx^{-}\leqslant 1\leqslant m\boldsymbol{x}^{+}$ 的全体实数。

3）判断矩阵的一致性。如果 $0\leqslant k\leqslant 1\leqslant m$，则表示可拓区间判断矩阵的一致性符合要求，当一致性程度太低时需要对判断矩阵进行校正或者重新让专家判断，直到满足要求为止。

4）求解权重矢量：

$$S=(s_1,s_2,\cdots,s_{nk})^{\mathrm{T}}=\langle k\boldsymbol{x}^{-},m\boldsymbol{x}^{+}\rangle \tag{8.16}$$

式中：s_{nk} 为第 k 层第 n 个因素对上层某因素的可拓区间权重量。

（4）层次单层排序。设 $S_i=\langle s_i^{-},s_i^{+}\rangle$，$S_j=\langle s_j^{-},s_j^{+}\rangle$，通过 $V(S_i,S_j)\geqslant 0$ $(i\neq j)$表示 $S_i\geqslant S_j$ 的可能性程度，有

$$\begin{cases} P_j=1 \\ P_i=V(S_i,S_j)=\dfrac{2(s_i^{+}-s_j^{-})}{(s_j^{+}-s_j^{-})+(s_i^{+}-s_i^{-})} \end{cases} \tag{8.17}$$

P_i 为某层中第 i 个因素对于上一层某因素的单排序，经归一化处理后可得 $\boldsymbol{P}=(P_1,P_2,\cdots,P_n)^{\mathrm{T}}$，其表示某层各因素对上一层某因素单层排序的权重矢量；S_i^{-}、S_i^{+}，S_j^{-}、S_j^{+} 为两个单层权重矢量可拓区间数的上下端点。

（5）层次总排序。依据上述方法，求出所有的单层排序权重矢量：

$$\boldsymbol{P}_h^k=(P_{1h}^k,P_{2h}^k,\cdots,P_{nh}^k)^{\mathrm{T}} \tag{8.18}$$

式中：k 为表示第 k 层；h 为表示第 h 个因素。

当 $h=1$，2，…，n_{k-1}时，可得 $n_k\times n_{k-1}$阶矩阵

$$\boldsymbol{P}^k=(P_1^k,P_2^k,\cdots,P_{n_{k-1}}^k)^{\mathrm{T}} \tag{8.19}$$

若 $k-1$ 层对总目标层的排序权重矢量为 $\boldsymbol{W}^{k-1}=(W_1^{k-1}$，$W_2^{k-1}$，…，$W_{n_{k-1}}^{k-1})^{\mathrm{T}}$，则第 k 层上所有元素对总目标的合成排序 $\boldsymbol{W}^k$ 为

$$\boldsymbol{W}^k=(W_1^k,W_2^k,\cdots,W_{n_k}^k)^{\mathrm{T}}=P^kW^{k-1} \tag{8.20}$$

8.3.2　基于模糊可拓理论的盐冻混凝土耐久性评估

1. 工程概况

结合前面混凝土冻融侵蚀试验，本节选取景泰川电力提灌工程总干渠5号渡槽为评估对象，渡槽结构形式同第7.2节。

2. 混凝土材料评估层次模型

混凝土材料耐久性的评价是一个多因素、多层次的综合评价问题，是由多个子系统构成的复杂系统。要进行混凝土材料耐久性的综合评价，首先需要建立一个科学、合理且能够全面体现研究对象目标特征的评价指标体系，所以根据混凝土材料耐久性的不同损伤特征，划分不同的评价方法、指标及因素，形成不同的评价层次，进而准确全面地评价混凝土的材料耐久性能。

本节从混凝土碳化作用、氯盐腐蚀、冻融破坏、碱集料反应及钢筋锈蚀5个方面对混凝土材料耐久性进行综合评价，混凝土材料耐久性综合评价指标体系如图8.9所示。由于各评价属性自身又包括众多影响因素，所以继续划分。如混凝土碳化属性的指标就包括了CO_2浓度、混凝土水灰比、环境温度湿度、覆盖层厚度等。

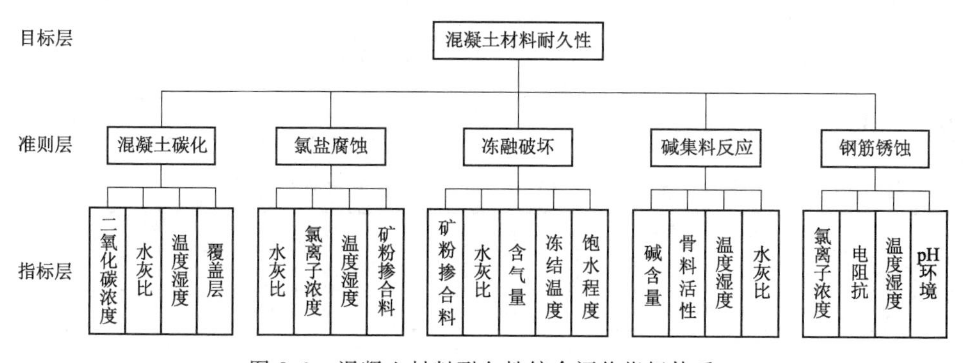

图8.9 混凝土材料耐久性综合评价指标体系

3. 各指标权重的确定

依据所建立的混凝土材料耐久性评价指标体系，通过现场实测数据和室内试验数据分析，查阅相关资料文献，由灌区相关技术、管理人员、行业具有高级职称的专家及本课题组成员组成专家组，按照1～9标度法原则两两比较构建各层次可拓区间数判断矩阵，这样最终可得到一个具有一定弹性的可拓区间数判断矩阵，见表8.10。

表8.10　　准则层各属性对目标层的重要度判断矩阵

目标层	碳化作用	碱集料反应	氯盐腐蚀	冻融破坏	钢筋锈蚀
碳化作用	＜1.00，1.00＞	＜0.37，0.75＞	＜0.22，0.29＞	＜0.18，0.23＞	＜0.14，0.20＞
碱集料反应	＜1.33，2.67＞	＜1.00，1.00＞	＜0.29，0.40＞	＜0.22，0.29＞	＜0.18，0.22＞
氯盐腐蚀	＜3.50，4.50＞	＜2.50，3.50＞	＜1.00，1.00＞	＜0.26，0.45＞	＜0.20，0.32＞
冻融破坏	＜4.30，5.70＞	＜3.50，4.50＞	＜2.20，3.80＞	＜1.00，1.00＞	＜0.29，0.40＞
钢筋锈蚀	＜5.00，7.00＞	＜4.50，5.50＞	＜3.10，4.90＞	＜2.50，3.50＞	＜1.00，1.00＞

按式（8.15）～式（8.18）计算，经归一化处理后得到 5 个评价指标对总目标层的单层总排序 $\boldsymbol{P}=(0.025,0.093,0.185,0.298,0.399)^{\mathrm{T}}$，见表 8.11。

表 8.11　　　　准则层各属性对目标层的单层权重

准则层	碳化作用	碱集料反应	氯盐腐蚀	冻融破坏	钢筋锈蚀
单层排序	0.025	0.093	0.185	0.298	0.399

同理，进行逐级构建指标层对准则层的判断矩阵，见表 8.12～表 8.16。

表 8.12　　　　混凝土碳化各指标对准则层的重要度判断矩阵

准则层	覆盖层厚度	水灰比	温度湿度	CO_2浓度
覆盖层厚度	＜1.00，1.00＞	＜0.29，0.40＞	＜0.17，0.24＞	＜0.14，0.20＞
水灰比	＜2.50，3.50＞	＜1.00，1.00＞	＜0.22，0.28＞	＜0.21，0.31＞
温度湿度	＜4.22，5.78＞	＜3.55，4.45＞	＜1.00，1.00＞	＜0.28，0.42＞
CO_2浓度	＜4.89，7.11＞	＜3.24，4.76＞	＜2.40，3.60＞	＜1.00，1.00＞

表 8.13　　　　混凝土氯盐腐蚀各指标对准则层的重要度判断矩阵

准则层	矿粉掺合料	温度湿度	水灰比	Cl^-浓度
矿粉掺合料	＜1.00，1.00＞	＜0.22，0.29＞	＜0.19，0.20＞	＜0.13，0.15＞
温度湿度	＜3.44，4.56＞	＜1.00，1.00＞	＜0.28，0.41＞	＜0.22，0.29＞
水灰比	＜4.67，5.33＞	＜2.41，3.59＞	＜1.00，1.00＞	＜0.30，0.38＞
Cl^-浓度	＜6.58，7.42＞	＜3.50，4.50＞	＜2.64，3.36＞	＜1.00，1.00＞

表 8.14　　　　混凝土冻融各指标对准则层的重要度判断矩阵

准则层	饱水程度	冻结温度	矿粉掺合料	含气量	水灰比
饱水程度	＜1.00，1.00＞	＜0.40，0.66＞	＜0.26，0.47＞	＜0.21，0.31＞	＜0.19，0.22＞
冻结温度	＜1.51，2.49＞	＜1.00，1.00＞	＜0.27，0.44＞	＜0.23，0.28＞	＜0.18，0.22＞
矿粉掺合料	＜2.11，3.89＞	＜2.26，3.74＞	＜1.00，1.00＞	＜0.32，0.35＞	＜0.22，0.29＞
含气量	＜3.24，4.76＞	＜3.63，4.37＞	＜2.84，3.16＞	＜1.00，1.00＞	＜0.28，0.40＞
水灰比	＜4.63，5.37＞	＜4.50，5.50＞	＜3.42，4.58＞	＜2.48，3.52＞	＜1.00，1.00＞

表 8.15　　　　混凝土碱集料反应各指标对准则层的重要度判断矩阵

准则层	水灰比	温度湿度	活性骨料	碱含量
水灰比	＜1.00，1.00＞	＜0.22，0.29＞	＜0.24，0.27＞	＜0.15，019＞
温度湿度	＜3.50，4.50＞	＜1.00，1.00＞	＜0.32，0.35＞	＜0.33，0.34＞
活性骨料	＜3.75，4.25＞	＜2.85，3.15＞	＜1.00，1.00＞	＜0.29，0.40＞
碱含量	＜5.13，6.87＞	＜2.95，3.05＞	＜2.50，3.50＞	＜1.00，1.00＞

表 8.16　　混凝土钢筋锈蚀各指标对准则层的重要度判断矩阵

准则层	电阻抗	pH 环境	温度湿度	Cl^- 浓度
电阻抗	＜1.00，1.00＞	＜0.29，0.39＞	＜0.19，0.21＞	＜0.13，0.16＞
pH 环境	＜2.54，3.46＞	＜1.00，1.00＞	＜0.22，0.28＞	＜0.24，0.26＞
温度湿度	＜4.73，5.27＞	＜3.36，4.49＞	＜1.00，1.00＞	＜0.31，0.36＞
Cl^- 浓度	＜6.42，7.58＞	＜3.87，4.13＞	＜2.74，3.26＞	＜1.00，1.00＞

按照前面所介绍计算方法，可得混凝土材料耐久性的综合权重排序见表 8.17。由表 8.17 可得，混凝土材料耐久性破坏因素的权重排序为，钢筋锈蚀（0.399）＞冻融破坏（0.298）＞氯盐腐蚀（0.185）＞碱集料反应（0.093）＞碳化作用（0.025）。计算结果与破坏的主要原因，按重要性递减顺序排列为：钢筋锈蚀、寒冷地区的冻融破坏以及侵蚀环境的物理化学作用。

表 8.17　　混凝土材料耐久性的综合权重排序

准则层属性	准则层权重	指标层评价指标	指标层权重	指标评价等级				
				v_1	v_2	v_3	v_4	v_5
碳化	0.025	CO_2浓度	0.363	0.2	0.3	0.2	0.2	0.1
		水灰比	0.205	0.3	0.3	0.3	0.1	0
		温度湿度	0.401	0.1	0.4	0.2	0.2	0.1
		覆盖层厚度	0.030	0.2	0.3	0.2	0.2	0.1
氯盐侵蚀	0.185	水灰比	0.291	0.3	0.3	0.3	0.1	0
		Cl^- 浓度	0.530	0.2	0.2	0.3	0.2	0.1
		温度湿度	0.161	0.1	0.4	0.2	0.2	0.1
		矿粉掺合料	0.018	0.2	0.3	0.2	0.2	0.1
冻融破坏	0.298	水灰比	0.465	0.3	0.3	0.3	0.1	0
		含气量	0.326	0.2	0.3	0.2	0.2	0.1
		冻结温度	0.058	0.1	0.3	0.3	0.2	0.1
		饱水程度	0.023	0.2	0.3	0.2	0.2	0.1
		矿粉掺合料	0.128	0.2	0.3	0.2	0.2	0.1
碱骨料反应	0.093	碱含量	0.337	0.2	0.3	0.3	0.1	0.1
		骨料活性	0.321	0.2	0.3	0.3	0.2	0
		温度湿度	0.324	0.1	0.4	0.2	0.2	0.1
		水灰比	0.019	0.3	0.3	0.3	0.1	0

续表

准则层属性	准则层权重	指标层评价指标	指标层权重	指标评价等级				
				v_1	v_2	v_3	v_4	v_5
钢筋锈蚀	0.399	Cl^- 浓度	0.554	0.2	0.2	0.3	0.2	0.1
		电阻抗	0.014	0.2	0.3	0.3	0.1	0.1
		温度湿度	0.304	0.1	0.4	0.2	0.2	0.1
		pH 环境	0.128	0.1	0.3	0.2	0.2	0.2

对表 8.17 中所得数据进一步叠加可得混凝土材料耐久性各影响因素的综合权重大小。混凝土材料耐久性各影响因素综合权重的排序依次为，Cl^- 浓度(0.32)＞水灰比（0.20)＞温度湿度（0.19)＞含气量（0.10)＞pH 环境(0.05)＞矿粉掺合料（0.04)＞碱含量（0.031)＞骨料活性（0.03)＞冻结温度(0.02)＞饱水程度（0.01)＞电阻抗（0.01)＞CO_2浓度（0.01)＞覆盖层厚度(0.00075)。

4. 确定评价属性因素集 U 及评语集 V

根据混凝土材料耐久性综合评价指标体系，建立属性因素集 U，即 $U=$｛混凝土碳化，氯盐侵蚀，冻融循环，碱集料反应，钢筋锈蚀｝。为了方便准确地分析不同的指标因素，考虑国家和行业现有的相关法规和标准，结合试验数据及现场调研结果，由专家学者对各因素的可能做出对应的评判结构，最终本书选用 5 级法建立相应的评语集合 V，即 $V=$｛优,良,中,差,劣｝。对每个等级的相关描述见表 8.18。

表 8.18　　混凝土结构耐久性评估等级

评估等级	涵　义	对　策	评估等级	涵　义	对　策
优	无耐久性损伤	日常养护	差	损伤严重	大修或加固
良	轻微损伤	小修保养	劣	损伤破坏	改建
中	有一定损伤	中修			

5. 评价指标隶属度计算

隶属函数的建立主要是为了将不同量纲的评价指标综合汇总成一个总的隶属度。混凝土材料耐久性的综合评价指标多为定量性指标，但考虑到现场检测的难度，指标量纲的不同，本章通过专家打分法对各级目标的各项指标进行打分，得到评价矩阵，归一化处理后即可得到单因素评价矩阵，见表 8.17。

由表 8.17 可得各准则层的单因素评价矩阵，由模糊可拓层次分析法可得 $A_1 \sim A_5$ 的权重矢量分别为

$\boldsymbol{W}_{B1}=$ (0.363，0.205，0.401，0.030)

W_{B2} =（0.291，0.530，0.161，0.018）

W_{B3} =（0.465，0.326，0.058，0.023，0.128）

W_{B4} =（0.337，0.321，0.324，0.019）

W_{B5} =（0.554，0.014，0.304，0.128）

由式（8.12）得一级模糊综合评价为

$B_1 = W_{B1} \circ R_1$ =（0.180，0.340，0.220，0.179，0.079）

$B_2 = W_{B2} \circ R_2$ =（0.213，0.263，0.282，0.171，0.071）

$B_3 = W_{B3} \circ R_3$ =（0.241，0.300，0.252，0.154，0.054）

$B_4 = W_{B4} \circ R_4$ =（0.170，0.333，0.268，0.165，0.066）

$B_5 = W_{B5} \circ R_5$ =（0.157，0.275，0.257，0.199，0.113）

由式（7.13）得二级模糊综合评价模型为

$M = W_A \circ R$ =（0.182，0.267，0.216，0.212，0.150）

根据最大隶属度原则，该建筑的混凝土材料耐久性等级为良好。

参考文献

[1] PAWLAK Z, ROUGH Sets. International Journal of Computer and Information Science [J] International Journal of Computer and Information Science, 1982, 11 (8): 41-356.

[2] DUBOIS D, PRADE H. Putting rough sets and fuzzy sets together [J]. Intelligent Decision Support, 1992, 23 (3): 203-232.

[3] 鲍新中，刘澄. 一种基于粗糙集的权重确定方法 [J]. 管理学报，2009，6 (6)：729-732.

[4] SATTY T L. The analytic hierarchy process [M]. New York: McGraw-Hill, 1981: 29-68.

[5] 蔡文. 可拓学概述 [J]. 系统工程理论与实践，1998，18 (1)：77-85.

第9章 混凝土耐久性寿命预测

9.1 混凝土结构耐久性极限标准

灌区内混凝土结构破坏受多种因素影响，每种因素的持续作用均有可能导致结构损坏进而退出工作状态。在低温环境持续作用下混凝土材料性能劣化所导致的结构强度降低；氯离子等盐离子侵蚀作用下钢筋腐锈所导致的结构承载能力降低；结构损耗至一定程度其维修价值不大，结构使用方式不再满足新的需求或其价值发生改变。因此，如何通过现场检测及相应试验数据推导在役结构剩余使用寿命和新建结构的可使用寿命，对改善混凝土耐久性水平至关重要。

钢筋混凝土结构的寿命可表示为

$$T=T_1+T_2 \tag{9.1}$$

式中：T_1 为混凝土保护层完全碳化且钢筋脱钝开始锈蚀所需时间；T_2 为钢筋锈蚀发展至结构达到极限承载力状态所需时间。

考虑到保护层开裂后钢筋锈蚀速度加快的实际情况，可将 T_2 以混凝土保护层剥落为分界线分为两部分：

$$T_2=T_{cr}+T_u \tag{9.2}$$

式中：T_{cr}为钢筋锈蚀导致混凝土保护层脱落所需时间；T_u 为保护层脱落后到结构最终破坏所需时间。

即

$$T=T_1+T_2=T_1+T_{cr}+T_u \tag{9.3}$$

明确混凝土结构的耐久性极限评价标准是对结构进行寿命预测的关键所在，现今常用标准有混凝土结构中钢筋开始锈蚀/混凝土结构表面裂缝宽度达到规范最大限度、混凝土与钢筋间黏结力不再满足要求、氯离子侵蚀深度达到界限以及结构达到承载能力下限等，这些标准均为在役与新建结构的寿命预测提供了判断依据。

9.2 在役混凝土结构的寿命预测方法

甘肃省景泰川电力提灌区内现有大量钢筋混凝土结构，受材料、荷载、气候环境以及维护方面的影响，已出现混凝土剥落、部分构件棱角变圆、基础部位混凝土成膨松状、混凝土表面泛白等不同程度的破坏情况。对这些破坏的结构进行评估是建筑物维修、加固的必备前期工作，结构的评估结果直观表明了结构是否需要进行维修改建以及可采取的维护措施实施方案。结构的剩余使用寿命的预测则是结构评估中非常重要的一个方面，正确实际地预测结构剩余使用寿命可以更加合理地分配建筑资源，合理安排人力、物力的工作方式，以此帮助结构最大化地维持其最理想的工作时间。对处于服役状态的钢筋混凝土结构进行评估以及服役结构剩余寿命的预测是我国各行业钢筋混凝土工程界亟待解决的问题。

合理评估与预测现有钢筋混凝土结构的承载能力与剩余寿命，能够避免建筑物因带险工作而出现事故，避免因其进行不合时机的修理替换而带来的人力物力的浪费，可为现有钢筋混凝土结构的维修、加固与替换决策提供合理依据。

服役期间的钢筋混凝土结构的耐久性衰减劣化往往是由于多种因素对结构产生了综合复杂的影响，这些影响因素通常可以分为两类，即环境与荷载。环境与荷载的组成方式多种多样，并且在多样环境以及荷载的综合作用下结构耐久性衰减的时变规律极为复杂，为了简化问题求解，对结构使用寿命的预测通常是只考虑少量因素的作用。

1. 经验预测法

经验预测法要求拥有大量试验结果、现场实测数据以及长期的经验累积，对结构的使用寿命进行半定量化的预测，这个过程是评估者们经验知识与直观推测的各方面结合与归纳，例如回归分析法。现在实施中的混凝土技术规范标准仍有部分采用这种方法对结构进行寿命评估，即假定结构的施工设计与结构运行条件与规范一致，混凝土结构的使用寿命则能达到规范标准。但采用经验预测法对混凝土结构进行寿命预测要求结构的设计寿命较短，而且结构的服役环境稳定、侵蚀破坏行为较小，如此方能达到结构本身预期中的设计使用寿命。如果待预测结构有比较长的设计使用寿命，且服役环境恶劣、难以掌控，或者结构进行了维修加固以及偶遇多年未曾出现过的自然灾害，这种情况下再对混凝土结构进行寿命预测就会产生较大误差，对实际情况的相符性不高。

2. 对比预测法

对比预测法的实施较为困难，采用率较低。其基本原理为：假定已知某种环境下的某个混凝土结构的实际耐久性与工作年限，那么相似环境下相似材料组成的混凝土结构也具备一样的使用寿命长度。但是，每个结构都具有其独特的实际使用材料、施工设计完成时的形状、施工质量、荷载状况、工作环境，即使是相同的荷载状况也会导致混凝土结构的实际使用寿命发生变化。各类混凝土材料均在不断改进，其性能与之前相比以大有不同，依据已有经验对相似环境下的混凝土结构进行寿命评估有一定的局限性。

3. 可靠度分析法

基于可靠度分析的结构寿命预测多是依据已知构件的损伤程度、规范或经验中给定的破坏标准进行估算。在预测一般暴露于空气中的混凝土结构的剩余使用寿命时，考虑到钢筋性能退化，并进而导致钢筋与混凝土材料间黏结力下降，结构的有效截面大大减少，严重影响结构的承载能力，认定结构承载力降低到最低限定值时结构损坏，服役寿命完成。具体步骤如下：

（1）利用酚酞酒精溶液确定构件的碳化深度、钢筋锈蚀仪测定钢筋的锈蚀状况，采用相关手段与方法得知构件的裂缝宽度与变形状况。

（2）结合结构构件所处环境类别与安全等级，明确整体结构的失效标准。依据《建筑结构可靠度设计统一标准》（GB 50068—2018）所给的承载能力极限状态可靠度指标（表9.1），判定结构可靠度等级下降一级后结构破坏，服役结束寿命终止。

（3）考虑同样环境与相同材料属性的前提下进行试验，得到结构性能参数的变化规律，推导当前时间当前状态下结构抗力参数，构建出结构后期服役状态下抗力参数与承载能力的时间衰变模型。

（4）建立可靠度预测模型，计算结构的可靠度指标。

表9.1　承载能力极限状态可靠度指标

安全等级	一级	二级	三级
延性破坏	3.7	3.2	2.7
脆性破坏	4.2	3.7	23.2

注 括号内的数字为设计允许可靠指标；当承受偶然作用时结构构件的可靠指标应符合专门规范的规定。

依据可靠度理论，考虑钢筋锈蚀引起的结构抗力消退，牛荻涛[1]建立了混凝土结构承载力剩余寿命预测模型：

$$G(t)=R(t)-S(t) \tag{9.4}$$

式中：$G(t)$为结构的功能函数；$R(t)$为结构抗力；$S(t)$为结构的作用效应，包括永久荷载S_G与可变荷载$S_Q(t)$。

依据最小抗力最大效应原则，将式（9.4）简化为

$$G(t)=\min R(t)-S_G-\max S(t) \tag{9.5}$$

则$[0,t]$内结构失效概率$P_f(t)$为

$$P_f(t)=P\{R(t)-S_G-S_Q(t)\} \tag{9.6}$$

t时间结构的动态可靠度指标$\beta(t)$为

$$\beta(t) = -H^{-1}[P_f(t)] \tag{9.7}$$

可靠度指标 $\beta(t)$ 时变关系图如图 9.1 所示，其中 t_i 表示结构抗力开始衰减时间，若已知结构可靠度 U，则依据图 9.1 中曲线关系可推出结构的使用寿命值。

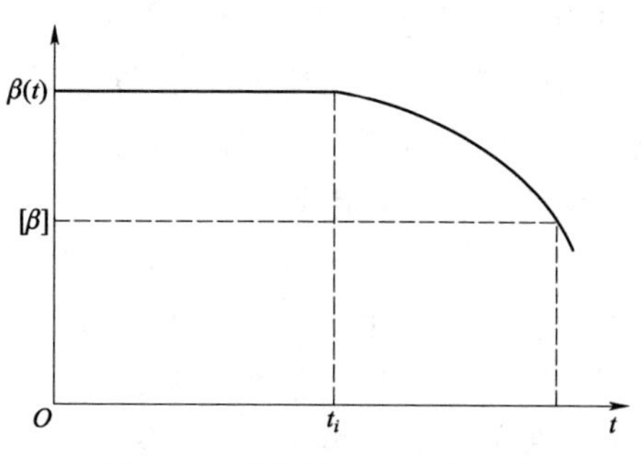

图 9.1 可靠指标时变关系图

(5) 得知结构剩余寿命并采取相应维护措施。

假设 T 为上述步骤中的所得结果使用寿命值，若结构已经运行 t_n 时间，当 $t_n \geqslant T$ 时，结构的剩余使用寿命 $T_r = 0$，结构已无法满足正常使用功能，需要进行相应修补工作以维护建筑安全；若 $t_n < T$，则结构的剩余使用寿命 $T_r = T - t_n$。

4. 基于 Copula 函数预测法

Copula 函数是将联合分布函数与它们各自的边缘分布函数连接在一起的函数，因此也称为连接函数。针对基础工程中混凝土结构在现场暴露环境下的寿命预测问题，乔宏霞等[2]提出了 1 种基于 Copula 函数的多退化因素概率寿命预测方法。可采用基于 Copula 函数的多退化因素剩余寿命预测方法，方法步骤如下。

(1) 明确混凝土结构的 i 个关键退化因素，如质量损失、动弹性模量损失、超声波波速等因素。

(2) 通过对现场结构的实测数据以及试验结果，定义混凝土的耐久性能退化函数 $y_i(t)$。混凝土耐久性能退化函数将同一时刻采集的不同试件样本数据看作服从某一分布的随机变量，从退化因素的角度来描述混凝土的耐久性能衰减规律。由于在现场暴露环境下混凝土结构真实退化函数是难以确定的，而且混凝土结构的关键退化因素的时变关系近似服从线性衰减规律，所以采用线性退化函数式 (9.8) 来描述混凝土的退化过程：

$$y_i(t) = \alpha_i + \beta_i t \tag{9.8}$$

式中：α_i、β_i 分别代表退化因素的原始值及衰减率，两者相互独立且服从正态分布，即 $\alpha_i \sim N(\mu_{\alpha_i}, \sigma_{\alpha_i}^2)$，$\beta_i \sim N(\mu_{\beta_i}, \sigma_{\beta_i}^2)$；$t$ 为现场暴露时间；$y_i(t)$ 也服从正态分布。

(3) 因 α 和 β 相互独立，故退化函数 $y_i(t)$ 的均值 $\hat{\mu_i}(t)$ 与均方差 $\hat{\sigma_i}(t)$ 为

$$\begin{cases} \hat{\mu_i}(t) = E\{y_i(t)\} = \mu_{\alpha i} + \mu_{\beta i} t \\ \hat{\sigma_i}(t) = V_{ar}\{y_i(t)\} = \sigma_{\alpha i} + \sigma_{\beta i} t \end{cases} \tag{9.9}$$

式（9.9）中 $\mu_{\alpha i}$、$\mu_{\beta i}$、$\sigma_{\alpha i}$和$\sigma_{\beta i}$可根据多个混凝土试件样本的退化因素在不同时刻的测量值，应用线性回归的方法得到。

（4）定义失效阈值 D_i，计算混凝土寿命失效分布函数 $F_i(t)$。例如混凝土质量损失的失效阈值 D_1 服从正态分布，取值范围为［D_a，D_b］，超声声速的失效阈值 D_2 为固定值。

（5）求解混凝土剩余寿命的边缘分布函数 $R_i(t)$。当混凝土刚开始服役时，混凝土剩余寿命概率为 1，即混凝土刚开始暴露时耐久性能完好，$R_i(t)=1$；随着混凝土在现场环境中暴露天数的增加，混凝土剩余寿命概率越来越小，混凝土寿命失效分布函数 $F_i(t)$越来越大，且 $R_i(t)+F_i(t)=1$。

（6）确定了各单退化因素下混凝土剩余寿命的边缘分布后，可应用 Copula 函数来计算相应类型的 Copula 密度函数 $c_\theta(\mu,\upsilon)$和 Copula 分布函数 $C_\theta(\mu,\upsilon)$，推导混凝土剩余寿命的联合分布函数，即可得知结构的使用寿命与开始损伤时间。

9.3　新建混凝土结构的寿命预测方法

新建结构的寿命预测方法与在役结构剩余使用寿命预测基本相同，但后者可以通过混凝土在役状态的实际调查，获得更详细、更明确的资料信息。与在役混凝土结构相比，评估新建结构使用寿命过程更加复杂与困难。

1. 随机变量法

影响混凝土结构使用寿命的各因素都是随机变量，变化规律难以掌控，甚至是随时间变化的随机过程，如混凝土保护层厚度、环境温度、孔隙率、侵蚀离子含量等因素都是随机变量或随机过程。应用概率方法进行结构的剩余使用寿命的预测是比较合理的，但这种方法用起来却非常复杂。

2. 神经网络法

神经网络方法综合考虑结构的环境、荷载、材料等各方面因素影响，利用因果分析图及数学模糊规则，事先归纳出影响混凝土结构整体寿命的几种主要因素，利用自编程序构建一种由预测时的衰减到容许值时所需年限的网络模型，通常由输入层、隐层和输出层构成，通过几种主要因素大量的样本数据训练，使网络自身学习得到一组稳定的权向量，来反映输入与输出之间的映射关系，从而使每给出一组输入就能得出一组输出结果，而达到寿命预测功能。

试验结果表明，只要网络结构选择合理，配合正常的检测制度与专门的数据采集系统，其对混凝土结构剩余寿命进行模糊预测的结果是具有实用价值的。

BP 神经网络算法是神经网络法中较为常用的一种方法，其在结构上类似于多层传感器，是一种多层前馈神经网络。网络神经元的层间传递函数为S形函数，输出量为0～1的连续量。神经网络在网络训练中，其网络权值的调整采用的是误差反向传播学习算法，因此而常被称为网络。由于在误差反向传播中，需要对传递函数进行求导，因此网络的传递函数必须是可微的，常用的传递函数有对数、正切函数或线性函数。网络结构简单，可调参数多，训练算法多，可操控性好，在选取合适的传递函数后理论上可以实现任意非线性映射，比较适合用于模拟冻融损伤发展和损伤累积的过程。在利用BP神经网络算法对结构的使用寿命进行预测时，可以将疲劳损伤累积看成是一个非稳态过程，建立基于神经网络原理的冻融损伤累积模型，如此可以较好地反映材料的非线性冻融损伤累积发展过程。

混凝土结构的冻融损伤发展过程极大部分表现为材料微裂纹的引发和逐步扩展的过程，并在宏观上表现为随损伤的逐步发展累积而逐渐劣化。材料的抗冻融性能决定了构件的抗冻融性能，混凝土、钢筋以及它们之间的连接的抗冻融性能是决定混凝土结构抗冻融性能的主要因素。影响材料冻融损伤的主要因素有加载顺序、应力比以及应力水平等，而加载频率对冻融性能的影响似乎不太明显。另外对于混凝土这种非匀质、不等向的多相混合材料，影响其冻融性能的还有水灰比、粗骨料类型等材质以及一些随机因素，以上因素综合起来，成为混凝土结构冻融损伤程度计算中的各个变量。由于影响混凝土结构冻融性能的因素众多，每一个影响因素相当于一个输入变量，若同时考虑全部影响因素，必然造成模型过于复杂以及求解过程繁琐，甚至可能达不到理想的精度，必须在满足一定条件的情况下对其进行简化处理，现常用以下几种模型。

（1）单输入模型。对于均匀冻融损伤而言，冻融破坏的最大值和最小值始终保持不变，构件的输入损伤随着输入循环次数的增加而逐渐累积。由于影响冻融性能因素（如加载水平、应力比等）均保持不变，可以建立一个单输入的简化的网络模型，其隐函数表示为

$$E_{\mathrm{f}}=f(n) \tag{9.10}$$

式中：n为冻融循环次数，作为输入变量；E_{f}为构件的动弹性模量，作为输出量。

单输入简化模型物理意义是明确的，即动弹性模量是随时间（冻融循环次数）变化的单调递增函数。由于其结构形式简单，可以建立含有一个隐层的三层网络来进行仿真分析。隐层的神经元数目通过网络训练过程中的效率和精度来确定。但是，由于单输入的简化模型输入量只有一个，其对于未知荷载历程、多级或随机变幅疲劳的计算，因可能受不确定因素干扰影响较大，精度尚待考证。

在考虑因素较少，重要因子的数学期望和方差均不改变的条件下，单输入

模型理论上也应该可以取得可以接受的仿真计算精度。

(2) 多输入模型。式 (9.10) 的单输入模型只有一个输入量，因此无法直接考虑变幅荷载中加载水平、应力比等不同对损伤造成的影响，也无法直接考虑加载顺序的影响。为了解决这个问题，可以建立一个多输入的 BP 网络模型，其隐函数表示为

$$E_f = f(n, S, R) \tag{9.11}$$

式中：n 为冻融循环次数；S 为加载水平；R 为应力比量。

式 (9.11) 的模型能考虑加载水平和应力比的影响，能够表述单级等幅冻融过程，但是不能够反映多级变幅冻融中加载顺序的影响，因此对式 (9.11) 的模型进行两种方式的扩展变形：

$$E_f = f(n, S_1, \cdots, S_i, R_1, \cdots, R_i) \tag{9.12}$$

式中：n 为总的冻融循环次数；S_1，…，S_i 为各级疲劳加载水平；R_1，…，R_i 为各级疲劳加载的应力比。

$$E_f = f(n_1, \cdots, n_i, S_1, \cdots, S_i, R_1, \cdots, R_i) \tag{9.13}$$

式中：n_1，…，n_i 为各级疲劳荷载循环的次数。

式 (9.13) 的模型相对式 (9.11) 的模型对每一级荷载的循环次数均有体现，因此其对于荷载加载历程的描述相对更加明确，而当仅有一级荷载，即 $i=1$ 时，上述两式均退化为式 (9.10) 的形式。

3. 数学模型预测法

数学模型预测法可以较为合理地预测混凝土结构的使用寿命，在各类方法中其使用频率较高，在构建的模型合理、材料与环境参数选取准确的前提下，预测结果的可靠度较高，完备性较好。常用数学模型有灰色模型、马尔可夫模型等。

邓聚龙[3]提出了灰色系统理论，随后该理论被用于各个领域的预测，包括结构寿命和技术状态预测。灰色预测法是根据过去的及现在已知的或非确定的信息建立的一个从过去引申到未来的灰色模型，从而确定系统未来发展的趋势，灰色预测的核心是灰色模型的建立。

灰色理论预测法首先评估结构的整体损伤度或养护规范中提出的评分值，再以结构总体损伤度或评分值为原始序列，采用一次累加后生成新的序列，在此基础上，建立技术状态的灰色预测模型，根据预测模型外推出桥梁剩余技术使用寿命。

马尔可夫过程[4]的定义为：在时刻 t_0 系统处于状态 i 的条件下，在时刻 t ($t \geqslant t_0$) 系统所处的状态和时刻以前所处的状态无关，只与时刻所处的状态有关。马尔可夫链可用于预测结构的使用年限，是以根据结构服役状态等级确定状态和求得结构状况从一个状态转变到另一个状态的概率为基础的。这些概率

以矩阵形式表示出来，此矩阵称为状态转移概率矩阵，其求解是马尔可夫预测模型求解的最关键问题。常用的方法有经验判断、统计分析和回归分析、逆阵法等。

马尔可夫理论预测是借助对象的当前时刻状态及状态转移概率矩阵来判断对象下一时刻所处状态，状态划分是马尔可夫理论预测的基础。根据马尔可夫预测方法是否结合灰色预测理论，分为两种情况：结合灰色理论的状态划分方法和不结合灰色理论的状态划分方法。

(1) 结合灰色理论的状态划分方法。这种状态划分方法就是以灰色模型预测出的趋势曲线 $\hat{y}(k)$ 为基准，在其上下两侧做 n 条与之平行的曲线，每相邻两条曲线之间的区域称为一种状态。

对于一个符合马氏链特点的非平稳随机序列 $\hat{y}(k)$，可根据具体情况划分为 n 个状态，其任一状态 $\otimes_i$ 可表达为

$$\begin{cases} \otimes_i = [\otimes_{1i}, \otimes_{2i}] \\ \otimes_{1i} = \hat{y}(k) + A_i \quad (i=1,2,\cdots,n) \\ \otimes_{2i} = \hat{y}(k) + B_i \end{cases} \tag{9.14}$$

由于 $\otimes_i$ 是时间 k 的函数，因而，灰元 $\otimes_{1i}$、$\otimes_{2i}$ 也随时序变化，即状态 $\otimes_i$ 具有动态性。状态划分的数目 n 以及 A_i、B_i 的取值，可以根据原始结构破坏程度的多少及数据性质来确定。对于符合马氏链特点的平稳随机序列，通常是采用“常数划分法”来确定状态；对于随时间波动且呈现某种变化趋势的非平稳随机序列的过程，则可以采用“变量划分法”来确定其状态，也就是以 $\hat{y}(k)$ 为集聚，划分成与曲线平行的若干条形区域，每一个条形区域构成一个状态。

状态划分的数目，要根据实际数据序列的多少来确定。一般来说，原始数据较少时，划分区间宜较少，以便增大各状态间的转移次数，从而更加客观地反映各状态间的转移规律；原始数据较多时，状态个数应划分多一些，以便从资料中挖掘更多的信息，提高预测精度。

(2) 指标值的状态划分方法。对于指标值的分级，常见有样本均方差、模糊聚类、有序聚类三种方法来刻画指标值的变化区间。样本均方差法建立分级标准的方法，操作较为简单方便，应用十分普遍。模糊聚类是将模糊数学理论应用于聚类的一种分析方法，这种分类方法需要预先确定好被分类的指标值的类数，再从一个初始的分类出发，用数值计算的方法进行反复地修改，直至合理为止。有序聚类是对有序样品进行分类的方法，应用这种方法来划分指标值的变化区间，可以更加充分地考虑指标值序列的数据结构，使划分的区间更加合理。

在诸多实际问题中，统计指标值均需按一定的位置、次序进行排列，分类

时应遵循原有的数据排列规律，不能随意进行调整。任意打乱其先后顺序将失去事实的原有客观性。

4. 多重环境时间相似理论

混凝土结构劣化过程通常由室内加速试验进行劣化研究，但这种试验过程下混凝土材料组成、水胶比、掺合剂、养护条件、受力状态、侵蚀环境等还原的实施过程较为困难，现场环境下混凝土结构的力学指标与结构所处环境气候无法获取全面信息，并且现场服役条件与室内加速试验模拟条件无法完全对应，通常室内试验仅对现场服役状态下的几种参数进行对比模拟。若将传统相似理论直接应用于结构寿命预测将会产生一定误差，可行性与实用性不强。金伟良等[5]综合考虑结构服役环境与工作状态，将传统相似理论进行改进，建立了多重环境时间相似理论，以期研究各建筑物在不同环境条件下性能劣化的相似关系。

相似理论的理论基础是相似三定理，该定理的实际意义在于指导模型的设计及有关试验数据的处理与推广，并在特定情况下，根据经过处理的数据，提供建立微分方程的指示。对于一些复杂的物理现象，相似理论进一步帮助人们科学而简捷地建立经验性的指导方程。但是对于一些复杂的现象，例如当现象的某个单值条件无法确定时，相似第三定理难以实行，从而导致模型试验的结果出现误差。

多重环境时间相似理论考虑到相似三定理的局限性，额外考虑与目标建筑物服役环境相似的第三方参照物，将其作为现场实测与室内加速试验的联系纽带。通过结合对比室内加速试验和现场检测试验获取的结构力学性能的结果，建立室内试验与现场试验之间力学参数随时间衰变的相似关系，进而通过室内加速试验相应时刻下所得数据对现场服役状态下的建筑物进行精确有效的评估。引入的第三方参照物与目标建筑物的服役环境相似或相同，即满足环境相似；分别制备与第三方参照物、目标建筑物配合比相同的混凝土试件，通过室内加速试验获取这些试件力学参数的衰变关系，考虑现场测得第三方参照物的相应数据，对比分析第三方参照物实测数据与对应试件的试验数据，获得现场侵蚀环境与室内加速试验中反应混凝土结构耐久性的力学性能在时间方面的相似关系，即满足时间相似关系。利用这种环境-时间相似关系，可以根据与目标建筑物对应的混凝土试件在室内试验中表现的力学性能的衰变关系推断实际服役状态下建筑物耐久性衰变的时变关系，进而对目标建筑物的使用关系进行推断。

基于以上分析，多重环境时间相似理论寿命预测方法步骤如图 9.2 所示。

(1) 选取可以代表建筑物服役状态的力学参数，例如超声波波速、动弹性模量、抗压强度等。

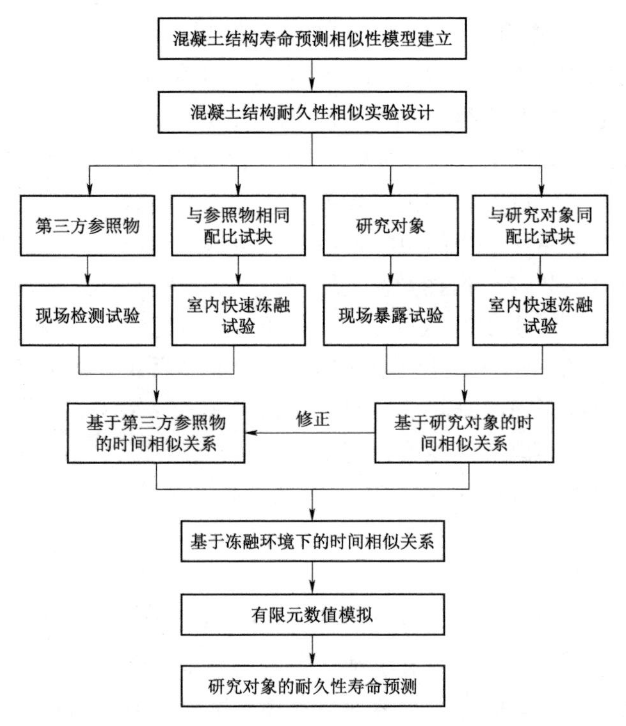

图 9.2 多重环境时间相似理论寿命预测方法步骤示意图

(2) 通过实地考察，选择满足与目标建筑物服役环境相同或相似的处于服役期间的混凝土结构为参照建筑物。

(3) 查阅目标建筑物与第三方参照物的设计与验收资料，明确混凝土结构的材料组成成分、外加剂使用情况、钢筋类型、水胶比、骨料级配等会对建筑服役水平产生直接影响的因素资料。

(4) 收集目标建筑物的工作温度与时间关系，从而得知一年中的冻融次数；取样分析混凝土结构受到的主要侵蚀离子，采用数学方法对现场服役环境进行模拟。

(5) 参照 (3) 中获得的资料，分别制备与目标建筑物和参照建筑物配合比相同的混凝土试件，将试件放入试验室中进行室内加速试验，并且，需要同时将与目标建筑物相同配合比的试块放在建筑物服役环境中进行暴露试验。

(6) 定期对目标建筑物的力学参数进行实测，利用无损检测仪检测目标建筑物对应试件的力学参数，将这些数据进行拟合，整理得到各力学参数的衰变系数，并可得代表混凝土结构力学参数的相似系数为

$$\begin{cases}\theta_{\mathrm{X}}^{\mathrm{A}}(t)=\dfrac{X^{\mathrm{A}}(t)}{X^{\mathrm{A}\prime}(t)}\\[2ex]\theta_{\mathrm{Y}}^{\mathrm{A}}(t)=\dfrac{Y^{\mathrm{A}}(t)}{Y^{\mathrm{A}\prime}(t)}\end{cases}\tag{9.15}$$

式中：$\theta_X^A(t)$为目标建筑物现场基于试验所得的超声波波速的时间相似系数；$\theta_Y^A(t)$为目标建筑物现场基于试验所得的抗压强度衰减的时间相似系数；$X^A(t)$为目标参照物基于试验所得超声波波速衰减系数；$X^{A'}(t)$为相应试件室内试验获得超声波波速衰减系数；$Y^A(t)$为目标参照物基于试验所得抗压强度衰减系数；为相应试件室内试验获得抗压强度$Y^{A'}(t)$衰减系数。

(7) 定期对参照建筑物的力学参数进行实测，利用无损检测仪检测参照物对应试件的力学参数，将这些数据进行拟合，整理得到各力学参数的衰变系数：超声波波速$X^B(t)$与$X^{B'}(t)$，抗压强度$Y^B(t)$与$Y^{B'}(t)$（上标“B”代表第三方参照物），依据步骤 (6) 中同样可得代表参照建筑物现场基于试验所得的超声波波速与抗压强度衰减的时间相似系数$\theta_X^B(t)$、$\theta_Y^B(t)$。

(8) 结合大量实地考察经验，用步骤 (6) 中得到的超声波波速与抗压强度衰减的时间相似率对步骤 (7) 中得到的相似率进行修正，进而得知目标建筑物表征其服役状态的各力学参数在现场与试验环境中的相似率：

$$\begin{cases}\theta_X = f[\theta_X^A(t),\theta_X^B(t)]\\ \theta_Y = f[\theta_Y^A(t),\theta_Y^B(t)]\end{cases} \tag{9.16}$$

(9) 在目标对象的相应混凝土试件的室内试验结果的基础之上，利用步骤 (8) 中表征其服役状态的各力学参数在现场与试验环境中的相似率，推算某时刻室内试验对应的目标对象现场实际服役时的力学参数的取值。

(10) 通过有限元软件对目标对象进行数值模拟，以最脆弱且处于较为重要的无法替代的构件的可服役寿命作为整体结构的实际可服役寿命。

5. *威布尔寿命预测方法*

威布尔分布最早是由 Weibull[6] 提出的一种用于可靠度分析和寿命预测的概率分布模型。该模型实际上是一种概率密度分布函数，有 3 个未知参数，又称三参数威布尔分布函数，三个参数分别为：位置参数、形状参数和尺度参数。威布尔分布适用于小样本抽样事件，对不同类型试验数据具有较强的适应能力。

若随机变量 T 服从三参数威布尔分布，则其概率密度函数的表达式为

$$f(t)=\frac{\beta}{\eta}\left(\frac{t-\gamma}{\eta}\right)^{\beta-1}\mathrm{e}^{-\left(\frac{t-\gamma}{\eta}\right)^{\beta}} \tag{9.17}$$

累积失效概率函数为

$$\begin{cases}F(t)=P(T\leqslant t)=1-\mathrm{e}^{-\left(\frac{t-\gamma}{\eta}\right)^{\beta}}\\ \qquad t\geqslant\gamma\end{cases} \tag{9.18}$$

式中：β为形状参数，且$\beta>0$，β主要影响概率密度函数的形状，即由β确定威布尔分布更接近于哪种分布，当$\beta=1$时为指数分布，当$\beta=2$时为瑞利分布，当β在 3～4 之间时接近于正态分布；η为尺度参数，决定概率密度函数

在横坐标上的跨度，且 $\eta>0$；γ 为位置参数，主要影响概率密度函数的起始位置，且 $\gamma\geqslant 0$。

当 $\gamma=0$ 时，即为双参数的威布尔分布模型；当 $t=\gamma$ 时，可得累积失效概率函数为 0，即可靠度函数为 100%，因此 γ 也称为最小安全寿命。

实际工程中，需要利用寿命数据对分布函数的参数进行估计。对于威布尔分布的参数估计，最常用方法为最小二乘法，其核心思想是寻找一组观测数据 x_i 和 $y_i(i=1,2,\cdots,n)$ 最佳的拟合曲线，其中拟合曲线上的点到观测点的距离的平方和在所有可能的拟合曲线中最小，也即偏差平方和最小。

9.4 混凝土结构寿命预测实例分析

混凝土材料在承受荷载作用的过程中，根据损伤力学理论，将其看作是材料内部微缺陷的聚集和扩展，导致了材料逐渐破坏的损伤现象，因此可以通过引入损伤度 D 来描述混凝土材料损伤劣化的过程。在实际工程中，对混凝土材料损伤的衡量通常从宏观和微观两个角度进行，宏观方面主要包括裂缝、表层剥落、强度等，微观方面主要有动弹性模量、密实度、气泡间距等。结合上面描述的冻融侵蚀作用下混凝土材料耐久性试验结果和相关规范，经过筛选，本节选取动弹性模量来表征混凝土损伤程度。下面定义混凝土第 i 次冻融循环后的损伤度 D_i 为

$$D_i=\frac{E_0-E_i}{E_0} \tag{9.19}$$

式中：D_i 为第 i 次冻融循环后混凝土的损伤度；E_i 为第 i 次冻融循环后混凝土的动弹性模量；E_0 为混凝土的初始动弹性模量。

根据不同参数威布尔分布的特点，本节选取两参数威布尔分布来进行混凝土材料耐久性寿命的预测。假设混凝土材料的耐久寿命为 n，依据威布尔分布的概率密度函数可得混凝土材料耐久性寿命 n 的概率密度函数为

$$f(n)=\frac{b}{a}\left(\frac{n}{a}\right)^{b-1}\mathrm{e}^{-\left(\frac{n}{a}\right)^b} \tag{9.20}$$

a、b 分别为混凝土材料耐久寿命的尺度参数和形状参数，相应的混凝土材料耐久性寿命分布函数为

$$F(n)=1-\mathrm{e}^{-\left(\frac{n}{a}\right)^b} \tag{9.21}$$

当经历 n_1 次冻融侵蚀后，混凝土的失效概率为

$$P_{\mathrm{f}}(n_1)=1-\mathrm{e}^{-\left(\frac{n}{a}\right)^b} \tag{9.22}$$

由混凝土损伤失效的过程可知，随着冻融循环次数的增加，混凝土的损伤

程度逐渐累积叠加，当混凝土材料达到使用寿命时，失效概率 $P_f(n_n)=1$，即混凝土材料失效。当经历 n_n 次冻融循环后，混凝土的损伤度为 $D(n_n)$，根据混凝土变量计算公式，当混凝土材料的寿命达到 n_n 时，有 $D(n_n)=1$，因此有等式

$$P_f(n_n)=D(n_n) \tag{9.23}$$

即

$$P_f(n_n)=1-e^{-\left(\frac{n}{a}\right)^b}=D(n_n) \tag{9.24}$$

由威布尔的分布函数可得其可靠性函数为

$$P(n)=1-F(n)=e^{-\left(\frac{n}{a}\right)^b}=1-D(n_n) \tag{9.25}$$

对式（9.25）进行威布尔变换，两边同时取对数可得

$$-\ln[1-F(n)]=\left(\frac{n}{a}\right)^b \tag{9.26}$$

对式（9.26）两边再取对数可得

$$-\ln\left\{\ln\left[\frac{1}{R(n)}\right]\right\}=b[\ln(n)-\ln(a)] \tag{9.27}$$

令 $Y=\ln\left\{\ln\left[\frac{1}{R\ (n)}\right]\right\}$，$X=\ln\ (n)$，$C=-b\ln\ (a)$，则式（9.27）可变化为

$$Y=Y(X)=bX+C \tag{9.28}$$

若冻融作用下混凝土材料寿命符合威布尔分布，则 $Y=\ln\{-\ln[1-F(n)]\}$ 与 $X=\ln(n)$ 需要满足上式的线性关系，即在一条直线上。通过线性回归分析，求出参数 b、C 和判定系数 R^2 的值。若判定系数 R^2 的值较大，则说明 Y 与 X 之间线性相关性较好，即冻融作用下混凝土材料寿命符合威布尔分布。

依据李金玉等[7]对混凝土室内外冻融循环次数之间的关系对比试验研究，混凝土结构的使用寿命为

$$t=\frac{eN}{M} \tag{9.29}$$

式中：t 为混凝土结构的使用寿命；e 为冻融比例系数，即室内一次冻融循环相当于室外自然冻融循环的次数，一般为 12；N 为混凝土室内冻融循环次数；M 为混凝土结构在实际环境中一年经历的冻融次数。

通过威布尔分布相关性检验方程，对冻融循环作用下的混凝土材料寿命进行相关性分析，判定其是否符合威布尔分布。以 $Y=\ln\left[\ln\frac{1}{R(n)}\right]$ 为纵坐标，$X=\ln(n)$ 为横坐标，通过最小二乘法进行线性回归分析，得到拟合直线图及对应的回归参数 b、C 和相关系数 R^2 的值，其中，所拟合的直线斜率即为威布尔分布的参数 b。对试验数据进行拟合，计算冻融作用下混凝土材料寿命的威

布尔分布值。

由现场环境调查分析得，水工混凝土建筑物在遭受冻融循环作用的同时，还承受着硫酸盐和氯盐的侵蚀破坏。根据现场收集残渣的衍射结果及化验分析，考虑到单盐、复合盐等对混凝土侵蚀程度的差异，试验设计了清水、3% NaCl、5% Na_2SO_4、3% NaCl+5% Na_2SO_4 四组不同的侵蚀介质，试验共浇注7批不同水胶比、粉煤灰掺量及引气剂掺量的混凝土试件，分别编号为A1、A2、A3、B1、B3、C1、C3。其A2组（水胶比为0.45，粉煤灰掺量为20%，引气剂掺量为0.005%）为基础配合比，A2、B2、C2三组配合比相同。A1、A2、A3组为不同水胶比混凝土，水胶比分别为0.45、0.5与0.55。B1、B2、B2组为不同粉煤灰掺量混凝土，粉煤灰掺量分别为10%、20%以及30%。C1、C2、C3组为不同引气剂掺量混凝土，引气剂掺加量分别为0、0.005%、0.01%。混凝土配合比设计见表9.2。

表9.2　　混凝土配合比设计

编号	水胶比	水泥 /(kg/m³)	水 /(kg/m³)	细骨料 /(kg/m³)	粗骨料 /(kg/m³)	粉煤灰 /(kg/m³)	引气剂 /(g/m³)	砂率 /%	粉煤灰 /%	引气剂 /%
A1	0.35	350	175	604	1121	150	25	35	20	0.005
A2	0.45	272	175	642	1193	117	19.45	35	20	0.005
A3	0.55	223	175	667	1240	95	15.9	35	20	0.005
B1	0.45	389	175	642	1193	0	19.45	35	0	0.005
B3	0.45	195	175	642	1193	195	19.45	35	50	0.005
C1	0.45	272	175	642	1193	117	0	35	20	0
C3	0.45	272	175	642	1193	117	38.9	35	20	0.01

结合试验数据，以A1、A2、A3组混凝土试件为例，分别计算冻融循环作用混凝土材料寿命的威布尔分布值$R(n)$、X、Y，其中$R(n)$为相对动弹性模量。计算结果见表9.3～表9.5。

表9.3　　冻融循环作用下A1组混凝土材料寿命的威布尔分布值

分　组	冻融循环次数 n	存活率 $R(n)$	$X=\ln(n)$	$Y=\ln\{\ln[1/R(n)]\}$
A1	25	0.9937	3.21888	−5.06405
	50	0.9901	3.91202	−4.61025
	75	0.9864	4.31749	−4.29085
	100	0.9787	4.60517	−3.83830
	125	0.9695	4.82831	−3.47458
	150	0.9632	5.01064	−3.28357
	175	0.9588	5.16479	−3.16835
	200	0.9523	5.29832	−3.01849

表 9.4　　冻融循环作用下 A2 组混凝土材料寿命的威布尔分布值

分　组	冻融循环次数 n	存活率 $R(n)$	$X=\ln(n)$	$Y=\ln\{\ln[1/R(n)]\}$
A2	25	0.9964	3.21888	−5.62502
	50	0.9854	3.91202	−4.21939
	75	0.9664	4.31749	−3.37619
	100	0.9623	4.60517	−3.25894
	125	0.9467	4.82831	−2.90456
	150	0.9354	5.01064	−2.70634
	175	0.9216	5.16479	−2.50539
	200	0.9162	5.29832	−2.43588

表 9.5　　冻融循环作用下 A3 组混凝土材料寿命的威布尔分布值

分　组	冻融循环次数 n	存活率 $R(n)$	$X=\ln(n)$	$Y=\ln\{\ln[1/R(n)]\}$
A3	25	0.9872	3.21888	−4.35188
	50	0.9743	3.91202	−3.64827
	75	0.9563	4.31749	−3.10815
	100	0.9336	4.60517	−2.67790
	125	0.903	4.82831	−2.28246
	150	0.8682	5.01064	−1.95664
	175	0.8427	5.16479	−1.76525
	200	0.7991	5.29832	−1.49491

由以上所得威布尔分布值，对其进行线性拟合可得相应威布尔参数 b、C，见图 9.3 和表 9.6。

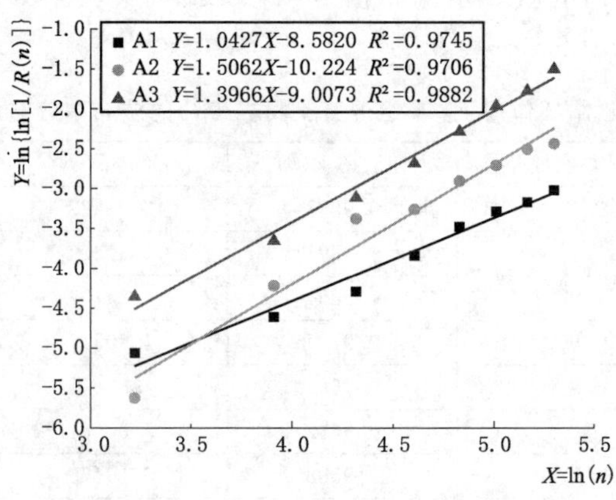

图 9.3　冻融循环作用下不同水胶比混凝土耐久性寿命线性回归直线图

表 9.6 冻融循环作用下混凝土耐久性寿命威布尔分布线性回归结果

分　类	耐久寿命	b	C	R^2
A1	N_{A1}	1.0427	−8.5820	0.9745
A2	N_{A2}	1.5062	−10.224	0.9706
A3	N_{A3}	1.3966	−9.0073	0.9882

将所得参数代入 $Y=Y(X)=bX+C$，可得冻融循环作用下 A1、A2、A3 组混凝土试件相应的威布尔分布寿命预测模型分别为

A1：$Y=1.0427\ln(n)-8.5820$

A2：$Y=1.5062\ln(n)-10.224$

A3：$Y=1.3966\ln(n)-9.0073$

根据规范，当混凝土动弹性模量降至其初始值的 60%时，认为混凝土已经损伤失效，将 $R(n)=0.6$分别代入上式，$N_{A1}=1975$ 次，$N_{A2}=568$ 次，$N_{A3}=391$ 次。我国不同区域每年的平均冻融循环次数见表 9.7。

由冻融循环作用下 A1、A2、A3 组混凝土试件相应的威布尔分布寿命预测模型可得三组混凝土试件在自然环境下所能经历的冻融循环次数，以西北地区为例，A1、A2、A3 三组配合比混凝土在冻融循环条件下的安全运行年限分别为 200 年、58 年、40 年。

表 9.7 我国不同区域每年的平均冻融循环次数

区　域	东北地区	华北地区	西北地区	华中地区	华东、华中地区	华南地区
冻融次数	120	84	118	18	18	0

以 B1、B2（同 A2）、B3 三组混凝土试块试验数据为基础，分别计算冻融循环作用混凝土材料寿命的威布尔分布值 $R(n)$、X、Y，计算结果见表 9.8～表 9.9。

表 9.8 冻融循环作用下 B1 组混凝土材料寿命的威布尔分布值

分　组	冻融循环次数 n	存活率 $R(n)$	$X=\ln(n)$	$Y=\ln\{\ln[1/R(n)]\}$
B1	25	0.9914	3.21888	−4.75168
	50	0.9804	3.91202	−3.92234
	75	0.9613	4.31749	−3.23225
	100	0.9344	4.60517	−2.69045
	125	0.9287	4.82831	−2.60410
	150	0.9096	5.01064	−2.35651
	175	0.9036	5.16479	−2.28899
	200	0.8869	5.29832	−2.12007

表 9.9 冻融循环作用下 B3 组混凝土材料寿命的威布尔分布值

分 组	冻融循环次数 n	存活率 $R(n)$	$X=\ln(n)$	$Y=\ln\{\ln[1/R(n)]\}$
B3	25	0.9658	3.21888	−3.35818
	50	0.9587	3.91202	−3.16588
	75	0.9409	4.31749	−2.79822
	100	0.9012	4.60517	−2.26309
	125	0.8858	4.82831	−2.10978
	150	0.8571	5.01064	−1.86950
	175	0.8390	5.16479	−1.73986
	200	0.7719	5.29832	−1.35131

对 B1、B2（同 A2）、B3 组混凝土材料寿命的威布尔分布值进行线性拟合可得 B 试验组相应威布尔参数 b、C，见图 9.4 和表 9.10。

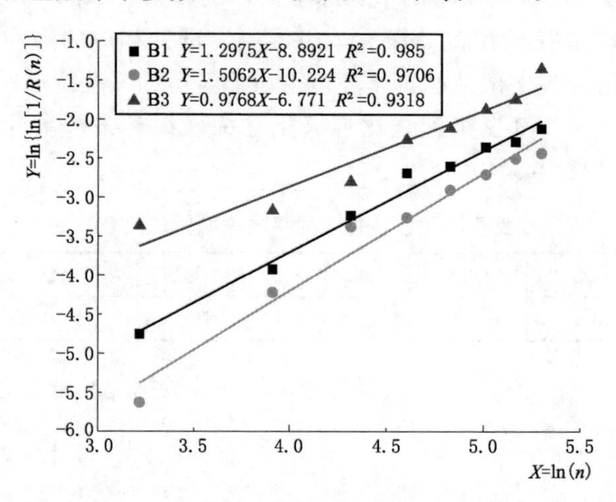

图 9.4 冻融循环作用下不同粉煤灰掺量混凝土耐久性寿命线性回归直线图

表 9.10 冻融循环作用下混凝土耐久性寿命威布尔分布线性回归结果

分 类	耐久寿命	b	C	R^2
B1	N_{B1}	1.2975	−8.8921	0.9850
B2	N_{B2}	1.5062	−10.224	0.9706
B3	N_{B3}	0.9768	−6.7710	0.9318

以 C1、C2（同 A2）、C3 三组混凝土试块实验数据为基础，分别计算冻融循环作用混凝土材料寿命的威布尔分布值 $R(n)$、X、Y，计算结果见表 9.11～表 9.12。

表 9.11 冻融循环作用下 C1 组混凝土材料寿命的威布尔分布值

分组	冻融循环次数 n	存活率 $R(n)$	$X=\ln(n)$	$Y=\ln\{\ln[1/R(n)]\}$
C1	25	0.9872	3.21888	−4.35188
	50	0.9743	3.91202	−3.64827
	75	0.9563	4.31749	−3.10815
	100	0.9336	4.60517	−2.67790
	125	0.903	4.82831	−2.28246
	150	0.8882	5.01064	−2.13235
	175	0.8627	5.16479	−1.91265
	200	0.8499	5.29832	−1.81624

表 9.12 冻融循环作用下 C3 组混凝土材料寿命的威布尔分布值

分组	冻融循环次数 n	存活率 $R(n)$	$X=\ln(n)$	$Y=\ln\{\ln[1/R(n)]\}$
C3	25	0.9956	3.21888	−5.42395
	50	0.9915	3.91202	−4.76342
	75	0.9871	4.31749	−4.34404
	100	0.9827	4.60517	−4.04834
	125	0.9786	4.82831	−3.83357
	150	0.9742	5.01064	−3.64434
	175	0.9698	5.16479	−3.48462
	200	0.9657	5.29832	−3.35521

对 C1、C2（同 A2）、C3 组混凝土材料寿命的威布尔分布值进行线性拟合可得 C 试验组相应威布尔参数 b、C，见图 9.5 和表 9.13。

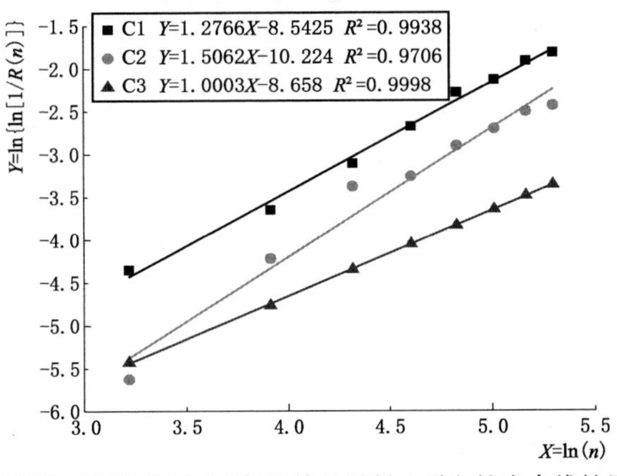

图 9.5 冻融循环作用下不同引气及掺量混凝土耐久性寿命线性回归直线图

表 9.13 冻融循环作用下混凝土耐久性寿命威布尔分布线性回归结果

分类	耐久寿命	b	C	R^2
C1	N_{C1}	1.2766	−8.5425	0.9938
C2	N_{C2}	1.5062	−10.224	0.9706
C3	N_{C3}	1.0003	−8.6580	0.9998

以A2组混凝土试块在清水（A2.1，同B2、C2）、3%NaCl(A2.2)、5% Na_2SO_4(A2.3)、3%NaCl+5% Na_2SO_4（A2.4）四种不同介质冻融环境下的试验数据为基础，分别计算冻融循环作用混凝土材料寿命的威布尔分布值$R(n)$、X、Y，计算结果见表9.14～表9.16。

表 9.14 3%NaCl 冻融介质作用下 A2 组混凝土材料寿命的威布尔分布值

分组	冻融循环次数 n	存活率 $R(n)$	$X=\ln(n)$	$Y=\ln\{\ln[1/R(n)]\}$
A2.2	25	0.9850	3.21888	−4.19216
	50	0.9710	3.91202	−3.52578
	75	0.9330	4.31749	−2.66859
	100	0.8970	4.60517	−2.21917
	125	0.8230	4.82831	−1.63579
	150	0.7460	5.01064	−1.22748
	175	0.6370	5.16479	−0.79632
	200	0.5630	5.29832	−0.55430

表 9.15 5%Na_2SO_4 冻融介质作用下 A2 组混凝土材料寿命的威布尔分布值

分组	冻融循环次数 n	存活率 $R(n)$	$X=\ln(n)$	$Y=\ln\{\ln[1/R(n)]\}$
A2.3	25	0.9971	3.21888	−5.84159
	50	0.9824	3.91202	−4.03099
	75	0.9684	4.31749	−3.43859
	100	0.9426	4.60517	−2.82830
	125	0.9019	4.82831	−2.27059
	150	0.8742	5.01064	−2.00659
	175	0.8410	5.16479	−1.75352
	200	0.8047	5.29832	−1.52654

表 9.16 3%NaCl+5%Na_2SO_4 冻融介质作用下 A2 组混凝土材料寿命的威布尔分布值

分组	冻融循环次数 n	存活率 $R(n)$	$X=\ln(n)$	$Y=\ln\{\ln[1/R(n)]\}$
A2.4	25	0.9961	3.21888	−5.54483
	50	0.9788	3.91202	−3.84306
	75	0.9576	4.31749	−3.13902
	100	0.8932	4.60517	−2.18086
	125	0.8534	4.82831	−1.84183
	150	0.8014	5.01064	−1.50781
	175	0.7346	5.16479	−1.17626
	200	0.6678	5.29832	−0.90692

对 A2.1、A2.2（同 A2）、A2.3、A2.4 四组混凝土材料寿命的威布尔分布值进行线性拟合可得四种不同冻融介质条件下的相应威布尔参数 b、C，见图 9.6 和表 9.17。

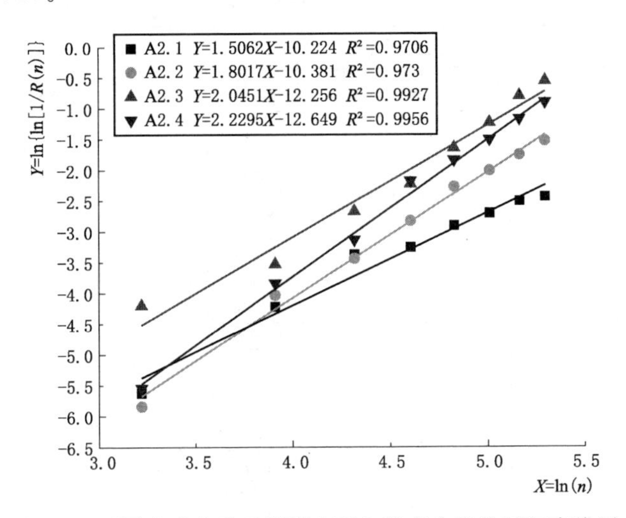

图 9.6 不同冻融介质下混凝土耐久性寿命线性回归直线图

表 9.17 冻融循环作用下混凝土耐久性寿命威布尔分布线性回归结果

分 类	耐 久 寿 命	b	C	R^2
清水	$N_{水}$	1.5062	−10.224	0.9706
3%NaCl	$N_{氯化钠}$	1.8217	−10.381	0.9730
5%Na_2SO_4	$N_{硫酸钠}$	2.0451	−12.256	0.9927
混合	$N_{混合}$	2.2295	−12.649	0.9956

由式（9.28）可计算出各组混凝土试件所能经历的冻融循环次数及实际环境中（西北地区）的使用寿命年限，见表9.18。

表9.18 使用寿命预测值

冻融介质	清水							3%NaCl	5%Na_2SO_4	混合
编号	A1	A2	A2	B1	B3	C1	C3	A2	A2	A2
快速冻融次数	1975	569	392	565	516	477	2939	207	288	216
使用寿命/年	200	58	40	57	52	48	299	21	29	22

根据李金玉等[7]提出的混凝土抗冻安全定量化设计的初步建议（表9.19），对比后可得对具有抗冻要求的地区可以优先选用A1、A2、B1、C3四组配合比的混凝土设计。其中A1、C3两组混凝土试件抗冻耐久性最为突出，其主要控制水胶比与含气量，说明水胶比与含气量对混凝土的抗冻性影响较大，与第4章所得结论相一致，说明寿命预测模型是合理的。

表9.19 混凝土抗冻安全性初步设计建议

混凝土结构类别	安全运行年限	地区	混凝土抗冻安全设计等级
大坝等重要建筑物	80～100年	东北	F800～1000
		西北	F800～1000
		华北	F500～600
		华东	F100～200
		华中	F100～150
		华南	F50
港口工程 民建大型水闸等	50年	东北	F500
		西北	F500
		华北	F300～400
		华东	F100～200
		华中	F100
		华南	F50
道路、桥梁等	30年	东北	F300
		西北	F300
		华北	F200～300
		华东	F50～150
		华中	F50
		华南	F50

参 考 文 献

［1］ 牛荻涛．服役结构可靠性的数学模型［J］．西安建筑科技大学学报：自然科学版，1995，27（3）：380－383.

［2］ 乔宏霞，朱彬荣，路承功．基于 Copula 函数的现场暴露混凝土寿命预测方法［J］．建筑材料学报，2017，20（2）：191－197.

［3］ 邓聚龙．灰色预测与决策［M］．武汉：华中科技大学出版社，1985.

［4］ 邓肯 E B，尤什凯维奇 A A．马尔可夫过程（定理与问题）［M］．北京：科学出版社，1988.

［5］ 金伟良，李志远，许晨．基于相对信息熵的混凝土结构寿命预测方法［J］．浙江大学学报（工学版），2012，46（11）：1991－1997.

［6］ WEIBULL W．A statistical distribution function of wide applicability［J］．Journal of Applied Mechanics，1951，18（3）：293－297.

［7］ 李金玉，彭小平，邓正刚，等．混凝土抗冻性的定量化设计［J］．混凝土，2000，(12)：61－65.

第10章　混凝土结构耐久性提高方法与技术

在我国北方灌区，水工混凝土建筑物长期遭受盐类侵蚀与冻融因素的影响，灌区水工混凝土的损伤和性能劣化比较严重。混凝土建筑物破坏所造成的工程事故频发，并带来了高额的养护维修费用。如何在建筑物设计初期以及使用过程中最大限度地保证结构处于正常服役状态，从根本提高结构的耐久性是提高结构使用寿命的最基本、最有效的途径。

10.1　混凝土结构性能劣化影响因素

影响混凝土抗冻性的因素很复杂，内部因素主要是混凝土的水灰比、混凝土的有效含气量、气泡的性质、水泥的品种及各种原材料性质的差异等；外部因素主要是冻结的速度和温度等。由于冷却速度直接决定水压力的大小，如在较低的冷却速度下，引气混凝土与普通混凝土的抗冻性区别很小甚至没有区别，但在较高的冷却速度下，引气混凝土的优越性得以体现。因此，混凝土在冻融循环作用下的抗冻耐久性的主要影响要素可概括为平均气泡间距、水灰比、外加剂、强度、骨料、水泥品种和用量、混合材料、冻结温度和降温速度等。

10.1.1　平均气泡间距

由冻融破坏的机理可知，平均气泡间距是影响混凝土抗冻性最主要的因素，平均气泡间距越大，则冻融过程中毛细孔中的静水压和渗透压越大，混凝土的抗冻性越低。

10.1.2　水灰比

水灰比是涉及混凝土的一个重要参数，它的变化影响混凝土可冻水的含量、平均气泡间距及混凝土强度，从而影响混凝土的抗冻性。水灰比越大，混凝土中可冻水的含量越多，混凝土的结冰速度越快；气泡结构越差，平均气泡间距越大；混凝土强度越低，抵抗冻融的能力越差。可见，水灰比是影响混凝土抗冻性的主要影响因素之一，在含气量一定时，水灰比越大，抗冻性越差，但水灰比在 0.45～0.85 范围内变化时，不掺引气剂的混凝土的抗冻性变化不大，只有当水灰比小于 0.45 以后，混凝土的抗冻性才随水灰比降低而明显提高。国内外规范对混凝土抗冻性有要求的混凝土结构都规定了水灰比最大允许值，我国各行业规范都根据不同受冻环境提出了水灰比最大允许值，如《水运工程混凝土施工规范》（JTS 202—2011）规定海水水位变动区的钢筋混凝土结构的水灰比最大允许值为 0.45～0.55，《混凝土结构设计规范》（GB 50010—2010）规定非海水受冻环境的混凝土结构的水灰比最大允许值为 0.5～0.6。

水灰比小于 0.35、完全水化的混凝土，即使不引气，也有较高的抗冻性，因为除去水化结合水和凝胶孔不冻水外，混凝土中的可冻水含量很少。

10.1.3 外加剂

平均气泡间距是影响混凝土抗冻性的最主要因素，而影响平均气泡间距的一个主要因素是含气量。混凝土中封闭空气泡除搅拌、振捣时混入外，主要是引气剂等外加剂人为引入的。引气剂引入的空气泡越多，平均气泡间距就越小，毛细孔中的静水压和渗透压就越小，混凝土的抗冻性就越好。掺引气剂的混凝土比相同条件下不掺引气剂的混凝土的抗冻性成倍地提高，如美国伊利诺斯试验站每年冬季可能经受冻融 120～240 次，普通混凝土经受不了一个冬季的暴露，而引气剂混凝土经 16 年后仍完好无损。在一定范围内，含气量越多，混凝土的抗冻性越好，但含气量超过一定范围时，混凝土的抗冻性反而下降，原因是含气量增加在降低平均气泡间距的同时，降低了混凝土的强度，一般混凝土含气量每增加 1%抗压强度下降 3%～5%，国内外部分规范都规定了含气量的合理范围。减水剂对混凝土抗冻性也有一定影响，特别是带有引气作用的减水剂，但由于减水剂引入的空气泡直径一般较大，且易破灭，故对混凝土抗冻性的改善效果并不明显。

10.1.4 强度

作为表征抵抗冻融破坏能力的混凝土强度对混凝土抗冻性也有影响，当静水压力和渗透压力超过混凝土的抗拉强度时，混凝土即产生冻融破坏。当含气量或平均气泡间距相同时，强度高的混凝土的抗冻性高于强度低的混凝土，但相对而言，强度对混凝土抗冻性的影响程度远没有气泡结构（平均气泡间距、含气量等）大，强度高的普通混凝土的抗冻性可能低于强度低的引气混凝土。

10.1.5 骨料

骨料的冻害机理可用静水压假说来解释。当骨料吸水饱和，受冻后在骨料孔隙和骨料水泥浆界面产生静力压力，超过骨料或界面强度时就产生冻害，影响骨料抗冻性的主要因素是骨料吸水率和骨料尺寸。使用吸水性骨料，混凝土又处于连续潮湿的环境中，则当粗骨料饱和时，骨料颗粒在冻结时排出水分所产生的压力使骨料和水泥砂浆破坏。如果受破坏的骨料接近混凝土表面，就会产生剥落。由此看来，轻骨料和混凝土的骨料可能成为抗冻的薄弱环节。但通过掺入适量引气剂、保证一定的含气量等措施，使骨料受冻后将孔隙水排向周围的空气泡，轻骨料混凝土还是可以配制成高抗冻混凝土的。用静水压假说可以说明，骨料尺寸越大，受冻后越容易破坏。从理论上讲骨料尺寸也有一个临界值，骨料尺寸大于这个临界值时，骨料受冻后会产生破坏，而一般细骨料在冻融中不产生破坏，正是由于细骨料的尺寸都小于这个临界值。骨料质量对抗冻性也有一定影响，包括骨料的坚实性、风化程度、黏土含量、杂质含量等。

10.1.6　水泥品种和用量

国外由于水泥质量稳定，且很少掺混合材，水泥的化学组成、水泥品种对混凝土的抗冻性无显著影响。而我国则不同，我国生产的水泥大部分掺混合材，且掺量较大，水泥品种对混凝土抗冻性有一定影响，且随水泥中混合材料掺入量的增加，混凝土的抗冻性降低。另外，对于非引气混凝土，水泥品种和用量对抗冻性有一定影响，而对于引气混凝土，这种影响很小。可见相对于含气量、水灰比等，水泥品种和用量不是影响混凝土抗冻性的主要因素。

10.1.7　混合材料

对粉煤灰混凝土抗冻性的试验结果，在等量取代的条件下，粉煤灰掺量为15%时，混凝土的抗冻性可得到改善，但当粉煤灰掺量超过一定范围时，混凝土的抗冻性反而下降。粉煤灰对混凝土抗冻性影响程度，目前尚无统一的结论，但有一点是可以肯定的，对掺粉煤灰的混凝土，只要加入适量的引气剂，还是可以设计出高抗冻混凝土的。

10.1.8　冻结温度和降温速度

孔隙水的冻结是由大孔开始逐步向小孔扩展的，显然，大孔冻结时的结冰速度大，而小孔冻结时的结冰速度小，因此，结冰速度随温度降低而降低。陆采荣等[1]关于冻融最低温对普通混凝土抗冻性影响的试验结果表明，当冻融循环最低温度为－5℃时水灰比为0.65的混凝土能承受133次冻融循环，最低温度降为－10℃时同样的混凝土仅能承受12次冻融循环，而最低温度为－17℃时能承受7次。试验说明混凝土的冻害主要发生在－10℃以上，－10℃以下发生的冻害是十分有限的。降温速度增大使混凝土抗冻性降低，试验室用冻融循环法测定混凝土的抗冻性时降温速度为6～60℃/h，比实际环境的降温速度（一般不超过 3℃/h）快得多，因此，直接用冻融循环法的试验结果来评价实际工程混凝土的抗冻性是过于苛刻的，试验室环境与实际环境的相关性值得深入进一步研究。

10.2 防止混凝土劣化措施

混凝土结构设计最重要的一步是针对结构所处环境与结构的工作荷载选择合适的原材料，这一步骤可以在经济与安全的平衡范围内最大限度地提高混凝土性能，可以更好地满足结构整体的抗冻性、抗渗性、抗裂性等要求。

混凝土结构作为我国应用最多、分布范围最广的建筑物类型，其施工过程也相对较为复杂与繁复。应当注意的是施工质量的好坏对结构安全与服役年限也会产生较大影响，针对不同建筑物（公路、桥梁、钢结构等）国家制定了施工与验收技术规范，依据相关规范进行施工可以保证结构后续安全与正常运行。

10.2.1 原材料的选取

1. 水泥

水泥归类为粉状水硬性无机胶凝材料，其遇水后会发生一系列物理化学反应，并从粉状材料凝结为塑性浆体，可加以砂、石等散粒材料胶结成砂浆或混凝土。我国常用水泥类型包括：硅酸盐水泥、普通硅酸盐水泥、矿渣硅酸盐水泥、火山灰质硅酸盐水泥、粉煤灰硅酸盐水泥、复合硅酸盐水泥，其特性与适用状况见表 10.1。

表 10.1 水泥的特性与适用状况

品 种	主要成分	特 性	适用状况
硅酸盐水泥	以硅酸钙为主要成分的硅酸盐水泥熟料，添加适量石灰膏细磨成	早期强度高，水化热高，耐冻性好，耐热性差，耐腐蚀性差，干缩较小	主要用于高性能混凝土及出口
普通硅酸盐水泥	有硅酸盐水泥熟料，添加适量石膏及混合材料磨细而成	早期强度与水化热较高，耐冻性较好，耐热性较差，耐腐蚀性较差，干缩较小	主要用于路桥、高层建筑、商品混凝土以及国家重点项目工程
矿渣硅酸盐水泥	由硅酸盐水泥熟料，混入适量粒化高炉矿渣及石膏磨细而成	早期强度低，后期强度增长较快；水化热较低，耐热性较好，抗硫酸盐类侵蚀力与抗水性较好，抗冻性较差，抗碳化能力低	可广泛用于工业、农田水利和民用建筑，特别适用于水下工程和桥墩等较大体积混凝土

续表

品　种	主要成分	特　性	适用状况
火山灰质硅酸盐水泥	由硅酸盐水泥熟料和火山灰质材料及石膏按比例混合磨细而成	早期强度低，后期强度增长快，水化热较低，耐热性较差，抗硫酸盐类侵蚀力与抗水性较好，抗冻性较差，干缩较大，抗溶性较好	地下水工程、大体积混凝土工程以及一般工业与民用建筑工程
粉煤灰硅酸盐水泥	由硅酸盐水泥熟料和粉煤灰，加适量石膏混合后磨细而成	早期强度低，后期强度高，干缩性小，抗烈性较强	大体积混凝土和地下工程，同时满足一般工业与民用建筑工程
复合硅酸盐水泥	掺入两种或两种以上的混合材料	早期强度高，凝结硬化快，和易性与抗渗性较好，水泥干缩性与普通硅酸盐水泥一致，抗冻性略低于纯硅酸盐水泥	可广泛用于工业、农田水利和民用建筑，也可用于道路、水下工程等

同时，在对水泥的放置与维护中应注意以下禁忌。

（1）忌受潮结硬。受潮结硬的水泥会降低甚至丧失原有强度，所以规范规定，出厂超过3个月的水泥应复查试验，按试验结果使用。对已受潮成团或结硬的水泥，须过筛后使用，筛出的团块搓细或碾细后一般用于次要工程的砌筑砂浆或抹灰砂浆。对一触或一捏即粉的水泥团块，可适当降低强度等级使用。

（2）忌曝晒速干。混凝土或抹灰如操作后便遭曝晒，随着水分的迅速蒸发，其强度会有所降低，甚至完全丧失。因此，施工前必须严格清扫并充分湿润基层；施工后应严加覆盖，并按规范规定浇水养护。

（3）忌负温受冻。混凝土或砂浆拌成后，如果受冻，其水泥不能进行水化，加之水分结冰膨胀，则混凝土或砂浆就会遭到由表及里逐渐加深的粉酥破坏，因此应严格遵照《建筑工程冬期施工规程》（JGJ/T 104—2011）进行施工。

（4）忌高温酷热。凝固后的砂浆层或混凝土构件，如经常处于高温酷热条件下，会有强度损失，这是由于高温条件下，水泥石中的氢氧化钙会分解；另外，某些骨料在高温条件下也会分解或体积膨胀。

对于长期处于较高温度的场合，可以使用耐火砖对普通砂浆或混凝土进行隔离防护。遇到更高的温度，应采用特制的耐热混凝土浇筑，也可在水泥中掺入一定数量的磨细耐热材料。

（5）忌水多灰稠。人们常常忽视用水量对混凝土强度的影响，施工中为便于浇捣，有时不认真执行配合比，而把混凝土拌得很稀。由于水化所需要的水分仅为水泥重量的20%左右，多余的水分蒸发后便会在混凝土中留下很多孔隙，这些孔隙会使混凝土强度降低。因此在保障浇筑密实的前提下，应最大限度地减少拌和用水。

抹灰所用的水泥用量并非越多抹灰层就越坚固。水泥用量越多，砂浆越稠，抹灰层体积的收缩量就越大，从而产生的裂缝就越多。一般情况下，抹灰时应先用1∶3～1∶5的粗砂浆抹找平层，再用1∶1.5～1∶2.5的水泥砂浆抹很薄的面层，切忌使用过多的水泥。

(6) 忌受酸腐蚀。酸性物质与水泥中的氢氧化钙会发生中和反应，生成物体积松散、膨胀，遇水后极易水解粉化。致使混凝土或抹灰层逐渐被腐蚀解体，所以水泥忌受酸腐蚀。

在接触酸性物质的场合或容器中，应使用耐酸砂浆和耐酸混凝土。矿渣水泥、火山灰水泥和粉煤灰水泥均有较好耐酸性能，应优先选用这3种水泥配制耐酸砂浆和混凝土。严格要求耐酸腐蚀的工程不允许使用普通水泥。

2. 集料

集料又称骨料，分为粗骨料和细骨料，是混凝土的主要组成材料之一。集料主要起骨架作用，可减小由于胶凝材料在凝结硬化过程中干缩湿胀所引起的体积变化，同时还作为胶凝材料的廉价填充料。集料有天然集料和人造集料之分，前者如碎石、卵石、浮石、天然砂等；后者如煤渣、矿渣、陶粒、膨胀珍珠岩等。颗粒视密度小于1700kg/m^3的集料称轻集料，用以制造普通混凝土；特别重的集料，用以制造重混凝土，如防辐射混凝土。集料按颗粒大小分为粗集料和细集料，一般规定粒径大于4.75mm者为粗集料，如碎石和卵石，粒径自小于4.75mm者为细集料，如天然砂。

混凝土碱-集料反应是指混凝土集料中某些活性矿物与混凝土微孔中的碱溶液产生的化学反应。碱主要来源于水泥熟料、外加剂，集料中活性材料主要是二氧化硅、硅酸盐和碳酸盐等。碱-集料反应被许多专家称为混凝土的“癌症”。

混凝土碱集料反应分为3种：碱-硅反应、碱-碳酸盐反应和碱-硅酸盐反应。其中碱-硅反应最为常见。碱集料反应产生的碱-硅酸盐等凝胶遇水膨胀，将在混凝土内部产生较大的膨胀应力，从而引起混凝土开裂。混凝土集料在混凝土中呈均匀分布，故裂缝首先在混凝土表面无序、大量产生，随后将加速其他因素的破坏作用而使混凝土耐久性迅速降低。引起碱集料反应的3个条件中有两个来自混凝土内部：一是混凝土中掺入了一定数量的碱性物质，或者混凝土处于有利于碱渗入的环境；二是集料中有一定数量的碱活性骨料（如含二氧化硅的骨料）；三是潮湿环境，可以提供反应物吸水膨胀所需要的水分。在干燥条件下碱集料反应难以发生。

混凝土发生碱集料反应破坏的特征：外观上主要是表面裂缝、变形和渗出物；而内部特征主要有内部凝胶、反应环、活性碱-集料、内部裂缝、碱含量等。混凝土结构一旦发生碱集料反应出现裂缝后，会加速混凝土的其他破坏，空气、水、二氧化碳等侵入，会使混凝土碳化和钢筋锈蚀速度加快，而钢筋锈蚀产物铁锈的体积远大于钢筋原来的体积，又会使裂缝扩大。若在寒冷地区，混凝土出现裂缝后又会使冻融破坏加速，这样就造成了混凝土工程的综合性破坏。

为尽可能减少碱-集料反应对混凝土结构破坏的影响作用，需严格按照《公路桥涵施工技术规范》（JTG/T 3650—2020）中规定的粗集料与细集料的技术要求进行选择与施工。

3．拌和用水

拌制混凝土用的水，应符合下列要求。

（1）水中不应含有影响水泥正常凝结与硬化的有害杂质或油脂、糖类及游离酸类等。

（2）污水、pH值<5的酸性水及硫酸盐含量（按SO_4^{2-}计）超过水的质量0.27mg/cm^3的水不得使用。

（3）不得用海水拌制混凝土。

（4）供饮用的水，一般能满足上述条件，使用时可不经试验。

4．外加剂

外加剂的使用应根据外加剂的特点，结合使用目的，通过技术、经济比较来确定外加剂的使用品种。如果使用一种以上的外加剂，必须经过配比设计，并按要求加入混凝土拌和物中。在外加剂的品种确定后，掺量应根据使用要求、施工条件、混凝土原材料的变化进行调整。

设计中所采用的外加剂，必须是经过有关部门检验并附有检验合格证明的产品，其质量应符合现行《混凝土外加剂》（GB 8076—2008）的规定，使用前应复验其效果，使用时应符合产品说明及本规范关于混凝土配合比、拌制、浇筑等各项规定以及外加剂标准中的有关规定。不同品种的外加剂应分别存储，做好标记，在运输与存储时不得混入杂物和遭受污染。

5．掺合料

在混凝土拌和物制备时，为了节约水泥、改善混凝土性能，调节混凝土强度等级而加入的天然的或者人造的矿物材料，统称为混凝土掺合料。用于混凝土中的掺合料可分为活性矿物掺合料和非活性矿物掺合料两大类。非活性矿物掺合料一般与水泥组分不起化学作用，或化学作用很小，如磨细石英砂、石灰石、硬矿渣之类材料。活性矿物掺合料虽然本身不硬化或硬化速度很慢，但能与水泥水化生成的$Ca(OH)_2$，生成具有水硬性的胶凝材料。如粒化高炉矿渣、火山灰质材料、粉煤灰、硅灰等。

粉煤灰用于混凝土工程，常根据等级，按《粉煤灰混凝土应用技术规范》（GB/T 50146—2014）规定。

（1）Ⅰ级粉煤灰适用于钢筋混凝土和跨度小于6m的预应力钢筋混凝土。

（2）Ⅱ级粉煤灰适用于钢筋混凝土和无钢筋混凝土。

（3）Ⅲ级粉煤灰主要用于无筋混凝土。对强度等级要求等于或大于C30的无筋粉煤灰混凝土，宜采用Ⅰ级、Ⅱ级粉煤灰。

（4）用于预应力钢筋混凝土、钢筋混凝土及强度等级要求等于或大于C30的无筋混凝土的粉煤灰等级，经试验论证，可采用比上述规定低一级的粉煤灰。

矿粉适用于中高强度等级的高性能泵送混凝土的配制，在一般工程C35～C40混凝土使用相当广泛，用矿粉等量取代部分水泥，即能降低成本，又能显著改善混凝土性能，具有很大的实际应用价值。其作用机理是矿粉参与二次水化反应，在反应过程中吸收大量的CH晶体，使混凝土中尤其界面过渡区的CH晶粒变小变少。由于CH被大量吸收反应，C_3S、C_2S的水化反应速度加快，水泥石与骨料界面黏结强度及水泥浆体的孔结构得到改善，提高了混凝土的密实性。即掺入矿粉的混凝土，其早期强度基本不受影响，而后期强度因矿粉不断参与二次水化反应使混凝土强度得到快速较大增长。从其试验结果来看，矿粉掺入量越大，混凝土后期强度增长也越快越大。

6. 钢筋

钢筋混凝土中的钢筋和预应力混凝土中非预应力钢筋必须符合现行《钢筋混凝土用钢　第1部分：热轧光圆钢筋》（GB/T 1499.1—2017）、《钢筋混凝土用钢　第2部分：热轧带肋钢筋》（GB/T 1499.2—2018）、《冷轧带肋钢筋》（GB/T 13788—2017）、《低碳钢热轧圆盘条》（GB/T 701—2008）的规定。环氧树脂涂层钢筋的标准可按照现行《环氧树脂涂层钢筋》（JG/T 502—2016）执行。

钢筋必须按不同钢种、等级、牌号、规格及生产厂家分批验收，分别堆存，不得混杂，且应设立识别标志。钢筋在运输过程中，应避免锈蚀和污染。钢筋宜堆置在仓库（棚）内，露天堆置时，应垫高并加遮盖。

钢筋应具有出厂质量证明书和试验报告单。并额外注意对桥涵所用的钢筋应抽取试样做力学性能试验。

以另一种强度、牌号或直径的钢筋代替设计中所规定的钢筋时，应了解设计意图和代用材料性能，并须符合现行《公路钢筋混凝土及预应力混凝土桥涵设计规范》（JTG 3362—2018）的有关规定。重要结构中的主钢筋在代用时，应由原设计单位做变更设计。

10.2.2　施工质量的保证

拌制混凝土配料时，各种衡量仪器应保持准确。对骨料的含水率应经常进行检测，雨天施工应特别注意增加测定次数，依据实际含水量以调整骨料和水的用量。同时应当注意放入拌和机内的第一盘混凝土材料应含有适量的水泥、砂和水，以覆盖拌和机的内壁而不降低拌和物所需的含浆量。每一工作班正式称重前，应对计量设备进行重点校核。计量器具应定期检定，经大修、中修或迁移至新的地点后，也应进行检定。

混凝土的运输能力应适应混凝土凝结速度和浇筑速度的需要，使浇筑工作不间断并使混凝土运到浇筑地点时仍保持均匀性和规定的坍落度。当混凝土拌和物运距较近时，可采用无搅拌器的运输工具运输；当运距较远时，宜采用搅拌运输车运输。运输时间不宜超过表10.2的规定。

表10.2　混凝土拌和物运输时间限制

气温/℃	无搅拌设施运输/min	有搅拌设施运输/min
20～30	30	60
10～19	45	75
5～9	60	90

注　1. 当运距较远时，可用搅拌运输车运干拌料到浇筑地点后再加水搅拌。
2. 掺用外加剂或采用快硬水泥拌制混凝土时，应通过试验查明所配制混凝土的凝结时间后，确定运输时间限制。
3. 表列时间是指从加水搅拌至入模时间。

混凝土应按一定厚度、顺序和方向分层浇筑，应在下层混凝土初凝或能重塑前浇筑完成上层混凝土。上、下层同时浇筑时，上层与下层前后浇筑距离应保持1.5m以上。在倾斜而上浇筑混凝土时，应从低处开始逐层扩展升高，保持水平分层。浇筑混凝土前，应对支架、模板、钢筋和预埋件进行检查，并做好记录，符合设计要求后方可浇筑。模板内的杂物、积水和钢筋上的污垢应清理干净。模板如有缝隙，应填塞严密，模板内面应涂刷脱模剂。浇筑混凝土前，应检查混凝土的均匀性和坍落度。

自高处向模板内倾卸混凝土时，为防止混凝土离析，应符合下列规定。

(1) 从高处直接倾卸时，其自由倾落高度不宜超过2m，以不发生离析为度。

(2) 当倾落高度超过2m时，应通过串筒、溜管或振动溜管等设施下落；倾落高度超过10m时，应设置减速装置。

(3) 在串筒出料口下面，混凝土堆积高度不宜超过1m。

在浇筑过程中或浇筑完成时，如混凝土表面泌水较多，须在不扰动已浇筑混凝土的条件下，采取措施将水排除。继续浇筑混凝土时，应查明原因，采取措施，减少泌水。

结构混凝土浇筑完成后，对混凝土裸露而应及时进行修整、抹平，待定浆后再抹第二遍并压光或拉毛。当裸露面面积较大或气候不良时，应加盖防护，但在开始养生前，覆盖物不得接触混凝土面。浇筑混凝土期间，应设专人检查支架、模板、钢筋和预埋件等稳固情况，当发现有松动、变形、移位时，应及时处理。

10.3 混凝土结构耐久性提升方法

10.3.1 表面涂层

混凝土本身是一种多孔结构材料，为了降低氯离子等介质对混凝土的侵蚀，通常采用表面防护涂料，可有效隔离混凝土侵蚀性介质的接触。一种是通过充满混凝土的毛细孔隙，提高混凝土的抗氯离子渗透性能；另一种则通过降低混凝土的吸水性，使混凝土和氯离子隔离开。常用的有水泥基渗透结晶型涂料、水泥砂浆涂料、聚脲材料、硅烷浸渍剂等。表面涂层在混凝土表面上形成附加致密物理层，起到物理屏障的作用，以有效地减少气体和水的渗透，避免由于有害物质侵蚀引起的混凝土劣化表面涂层主要包括传统的有机涂层，聚合物黏土纳米复合涂层以及水泥基材料涂层。

传统的有机涂层主要有环氧树脂、丙烯酸类和聚氨酯等。丙烯酸、苯乙烯丁二烯共聚物、氯化橡胶、环氧树脂、油基树脂、聚酯树脂、聚氧化乙烯、聚氨酯、乙烯树脂、煤焦油聚合物改性砂浆涂层等，其在混凝土表面形成连续致密的保护层，厚度一般为 0.1～1mm。有机涂层主要有非渗透型表面处理剂已被应用于建筑基础和码头的混凝土结构上。

环氧树脂涂层是由环氧化合物的衍生物与固化剂交联固化形成的，能抵抗轻微化学腐蚀，并表现出轻微收缩。丙烯酸有良好的抗碱性、氧化和风化的能力，但相对环氧树脂，延性和黏结强度较差。聚氨酯涂料分子中含有酰胺基、酯基等，易形成氢键，在很多方面性能都很好。聚氨酯涂层基本没有收缩，能抵抗轻微化学侵蚀但不能抵抗高碱环境，且其中游离氢酯基团可以与水和湿气反应，对人体健康不利。涂层的阻隔效果与其耐水性有关。水在聚合物涂层中的扩散通常假定遵循菲克定律。然而，实际上聚合物体系中的水分传输是更为复杂的，它涉及在聚合物结构中大于水分子的孔隙和其亲水性。孔隙率取决于聚合物的微观结构、形态和交联密度，这些都与聚合物的固化程度、分子链刚性和内聚能密度有关。涂层的亲水性与该聚合物中的氢键的位置有关。

近年来，聚合物纳米复合涂料引起了极大的关注，因为他们往往比纯聚合物涂层表现出更好的性能，包括增加拉伸模量、强度、耐热性、阻燃性和耐磨性等，同时能降低渗透性。此外，无机纳米颗粒的加入能够提高聚合物的抗渗透性和减缓其老化速度。另外，关于聚合物纳米复合涂料在混凝土结构中的应用和研究还比较少，且主要集中在聚合物黏土纳米复合涂料上。即使在较少的纳米黏土掺量下，添加纳米黏土后，聚合物涂层的气体渗透性仍能够降低 50～500 倍。这主要是由于层状的纳米黏土颗粒使气体分子的渗透路径延长，且增加曲折度。增加黏土颗粒的纵横比和掺量都能够提高涂层的抗渗透性。除此之外，聚合物二氧化硅和聚合物氧化铝都是潜在的混凝土涂料，但其效果和机理仍需要进一步的研究。此外，因为较低的价格和对环境友好，天然聚合物和黏土或硅烷的纳米复合材料是非常有吸引力的。

表面涂层材料也可以分为渗透型涂料与成膜型涂料。渗透型涂料属于憎水型涂料，对混凝土表面进行处理后，在硅酸盐基材表面和毛细孔壁上形成憎水膜，使基材表面的性质发生变化，主要是增大了基材表面与水接触时的润湿角，使其由锐角转变为钝角（100°～130°），也就是将混凝土基材由亲水性材料转变为憎水性材料，抑制了毛细孔对水的吸附作用，从而达到防水的目的。渗透型涂料不影响混凝土的自由呼吸，二氧化碳气体可以进入混凝土的内部，所以渗透型涂料不能有效地提高混凝土的抗碳化性能。

成膜型涂料涂刷在混凝土表面后形成一个保护层，封闭混凝土表面的孔隙。同时，表面涂层并不能完全阻止水分的进入，原因在于材料在混凝土表面形成的结构层虽然能阻止水溶液进入混凝土内部，但结构层不影响混凝土的自由呼吸，水还是可以以水蒸气的形式进入混凝土内部。另外混凝土表面不可避免地存在一些微小的孔隙，水溶液可以通过这些孔隙进入混凝土内部。成膜型涂料能有效地阻止二氧化碳向混凝土内部扩散和迁移，涂刷该涂料后混凝土的抗碳化能力得到显著提高。

10.3.2　纤维类

1. 钢纤维

钢纤维是以切断细钢丝、冷轧带钢剪切、钢锭铣削或钢水快速冷凝法制成长径比为 40～80 的纤维，如图 10.1 所示。钢纤维混凝土是在混凝土中掺入随机分布的短钢纤维所形成的一种多相复合材料，随机分布的短钢纤维能够有效地阻碍混凝土内部裂

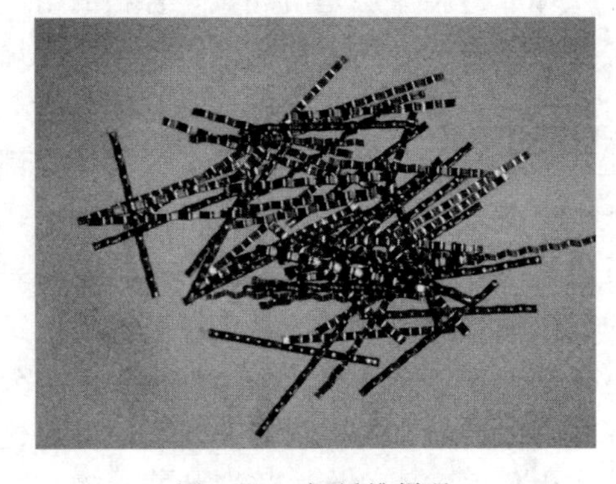

图 10.1　钢纤维样品

缝的形成和发展，使混凝土的抗拉、抗弯、抗剪、抗磨、抗疲劳和韧性等诸多性能显著提高，同时改变混凝土的破坏形态，使其由脆性破坏转变为延性破坏。钢纤维的抗拉强度较高，剪切型、铣削型等钢纤维通常在600MPa以上，而冷拉钢丝切断型钢纤维更是高达1000MPa以上，而钢纤维和基体混凝土间的黏结强度则成为钢纤维混凝土性能的主要控制因素。为了有效提高钢纤维和基体混凝土间的黏结强度，改善的方法主要集中在改变钢纤维的几何尺寸与形状、对钢纤维进行表面处理、加大钢纤维在混凝土中的锚固长度等，通过这些改变以提高混凝土和钢纤维之间的摩擦阻力和咬合力。对于工程实际运用中的钢纤维混凝土，力学性能主要由钢纤维的长径比、掺量和分布情况以及混凝土骨料颗粒级配、基体强度等因素共同决定，这些因素又相互影响、相互作用，从不同方面和角度、不同程度地影响着钢纤维混凝土的各项性能。

钢纤维加入混凝土中，使混凝土立方体试件由脆性破坏转变为塑性破坏。当钢纤维体积率从0增大至2.0%，立方体抗压强度提高2.5%～41.66%。钢纤维混凝土棱柱体单轴受压破坏过程经历了弹性阶段、裂缝稳定发展阶段、裂缝失稳扩展阶段和破坏阶段，钢纤维在弹性阶段和裂缝稳定发展阶段所起到的作用较小，而在裂缝失稳扩展阶段和破坏阶段所起到的增强增韧作用十分显著。基于试验机自身刚度的情况下，仅普通强度的混凝土和钢纤维混凝土试件可以测到应力-应变曲线的下降段，大部分高强混凝土和钢纤维混凝土试件应力-应变曲线的下降段未能测到。随钢纤维体积率在0～2.0%范围内的增大，混凝土应力-应变曲线愈加饱满，峰值应力和峰值应变显著增大，且峰值应变的增幅明显大于峰值应力。

2. 玄武岩纤维

玄武岩纤维是一种无机纤维，如图10.2所示。将玄武岩纤维同现阶段得到广泛应用的钢纤维、碳纤维、合成纤维等进行比较可知，其拥有许多不可复制的特性。

(1) 耐高温。其取材于玄武岩矿石，经受高温熔融和铂铑合金拉丝漏板拉伸等复杂工艺技术加工制得，在700℃的高温时仍能发挥作用，而与其基本性能十分相近的碳纤维，其最高使用温度只有玄武岩纤维的1/3。在高温下玄武岩纤维的外观形态和各项物理力学性能都能保持在良好的状态，是当之无愧的耐高温材料。

图10.2 玄武岩纤维样品

(2) 化学稳定性好。玄武岩纤维的化学构成中含有多种有利于提高耐化学侵蚀和防水性能的物质，如二氧化硅、氧化铝、氧化镁等。同等受侵蚀条件下，其实际强度损失率要比其他纤维远远小得多，这说明其具有较强的耐酸性能。除此之外，在同等条件下，相关研究表明玄武岩纤维具备更好的耐酸碱和耐老化性能。

(3) 相容性好。玄武岩纤维具有硅酸盐材料的特性，这种特性决定了它可非常好地和水泥、混凝土相容在一起，从而在使用过程中避免产生与钢纤维相似的问题，如与混凝土之间的黏结力差、易被拔出等问题。

(4) 物理与力学性能优异。玄武岩纤维的最大拉伸强度可达3800～4800MPa，相当于我们所熟知的聚丙烯纤维最大拉伸强度的10倍左右，是金属拉伸强度值的2～2.5倍，可见其强度之高。而且其具有较小的容重和导热率，内部分布有较多的孔洞，这些特性和结构使其具备了较高的防电磁辐射、声绝缘特性及介电性能等优势，故其在军工用品上得到了广泛的应用。

(5) 原料易得且生产过程中无污染。玄武岩纤维选取天然玄武岩矿石为制作原料，且在生产过程中无任何有害物质及废渣产生，是名副其实的绿色环保建筑材料，具有较高的性价比。

影响混凝土冻融性能的主要因素有两个方面：一是温度、湿度、时间和冻融循环次数等外因；二是混凝土本身的特性，如抗拉极限应变、韧性、含气量、纤维的掺量等内因。就其改变内因而言，玄武岩纤维在混凝土中呈三维乱向分布彼此粘连，起到了“承托”骨料的作用，有效地抑制了混凝土硬化前连通裂缝的产生，避免了连通毛细孔的形成，玄武岩纤维的掺入改善了水泥石的结构，从而提高了混凝土的抗渗性能，使外界环境的水分难以渗透进入混凝土内部孔隙之中，从而减少孔内可冻水，改善了混凝土抗冻性能，此外，乱向分布的微细纤维相互交错搭接，阻碍了混凝土搅拌和成型过程中内部空气的溢出，使混凝土的含气量增大，缓解了低温过程中的静水压力和渗透压力。

另外，玄武岩纤维的弹性模量相对高于凝结初期的基体的弹性模量，增加了塑性和硬化初期复合体的抗拉强度，使混凝土内部自生微裂缝减少。合理的掺配量和搅拌工艺保证了纤维在混凝土中的均匀性及较小的间距，增加了混凝土冻融损伤过程中的能量损耗，有效地抑制了混凝土的冻胀开裂。

将玄武岩纤维、钢纤维分别掺入混凝土试件中，分别进行混凝土的抗渗试验。依据试验得知抗渗性能由大到小依次为：玄武岩纤维混凝土、钢纤维混凝土、素混凝土，玄武岩维混凝土的渗水高度比素混凝土的低21.1%。冻融过程中与素混凝土相比玄武岩纤维混凝土动弹模量下降趋势相对较缓，在100次冻融循环后，玄武岩纤维混凝土的相对动弹模是素混凝土的1.47倍，质量损失是素混凝土的0.64倍。玄武岩纤维混凝土与素混凝土相比，各个龄期的干缩率均明显降低，基于以上特性的分析，从长远来看玄武岩纤维对提高混凝土结构耐久性的表现明显且实用环保。

10.3.3 钢筋阻锈剂

钢筋阻锈剂是一种可以阻碍或延缓钢筋发生锈蚀的化学物质，可以内掺到混凝土内部或外涂在混凝土表面，以此对混凝土钢筋起到保护作用。阻锈剂可通过混凝土内部的孔隙，以气相或液相的形式迁移至钢筋周围，在钢筋混凝土界面发生化学反应，促使钢筋表面被氧化生成钝化膜，或者促使钢筋表面被阻锈剂吸附形成吸附膜，或在阴极区与孔溶液中离子形成沉淀膜，或者是以上作用复合后的结果。

阻锈剂在混凝土中的使用，可以很好地阻止或延缓钢筋开始发生锈蚀的时间，却不能阻止对钢筋腐蚀的离子的侵入。故应该基于混凝土的基本性能上综合考虑后正确使用阻锈剂，使得阻锈剂能够更好起到阻锈作用，并能提高钢筋混凝土结构的使用寿命周期。阻锈剂分类方法较多，根据阻锈剂的化学组分，分为无机型、有机型和混合型；根据在混凝土中的作用方式不同，又可分为掺入型和外渗型；按作用原理的不同又可分为阳极型、阴极型和混合型；按成膜机理的不同又可分为钝化膜、吸附膜和沉淀膜。不论哪一种分法，钢筋阻锈剂通常应有以下基本性能：对钢筋有钝化作用或抑制钢筋锈蚀反应的发生，不危害混凝土的基本性能，能长期适用于碱性或中性条件，对人和环境危害小。

10.4 混凝土结构修复技术

混凝土本身是一种脆性材料，它的抗拉强度仅为抗压强度的1/10～1/8，当内外各种原因产生的变形受到约束产生的拉应力大于混凝土的极限抗拉强度时，混凝土就会出现裂缝。西北地区部分地段，受西伯利亚寒流、多年冻土及现代冰川的影响，高寒、大温差、强辐射、干燥、大风沙、盐碱腐蚀等恶劣气候环境使得混凝土结构处于干湿变化、温度变化、冻融循环、盐碱腐蚀、风蚀等多种自然因素的作用下，日积月累，在混凝土结构中极易产生裂缝，从而严重影响钢筋与混凝土之间的黏结作用，影响结构的整体性，降低结构刚度和承载能力，并严重地影响了结构的耐久性。因此，混凝土的裂缝及剥蚀轻者会影响结构使用性能，加快钢筋锈蚀，降低结构的耐久性，减少结构使用寿命重者则会危及结构的安全。但是如果在混凝土结构物出现裂缝的初期进行及时的修补和整治，可以延缓和阻止劣化的进一步发展，保证建筑物的使用安全。

10.4.1　丙乳砂浆

丙乳是丙烯酸酯共聚乳液的简称，是一种高分子聚合物的水分散体，是一种水泥改性剂，刘卫东等[2]对其水工性能进行了试验研究，已列入《工业建筑防腐设计规范》（GB 50046—2018）作为化工耐腐蚀材料。加入水泥后为聚合物水泥砂浆，适用于水利、公路、工业及民用建筑等钢筋混凝土结构的防渗、防腐护面和修补工程。

丙乳砂浆与普通砂浆相比，具有极限拉伸率提高1～3倍、抗拉强度提高1.3～1.4倍、抗拉弹性模量低、收缩小、抗裂性显著提高、与混凝土面及老砂浆的黏结强度提高4倍以上、2天吸水率降低10倍、抗渗性提高1.5倍、抗氯离子渗透能力提高8倍以上等优异性能，极大地弥补了普通砂浆易被高速流水冲刷破坏的缺点，能够达到防止老混凝土进一步碳化，延缓钢筋锈蚀速度及抵抗剥蚀破坏的目的，具体性能指标见表10.3。

表10.3　丙乳砂浆与普通砂浆性能指标

性能指标	普通水泥砂浆	丙乳水泥砂浆
抗压强度/MPa	50	44.2
抗拉强度/MPa	5.5	7.6
抗折强度/MPa	10.7	16.9
极限拉升率/($\times 10^6$)	228	558～900
抗拉弹性模量/($\times 10^4$ MPa)	2.6	1.65
收缩变形/($\times 10^{-6}$)	1271	536
与老砂浆黏结强度/MPa	1.4	8.0
与钢板黏结强度/MPa	0	0.9～1.6
渗水高度/mm（1.5MPa水压，恒压24h）	90	35
磨耗百分率/%（双圆柱圆盘耐磨机）	5.38	3.97
快速碳化深度/mm（20%CO_2浓度碳化20d）	3.6	0.8
盐水浸渍后氯离子渗透深度/mm	>20	1.0
碳弧灯全气候老化2160h强度损失/%	13	14
2d吸水率/%	12	0.8
抗冻性（快冻循环）	—	>300

丙乳砂浆抵抗冻融破坏的主要原因是形成聚合物膜后使砂浆抗渗性提高，降低了水的扩散性；另外，丙乳乳液所引起的滚珠润滑和所含表面活性剂的分散作用，使丙乳砂浆用水量大大减少，且大孔洞被聚合物填充，毛细通道被聚合物膜封闭，使孔隙率降低，因而丙乳砂浆抗冻性得到明显改善。

聚合物膜处于水泥水化物之间或水泥水化物与骨料之间，由于聚合物独特的黏结性，使聚合物与水泥水化物及骨料黏结成包裹状的坚硬固体，水泥石更加坚硬致密，因此丙乳砂浆在高速含砂水流连续作用于其表面时，组成复合材料的分子结合力不小于磨损作用力，所以不会出现大部分表面分子脱离母体被流水冲走现象，故丙乳砂浆具有良好的抗冲磨性能。

丙乳砂浆中的聚合物膜弹性模量较低，它使水泥浆体内部的应力状态得到改善，可以承受变形而使水泥石应力减小，产生裂缝的可能性也减小，同时聚合物纤维越过微裂缝，起到桥架作用，缝间都有聚合物纤维相连，所形成的均质聚合物膜框架，作为填充物跨过已硬化的微裂缝，限制了砂浆微裂缝的扩展，微裂缝常在聚合物膜较多处消失，显示出聚合物的抗裂作用；另外，聚合物的减水作用，使砂浆的水灰比减小，聚合物膜即填充了水泥浆体的孔隙，又切断了孔隙与外界的通道，起到了密封的作用，这就极大地减少了水的渗透。因此，丙乳砂浆的抗渗透能力得到了有效的改善与提高。

丙乳砂浆在水利工程混凝土修补补强过程中的施工工艺流程主要包括：基面处理、涂刷界面剂、人工涂抹丙乳砂浆、养护处理、防碳化保护剂涂刷。

1. 基面处理

对病害基面进行全面检查，确定施工范围，用钢丝刷去除表面污物，对基面采用风镐或电镐进行凿毛（1.0～2.0cm）处理，并凿除老化松动的混凝土，直至露出坚硬、牢固的新基面，对外漏钢筋彻底除锈，然后用清水冲洗、湿润，使施工面处于饱和面干状态。

2. 涂刷界面剂

界面剂直接加清水搅拌成厚糊状（不要生粉团），水与干粉重量比约为1∶2～1∶3，用毛刷或滚筒均匀涂刷于待处理基层表面，不留遗漏，涂刷厚度为1.5～2.0mm，界面剂上墙后5～15min（视温度而定）稍有收浆即可抹灰。

3. 人工涂抹丙乳砂浆

丙乳砂浆抹压采用倒退法进行，即加压方向与刚建砂浆层前进方向相反，要求丙乳砂浆层密实，表面平整光滑，每层抹压厚度控制在1cm左右，层间间隔1～2h，待表面略干时抹压下一层。上一遍刮抹方向和下一遍刮抹方向呈“十”字交叉的垂直方向施工，注意向一个方向抹平，不需要来回多次抹，不需要二次收光。丙乳砂浆抹压长度以30cm左右为宜，以顺接为准，对于面积较大的施工面，采取隔块跳开分段施工效果更好。另外，每次拌制的丙乳砂浆不宜过多，要求能在30～45min内使用完。

4. 养护处理

丙乳砂浆抹压后4h（表面略干后），采用喷水养护，使砂浆面层始终保持潮湿状态7d。

5. 防碳化保护剂涂刷

砂浆层最后一次养护后，晾至无潮湿感时涂刷0.2mm防碳化涂料，涂刷完成后需检查是否均匀，如有不均匀，需进行修补。防碳化涂料施工完12h内不宜淋水，若涂层要接触流水，则需自然干燥养护7d以上才可。密闭潮湿环境施工时，应加强通风排湿。

10.4.2 仿生自修复

自修复智能混凝土就是模仿生物组织，对受创伤部位自动记忆未受伤前的状态，分泌某种物质，使创伤部位在某种物质的作用得到愈合[3]。通过模拟生物组织的这种特殊性，在传统混凝土组分中添加形状记忆材料和含有修复胶黏剂的修复玻璃管道，在混凝土内部形成裂缝智能修复骨架系统，对材料损伤破坏具有自修复和再生的功能，恢复甚至提高材料性能的一种新型复合材料。其具有自修复行为混凝土的智能模型为：在混凝土基体中掺入内含修复胶黏剂的修复玻璃管和具有记忆功能的形状记忆材料，从而形成了智能型仿生自修复神经网络系统。在外界作用下，混凝土基体一旦开裂，形状记忆材料对其进行神经记录，与此同时，玻璃管开裂，管内装的修复剂流出渗入裂缝，修复剂同记忆材料共同作用，通过化学物理作用，使得修复剂固结，从而抑制开裂，进而修复裂缝。

受一些生物组织（如树干和动物的骨骼）在受到伤害之后自动分泌出某种物质，形成伤愈组织，使受到创伤的部位得到愈合的现象的启发，设想具有自修复行为的智能材料模型为在材料的基体中布有许多细小纤维的管道，管中装有可流动的物质——修复剂。在外界环境作用下，一旦材料基体开裂，则纤维随即裂开，其内装的修复剂流淌到开裂处，由化学作用自动实现黏合，从而抑制开裂修复材料。这可以提高开裂部分的强度，增强延性弯曲的能力，从而提高整个结构的性能。

裂缝智能修复系统采用的通过在混凝土中植入存储修复剂的容器，与混凝土共同作用，裂缝产生时，能顺利流出并修复裂缝的方法。其中有个最主要的问题就是，应该如何选择怎样的容器存放修复胶黏剂。因此修复过程中，裂缝智能修复系统中选择存储胶黏剂的外包材料对混凝土裂缝的自修复过程以及修复效果起着至关重要的作用。

存储容器是作为裂缝智能修复骨架系统的一部分掺入混凝土中的，因此要求存储容器与混凝土能够共同作用。在自修复混凝土中的修复存储容器能否有效地发挥作用，关键在于混凝土硬化后存储容器与混凝土的接触表面之间存在的黏结作用以及良好的材料匹配和变形协调作用。胶黏剂的存储容器的化学性质必须稳定，能在混凝土中长期保存，其强度不变，也不影响混凝土的性能。

胶黏剂的存储容器的强度必须和混凝土的强度匹配，若强度过高，当结构中产生较大损伤时仍不会断裂，无法进行自修复；若强度过低，则结构稍有损伤就断裂，以至于再次出现较严重的损伤时无法进行修复。

在混凝土结构中，钢筋和混凝土之所以能够共同工作，那是因为钢筋和混凝土的热膨胀系数极为接近。混凝土在凝结硬化的过程中，会产生大量的热量，两种不同的材料会产生较大的相对变形和温度应力，然而钢筋和混凝土的热膨胀系数极为接近，因此钢筋和混凝土的协同工作性能良好。这也是钢筋混凝土结构长盛不衰的关键，因此，在选用合适的存储容器时，很关键的一点是它的热膨胀系数是否与混凝土的相近。

10.4.3 混凝土再碱化

混凝土在浇筑时，由于水泥水化等作用产生 $Ca(OH)_2$ 等碱性物质，使混凝土内部呈碱性，钢筋在此碱性环境下，表面会生成一层钝化膜，从而保护钢筋不受侵蚀。但是，在大气环境中存在着二氧化碳等酸性气体，当混凝土构件露置在大气环境中，在同时具备湿度条件下，二氧化碳气体会慢慢渗入混凝土结构内中和混凝土内碱性物质。随着时间的推移，混凝土内碱性环境会慢慢消逝，混凝土结构内部碱性条件的破坏会直接导致钢筋表面钝化膜破坏。钢筋失去了这种自我保护的条件后，很容易在大气环境中发生电化学反应，导致锈蚀。因此为了防止混凝土碳化所带来的危害，人们致力于让碳化后的混凝土重新恢复碱性的研究，使钢筋表面钝化膜重新生成。

混凝土再碱化是通过电化学方法使已经碳化的混凝土 pH 值恢复到 11.5 以上，从而使钢筋表面恢复钝化，以减缓或阻止锈蚀钢筋的继续腐蚀。该方法的原理是通过在混凝土中的钢筋和临时附加在混凝土表面的阳极之间施加一个电场完成的，该阳极被包含碳酸盐或氢氧根离子的电解质溶液所包围，钢筋作为阴极，对钢筋进行阴极极化。其中，再碱化处理的碳化混凝土应位于阳极下面，可以使用钠、钾、锂电解质溶液。混凝土再碱化原理示意图如图 10.3 所示。

在阴极上（钢筋）的主要电化学反应为

$$H_2O+(1/2)O_2+2e^- \longrightarrow 2OH^-$$

$$或 2H_2O+2e^- \longrightarrow 2OH^-+H_2$$

在阳极上（外部电极）的主要电化学反应为

$$2OH^- \longrightarrow H_2O+(1/2)O_2+2e^-$$

混凝土中，在电场和浓度梯度的作用下，阴极反应产物 OH^- 由钢筋表面向混凝土表面及内部迁移、扩散，阳离子由阳极向阴极迁移。由于 OH^- 的持续产生和移动，钢筋周围已碳化混凝土的 pH 值逐渐升高，进而实现钢筋性能恢复的目标。

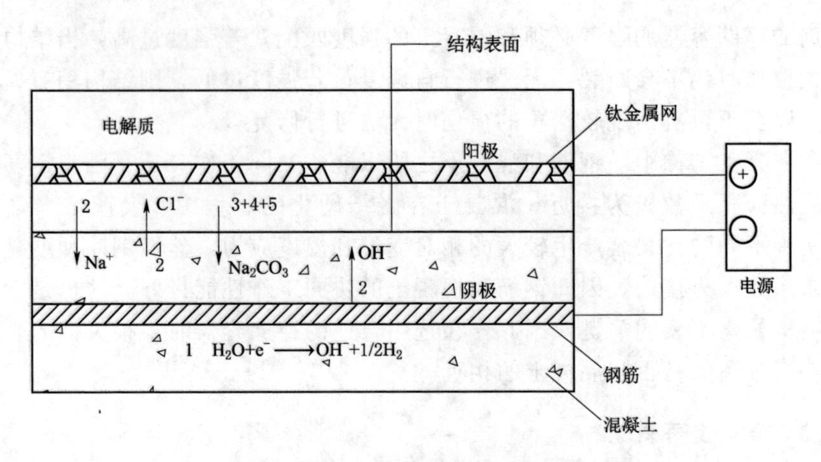

图10.3　混凝土再碱化原理示意图

1—电解；2—电迁移；3—电渗；4—毛细管吸收；5—扩散作用

值得注意的是，再碱化处理之后要弛豫一段时间才可进行钢筋电化学性能的检测。因为长时间的再碱化通电处理会造成钢筋表面负电荷大量积累，这将严重干扰对钢筋表面电化学性能的正确判断。

参考文献

[1] 陆采荣，戈雪良，梅国兴，等. 冻融温度对水工混凝土抗冻性的影响 [J]. 水力发电学报，2013，32 (6)：228-232.

[2] 刘卫东，赵治广，杨文东. 丙乳砂浆的水工特性试验研究与工程应用 [J]. 水利学报，2002，33 (6)：43-46.

[3] 匡亚川，欧进萍. 混凝土裂缝的仿生自修复研究与进展 [J]. 力学进展，2006，36 (3)：406-414.